新自动化——从信息化到智能化

U0187238

深度学习入门与实践

王舒禹　吕　鑫　编

机械工业出版社

大约在一百年前，电气化改变了交通运输行业、制造业、医疗行业、通信行业，如今 AI 带来了同样巨大的改变。AI 的各个分支中发展最为迅速的方向之一就是深度学习。

本书主要涉及以下内容：第 1 部分是神经网络的基础，学习如何建立神经网络，以及如何在数据上面训练它们。第 2 部分进行深度学习方面的实践，学习如何构建神经网络与超参数调试、正则化以及一些高级优化算法。第 3 部分学习卷积神经网络（CNN），以及如何搭建模型、有哪些经典模型。它经常被用于图像领域，此外目标检测、风格迁移等应用也将涉及。最后在第 4 部分学习序列模型，以及如何将它们应用于自然语言处理等任务。序列模型讲到的算法有循环神经网络（RNN）、长短期记忆网络（LSTM）、注意力机制。

通过以上内容的学习，读者可以入门深度学习领域并打下扎实基础，为后续了解和探索人工智能前沿科技做知识储备。

本书配有电子课件，需要配套资源的教师可登录机械工业出版社教育服务网 www.cmpedu.com 免费注册后下载。

图书在版编目（CIP）数据

深度学习入门与实践/王舒禹，吕鑫编．—北京：机械工业出版社，2023.3（2024.11 重印）
（新自动化：从信息化到智能化）
ISBN 978-7-111-72577-0

Ⅰ．①深…　Ⅱ．①王…　②吕…　Ⅲ．①机器学习　Ⅳ．①TP181

中国国家版本馆 CIP 数据核字（2023）第 021109 号

机械工业出版社（北京市百万庄大街 22 号　邮政编码 100037）
策划编辑：罗　莉　　　　责任编辑：罗　莉　翟天睿
责任校对：龚思文　张　征　　封面设计：鞠　杨
责任印制：单爱军
北京虎彩文化传播有限公司印刷
2024 年 11 月第 1 版第 3 次印刷
184mm×260mm・14 印张・339 千字
标准书号：ISBN 978-7-111-72577-0
定价：59.80 元

电话服务　　　　　　　　网络服务
客服电话：010-88361066　　机　工　官　网：www.cmpbook.com
　　　　　010-88379833　　机　工　官　博：weibo.com/cmp1952
　　　　　010-68326294　　金　　书　　网：www.golden-book.com
封底无防伪标均为盗版　　　机工教育服务网：www.cmpedu.com

前言

不论你是生活在哪里、工作学习于什么领域，可能都已经发现人工智能的时代已经飞快地向人们走来，这种感受就像是浪潮不断涨起，它将过去的一些传统的工作方式革新甚至取代。比如说，人工智能在图像识别、图像生成、自然语言翻译、自动驾驶领域的进步，使得传统的安保、插画、翻译、驾驶等工作受到前所未有的挑战。未来它也将不断改变现代人的生活，并且变革人们的工作内容。

这背后的技术进步正是由于深度学习的人工智能第三次科技浪潮的兴起，它顺应着数据的大爆发与芯片技术的高度发展，孕育了当今时代新的发展机遇，值得年轻的学生与技术工作者去努力学习。然而现有的教材通常侧重理论基础，与实践结合不够，或者实践的讲解不够深入、详细。同时有些国外经典教材是英文撰写，不利于国内英语基础不好的读者学习。

我深入了解到工业界学习者和在校学生的这些学习需求，所以编写了本书。深度学习自身是一个实践性要求极高的领域，需要借助实例去讲解，所以本书参考了吴恩达教授的课程，在编写中详细地介绍了各种深度学习模型的数学运算原理，对各种发展成熟的神经网络都有深入分析，为此阅读本书需要高等数学、线性代数的基础知识，并且会使用 Python 编程语言进行简单的操作与数据分析。本书主要涉及以下内容：

第 1 部分是神经网络的基础，学习如何建立神经网络，以及如何在数据上面训练它们。接下来在第 2 部分进行深度学习方面的实践，学习如何构建神经网络与超参数调试、正则化以及一些高级优化算法。第 3 部分学习卷积神经网络（CNN），以及如何搭建模型、有哪些经典模型。它经常被用于图像领域，此外目标检测、风格迁移等应用也将涉及。最后在第 4 部分学习序列模型，以及如何将它们应用于自然语言处理等任务。序列模型讲到的算法有循环神经网络（RNN）、长短期记忆网络（LSTM）、注意力机制。通过以上内容的学习，读者可以入门深度学习领域并打下扎实基础，为后续了解和探索人工智能前沿科技做知识储备。

我开始有写一本深度学习教材的想法源于 2020 年开始在东北大学秦皇岛分校讲机器学习与深度学习相关课程，在实践中积累教学经验，梳理了该领域的知识，虽然内容繁多还有些杂乱，但是对读者应该有用。这个时候正好学院的郭院长组织编写自动化系列教材，能与机械工业出版社合作，我就开始编写本书。这期间科研工作也极为忙碌，所以经历了落笔、停滞、继续重启、再停滞，如此重复。中间想过放弃，但是罗编辑的耐心解答、郭院长的悉心鼓励以及吕同学的大力帮忙，最终还是让这本书得以成形，也圆了我编著书籍的梦想。同时也要感谢我的家人在这期间对我的关怀和帮助，他们一直支持着我，无论我是在国外留学还是回国工作。

最后，本人能力水平有限，希望读者不吝赐教。

王舒禹

2022 年 12 月

目　录

前言

第1部分　神经网络和深度学习

第3部分　卷积神经网络及应用

第 4 部分 序列模型

第1部分
神经网络和深度学习

第 1 章　深度学习简介

1.1　神经网络

神经网络究竟是什么呢？

假设有一个数据集，它包含了六栋房子的信息。你知道房屋的面积是多少平方米，并且知道房屋价格。这时，想要拟合一个根据房屋面积预测房价的函数。如果你对线性回归很熟悉，则可能会用这些数据拟合一条直线。但你可能也发现了，价格永远不会是负数的。因此，为了替代一条可能会让价格为负的直线，应把直线弯曲一点，让它最终在零结束。

把房屋的面积作为神经网络的输入（称之为 x），通过一个节点（一个小圆圈），最终输出价格（用 y 表示），如图 1-1 所示。这个小圆圈就是一个单独的神经元。

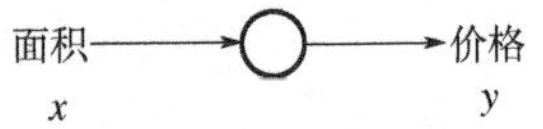

图 1-1　单神经元网络

如果这是一个单神经元网络，则不管规模大小，它正是通过把这些单个神经元叠加在一起形成的。如果把这些神经元想象成单独的乐高积木，则可以通过搭积木来完成一个更大的神经网络。

不仅仅有房屋的面积，还有一些有关房屋的其他特征，比如卧室数量、邮政编码、步行化程度（你是否能步行去杂货店或者是学校，是否需要驾驶汽车），如图 1-2 所示。

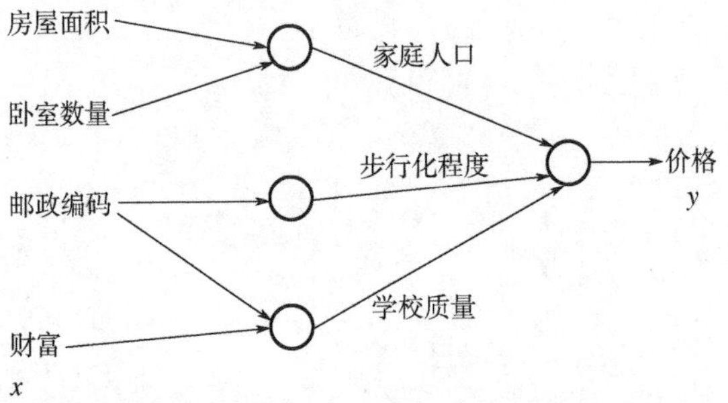

图 1-2　房屋价格预测的神经网络示意图

在图 1-2 上每一个小圆圈都可以指非线性的函数。基于房屋面积和卧室数量，可以估算家庭人口；基于邮编，可以估测步行化程度或者学校的质量。最后这些决定人们乐意花费多少钱。

对于一个房子来说，这些都是与它息息相关的事情。在这个情景里，家庭人口、步行化程度以及学校的质量都能帮助用户预测房屋的价格。以此为例，x 是所有的这四个输入，y 是尝试预测的价格，把这些单个的神经元叠加在一起，就有了一个稍大一点的神经网络。这显示了神经网络的神奇之处，虽然已经描述了一个神经网络，但还需要得到房屋面积、步行化程度和学校的质量，或者其他影响价格的因素，如图 1-3 所示。

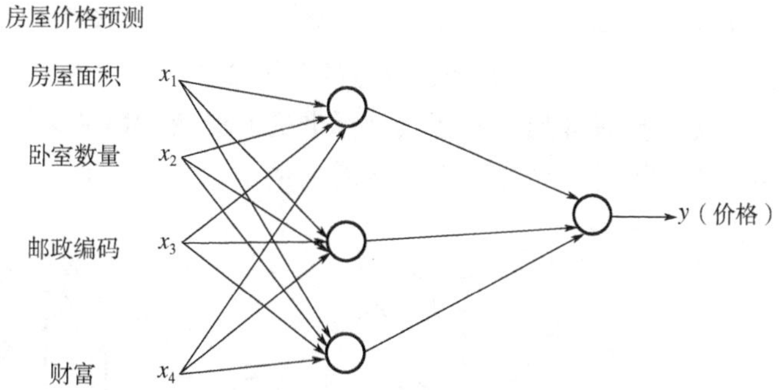

图 1-3　房屋价格预测的神经网络

神经网络的一部分神奇之处在于，当实现它之后，要做的只是输入 x，就能得到输出 y。因为它可以自己计算训练集中样本的数目以及所有的中间过程。所以，给出这些输入的特征之后，神经网络的工作就是预测对应的价格。同时也注意到这些被叫作隐藏单元的圆圈，在一个神经网络中，它们每个都从输入的四个特征获得自身输入，比如说，第一个节点代表家庭人口，而家庭人口仅取决于 x_1 和 x_2 特征，换句话说，神经网络中决定在这个节点中想要得到什么，然后用所有的四个输入来计算想要得到的结果。因此，输入层和中间层被紧密地连接起来了。神经网络非常擅长计算从 x 到 y 的精准映射函数。

这就是一个简单的神经网络，只要尝试输入一个 x，即可把它映射成 y。

1.2　神经网络的监督学习应用

神经网络也有很多的种类，本质上都离不开监督学习。在监督学习中，有一些输入 x，想学习到一个函数来映射到一些输出 y，比如之前提到的房价预测的例子，只要输入有关房屋的一些特征，即可试着去输出或者估计价格 y。图 1-4 列举一些其他的例子来说明神经网络已经被高效应用到其他地方。

监督学习

输入 x	输出 y	应用
房屋特征	价格	房地产
广告，用户信息	点击广告（0/1）	在线广告
图片	索引（1，…，1000）	图片标记
音频	文本记录	语音识别
英语	汉语	机器翻译
图像，雷达输入	其他车辆位置	自动驾驶

图 1-4　神经网络的监督学习应用领域

由于结合了深度学习，计算机视觉在过去的几年里也取得了巨大的进步。例如，可以输入一个图像，然后想输出一个索引，范围从 1 ~ 1000，它可能是 1000 个不同的图像中的任何一个，可以选择用它来给照片打标签。

深度学习最近在语音识别方面的进步也很大，现在可以将音频片段输入神经网络，然后让它输出文本记录。机器翻译可以利用神经网络输入英语句子，接着输出一个中文句子。

在自动驾驶技术中，可以输入一幅图像，以向一个信息雷达展示汽车前方有什么。可以训练一个神经网络，来告诉汽车在马路上面具体的位置，这就是神经网络在自动驾驶系统中的一个关键部分。

图像应用经常在神经网络上使用卷积神经网络（Convolutional Neural Network，CNN）。对于序列数据，例如音频等一维时间序列，经常使用递归神经网络（Recurrent Neural Network，RNN）。语言也是最自然的序列数据，因此更复杂的 RNN 版本经常用于这些方面。

为了更具体地说明什么是标准的 CNN 和 RNN 结构，图 1-5 的左图是一个标准的神经网络，而右图是一个卷积神经网络的例子。

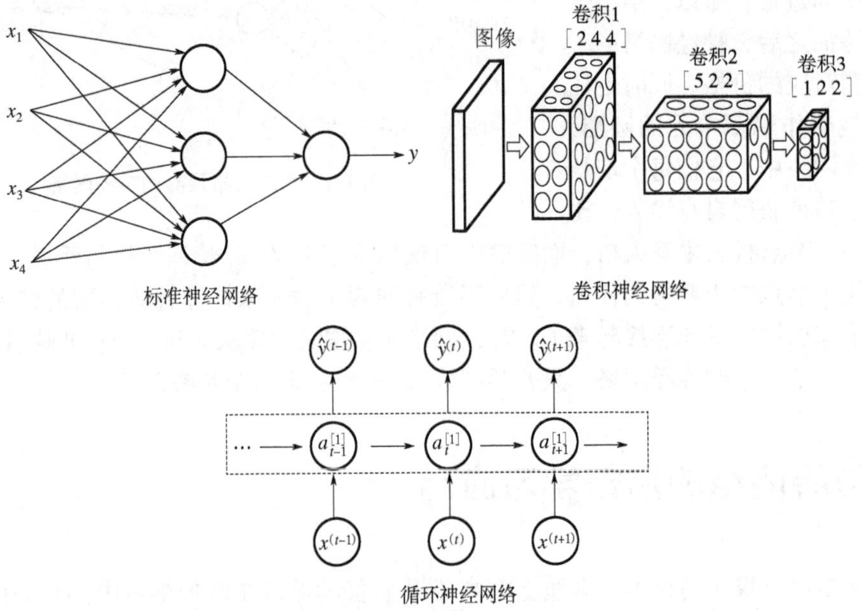

图 1-5　标准神经网络、卷积神经网络和循环神经网络

机器学习对于结构化数据和非结构化数据的应用很多，结构化数据意味着数据的基本数据库。例如在房价预测中可能有一个数据库，有专门的几列数据列出卧室的大小和数量，这就是结构化数据。或预测用户是否会点击广告，则可能会得到关于用户的信息，比如年龄以及关于广告的一些信息，然后对用户的预测分类标注，这就是结构化数据，意思是每个特征，比如房屋大小、卧室数量，或者是一个用户的年龄，都有一个定义。相反，音频、原始音频或者用户想要识别的图像或文本中的内容是非结构化数据。这里的特征可能是图像中的像素值或文本中的单个单词。深度学习和神经网络现在能更好地解释非结构化数据。

1.3　为什么深度学习会兴起

深度学习和神经网络之前的基础技术理念已经存在大概几十年了，为什么它们现在才突然流行起来呢？

画一个图，在水平轴上绘制出所有任务的数据量，而在垂直轴上，画出机器学习算法的性能，如图 1-6 所示。比如准确率体现在垃圾邮件过滤或者广告点击预测，或者是神经网络在自动驾驶汽车时判断位置的准确性，根据图像可以发现，如果将一个传统机器学习算法的性能画出来，则作为数据量的一个函数可能得到一个弯曲的线，它的性能一开始在增加，但是一段变化后它的性能就会变得平坦，这是因为过去十年社会里的数据量相对较少。

数字化社会的来临使得现在的数据量都非常巨大，比如在计算机网站上、手机软件上都能创建数据。相机、加速仪被配置到手机里，使其收集到了越来越多的数据。仅仅在过去的 20 年里，收集到的数据的规模远超过去的总和。

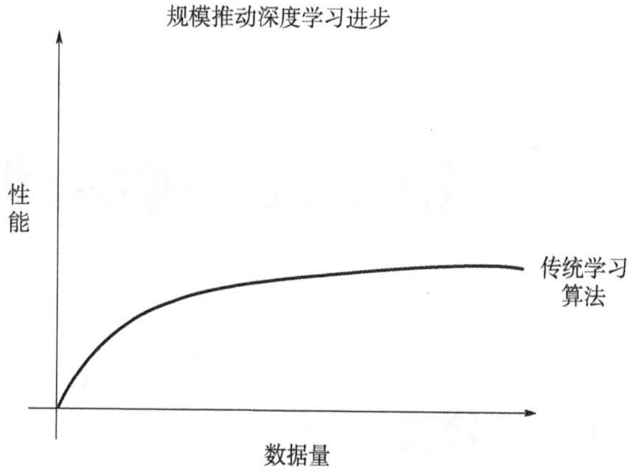

图 1-6　传统机器学习算法性能

如果训练一个小型的神经网络，那么这个性能可能会像图 1-7 中曲线表示的那样；如果训练一个稍微大一点的神经网络，比如说一个中等规模的神经网络（见图 1-7），那么它在某些数据上的性能也会更好一些；如果训练一个非常大的神经网络，则它就会变成图 1-7 中对应的曲线那样，并且保持变得越来越好。因此可以注意到两点，如果想获得较高的性能体现，那么有两个条件需要完成，第一个是需要训练一个规模足够大的神经网络，以发挥数据规模量巨大的优点，另外需要能画到 x 轴的这个位置，所以会需要很多的数据。因此经常说规模一直在推动深度学习的进步，这里的规模指的是神经网络的规模和大规模的数据。

在这个小的训练集中，各种算法的优先级事实上定义的也不是很明确，所以如果没有大量的训练集，那么效果取决于特征提取能力，这将决定最终的性能。假设有些人训练出了一个 SVM（支持向量机）表现得更接近正确特征，然而有些人训练的规模大一些，可能在小的训练集中 SVM 算法可以做得更好。各种算法之间的优先级并不是定义的很明确，最终的性能更多地取决于在用特征提取方面的能力以及算法处理方面的一些细节，只是在某些大数据的训练集规模非常庞大，也就是 m 会非常大时，能更加持续地看到更大的由神经网络控制的其他方法。

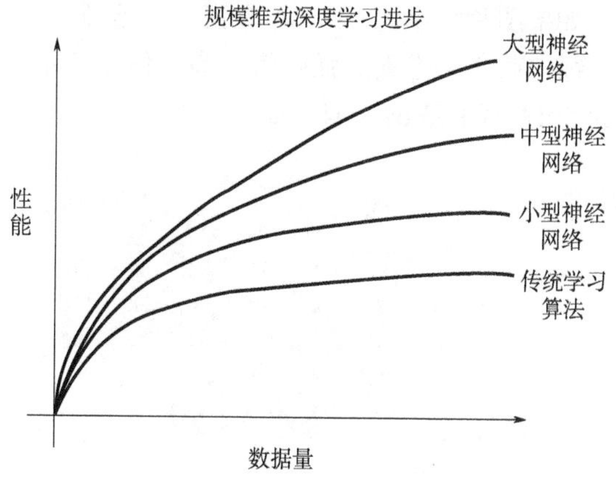

图 1-7　不同规模的神经网络模型性能

所以可以这么说，在深度学习萌芽的初期，数据的规模以及计算量局限于训练一个特别大的神经网络的能力。但是渐渐地，尤其是在最近这几年，算法方面出现了极大的创新。许多算法方面的创新使得神经网络运行得更快。这帮助了神经网络的实验人员和有关项目的研究人员在深度学习的工作中迭代得更快，使得整个深度学习的研究社群变得繁荣。这些力量目前也正在不断地奏效，使得深度学习越来越好。并且社会正在有越来越多的数据、硬件，以及更快的网络连接。在接下来的这些年它会变得越来越好。

第2章 神经网络的编程基础

2.1 二分类

本节将讨论二分类。举一个二分类问题的例子，假如有一张图片作为输入，如图2-1所示的这只猫，如果识别这张图片为猫，则输出标签1作为结果；如果识别出不是猫，则输出标签0作为结果。用字母 y 表示输出的结果标签。

二分类

$$y = \begin{cases} 1, & \text{猫} \\ 0, & \text{不是猫} \end{cases}$$

图2-1 二分类

为了保存一张图片，需要保存三个矩阵，它们分别对应图片中的红、绿、蓝三种颜色通道。如果图片大小为 64×64 像素，那么就有三个规模为 64×64 的矩阵，分别对应图片中红、绿、蓝三种像素的强度值。为了便于表示，这里只画出三个很小的矩阵，注意它们的规模为 5×4 而不是 64×64，如图2-2所示。

$X\_orig = 64 \times 64 \times 3 = 12288$

$$x = \begin{bmatrix} 255 \\ 231 \\ \vdots \\ 255 \\ 134 \\ \vdots \\ 132 \end{bmatrix} \qquad n = n_x = 12288$$

图2-2 保存图片的矩阵示意图

为了把这些像素值放到一个特征向量中，需要将这些像素值提取出来，然后放入一个特征向量 x。为了把这些像素值转换为特征向量 x，需要像下面这样定义一个特征向量 x 来表示这张图片，把所有的像素都取出来，例如255、231等，直到取完所有的红色像素，接着是255，134，$\cdots$，255、134等。如果图片的大小为 64×64 像素，那么向量 x 的总维度将是 $64 \times 64 \times 3$，这是三个像素矩阵中像素的总量。在这个例子中结果为12288。现在用 $n_x = 12288$ 来表示输入特征向量的维度，有时候为了简洁，直接用小写的 n 来表示输入特征向量 x 的维度。所以二分类问题的目标就是学习一个分类器，它以图片的特征向量作为输入，然

后预测输出结果 $\boldsymbol{y}$ 为 1 还是 0，也就是预测图片中是否有猫。

接下来说明一些符号的定义：

1）$\boldsymbol{x}$ 表示一个 n_x 维数据，为输入数据，维度为 $(n_x, 1)$；

2）$\boldsymbol{y}$ 表示输出结果，取值为 (0，1)；

3）$(\boldsymbol{x}^{(i)}, \boldsymbol{y}^{(i)})$ 表示第 i 组数据，可能是训练数据，也可能是测试数据，此处默认为训练数据；

4）$\boldsymbol{X}=[\boldsymbol{x}^{(1)}, \boldsymbol{x}^{(2)}, \cdots, \boldsymbol{x}^{(m)}]$ 表示所有的训练数据集的输入值，放在一个 $n_x \times m$ 的矩阵中，其中 m 表示样本数目；

5）$\boldsymbol{Y}=[\boldsymbol{y}^{(1)}, \boldsymbol{y}^{(2)}, \cdots, \boldsymbol{y}^{(m)}]$ 对应表示所有训练数据集的输出值，维度为 $1 \times m$。

用一对 $(\boldsymbol{x}, \boldsymbol{y})$ 表示一个单独的样本，$\boldsymbol{x}$ 代表 n_x 维的特征向量，$\boldsymbol{y}$ 表示标签（输出结果）只能为 0 或 1。而训练集将由 m 个训练样本组成，其中 $(\boldsymbol{x}^{(1)}, \boldsymbol{y}^{(1)})$ 表示第一个样本的输入和输出，$(\boldsymbol{x}^{(2)}, \boldsymbol{y}^{(2)})$ 表示第二个样本的输入和输出，直到最后一个样本 $(\boldsymbol{x}^{(m)}, \boldsymbol{y}^{(m)})$，然后所有的这些一起表示整个训练集。有时候为了强调这是训练样本的个数，会写作 M_{train}，当涉及测试集时，会使用 M_{test} 来表示测试集的样本数。

最后为了能把训练集表示得更紧凑一点，定义一个用大写 $\boldsymbol{X}$ 表示的矩阵，它由输入向量 $\boldsymbol{x}^{(1)}$、$\boldsymbol{x}^{(2)}$ 等组成，如图 2-3 所示，放在矩阵的列中。把 $\boldsymbol{x}^{(1)}$ 作为第一列放在矩阵中，$\boldsymbol{x}^{(2)}$ 作为第二列，$\boldsymbol{x}^{(m)}$ 放到第 m 列，然后就得到了训练集矩阵 $\boldsymbol{X}$。所以这个矩阵有 m 列，m 是训练集的样本数量，将这个矩阵的高度记为 n_x，注意有时候可能因为其他某些原因，矩阵 $\boldsymbol{X}$ 会由训练样本按照行堆叠起来而不是列，$\boldsymbol{x}^{(1)}$ 的转置直到 $\boldsymbol{x}^{(m)}$ 的转置，但是在实现神经网络的时候，使用左边的这种形式，会让整个实现的过程变得更加简单。

$$X=\begin{bmatrix} \vdots & \vdots & & \vdots \\ x^{(1)} & x^{(2)} & \cdots & x^{(m)} \\ \vdots & \vdots & & \vdots \end{bmatrix} \updownarrow n_x$$

图 2-3　训练集矩阵 $\boldsymbol{X}$

那么输出标签 $\boldsymbol{y}$ 呢？同样的道理，为了能更加容易地实现一个神经网络，将标签 y 放在列中将会使得后续计算非常方便，所以定义大写的 $\boldsymbol{Y}$ 等于 $\boldsymbol{y}^{(1)}, \boldsymbol{y}^{(2)}, \cdots, \boldsymbol{y}^{(m)}$，在这里是一个规模为 1 乘以 m 的矩阵，使用 Python 将表示为 Y. shape = (1，m)，表示这是一个规模为 1 乘以 m 的矩阵。

一个好的符号约定能够将不同训练样本的数据很好地组织起来。不仅包括 x 或者 y，还包括之后看到的其他的量。将不同的训练样本的数据提取出来，然后就像刚刚对 x 或者 y 所做的那样，将它们堆叠在矩阵的列中。

2.2　逻辑回归

对于二分类问题来讲，给定一个输入特征向量 $\boldsymbol{X}$，它可能对应一张图片，然后想通过识别这张图片分析得到它是一只猫或者不是一只猫。想要一个算法能够输出预测 $\hat{y}$，也就是对实际值 y 的估计。更确切地来说，想让 $\hat{y}$ 表示 y 等于 1 的一种可能性或者是机会，前提条件是给定了输入特征 $\boldsymbol{X}$。换句话说，如果 $\boldsymbol{X}$ 是在上节中讲解的图片，那么输出 $\hat{y}$ 表示一只猫的图片的概率有多大。在之前的内容中所说的，$\boldsymbol{X}$ 是一个 n_x 维的向量（相当于有 n_x 个特征的特征向量)。用 $\boldsymbol{w}$ 来表示逻辑回归的参数，这也是一个 n_x 维向量（因为 $\boldsymbol{w}$ 实际上是特征权重，维度与特征向量相同)，参数里面还有 b，这是一个实数（表示偏差)。所以给出输入 $\boldsymbol{x}$ 以及参数 $\boldsymbol{w}$ 和 b 之后，令 $\hat{y}=\boldsymbol{w}^{\mathrm{T}}\boldsymbol{x}+b$。

逻辑回归：

$$给出\ \boldsymbol{x},\ \boldsymbol{x}\in\boldsymbol{R}^{n_x}$$

$$\boldsymbol{w}\in\boldsymbol{R}^{n_x},\ b\in\boldsymbol{R}$$

$$输出：\hat{y}=\sigma(\boldsymbol{w}^{\mathrm{T}}\boldsymbol{x}+b);$$

$$\hat{y}=p(y=1\mid x),\ 0\leqslant\hat{y}\leqslant1$$

这时候得到的是一个关于输入 $\boldsymbol{x}$ 的线性函数，但是这对于二分类问题来讲不是一个非常好的算法，因为如果让 $\hat{y}$ 表示实际值 y 等于 1 的概率的话，则 $\hat{y}$ 应该在 0 ~ 1 之间，而 $\boldsymbol{w}^{\mathrm{T}}\boldsymbol{x}+b$ 可能比 1 要大得多，或者甚至为一个负值。想要在 0 和 1 之间的概率是没有意义的，因此在逻辑回归中，输出应该是 $\hat{y}$ 等于由上面得到的线性函数式作为自变量的 sigmoid 函数 σ 中，将线性函数转换为非线性函数。

图 2-4 所示为 sigmoid 函数的图像，如果把水平轴作为 z 轴，那么关于 z 的 sigmoid 函数是这样的，它是平滑地从 0 走向 1，在这里标记纵轴为 0，曲线与纵轴相交的截距是 0.5，这就是关于 z 的 sigmoid 函数的图像。通常使用 z 来表示 $\boldsymbol{w}^{\mathrm{T}}\boldsymbol{x}+b$ 的值。

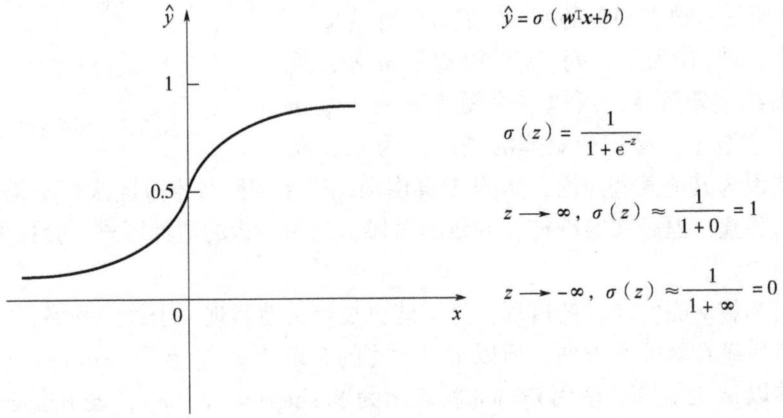

图 2-4　sigmoid 函数

sigmoid 函数的公式为 $\sigma(z)=\dfrac{1}{1+\mathrm{e}^{-z}}$，在这里 z 是一个实数。如果 z 非常大，那么 e^{-z} 将会接近于 0，关于 z 的 sigmoid 函数将会近似等于 1 除以 1 加上某个非常接近于 0 的项，因为如果 e 的指数是绝对值很大的负数，则这项将会接近于 0，所以如果 z 很大，那么关于 z 的 sigmoid 函数会非常接近 1。相反地，如果 z 非常小或者说是一个绝对值很大的负数，那么关于 e^{-z} 的项会变成一个很大的数，可以认为这是 1 除以 1 加上一个非常非常大的数，所以这个值接近于 0。实际上看到当 z 变成一个绝对值很大的负数时，关于 z 的 sigmoid 函数就会非常接近于 0，因此当实现逻辑回归时，就是去让机器学习参数 $\boldsymbol{w}$ 以及 b，这样才使得 $\hat{y}$ 成为对 $y=1$ 这一情况的概率的估计。

$$\boldsymbol{x}_0=1,\ \boldsymbol{x}\in\boldsymbol{R}^{n_x+1}$$

$$\hat{y}=\sigma(\boldsymbol{\theta}^{\mathrm{T}}\boldsymbol{x})$$

$$\boldsymbol{\theta}=\begin{bmatrix}\theta_0\\ \theta_1\\ \theta_2\\ \vdots\\ \theta_{n_x}\end{bmatrix}=\begin{bmatrix}b\\ \boldsymbol{w}\end{bmatrix}$$

介绍一种符号惯例可以让参数 $\boldsymbol{w}$ 和参数 b 分开。定义一个额外的特征值，称为 x_0，并且使它等于 1，那么现在 $\boldsymbol{X}$ 就是一个 n_x 加 1 维的变量，然后定义 $\hat{y}=\sigma(\boldsymbol{\theta}^{\mathrm{T}}\boldsymbol{x})$ 的 sigmoid 函数。在这个备选的符号惯例里，有一个参数向量 θ_0，θ_1，θ_2，…，θ_{n_x}，这样 θ_0 就充当了 b，这是一个实数，而剩下的 θ_1 直到 θ_{n_x} 充当了 $\boldsymbol{w}$。

2.3　逻辑回归的代价函数

代价函数是为了训练逻辑回归模型的参数，即参数 w 和参数 b。先看一下逻辑回归的输出函数：

$$y^{(i)}=\sigma(\boldsymbol{w}^{\mathrm{T}}\boldsymbol{x}^{(i)}+b)$$

给出 $\{(x^{(1)},\ y^{(1)}),\ \cdots,\ (x^{(m)},\ y^{(m)})\}$，想要 $\hat{y}^{(i)}\approx y^{(i)}$

为了让模型通过学习来调整参数，需要给定一个 m 样本的训练集，让其在训练集上找到参数 w 和参数 b，来得到输出。

将训练集的预测值写成 $\hat{y}$，希望它接近于训练集中的 y 值，为了对上面的公式进行更详细的介绍，将上面的定义和一个训练样本对应起来进行讲述，这种形式也适用于每个训练样本。使用这些带有括号的上标来区分索引和样本，训练样本 i 所对应的预测值是 $y^{(i)}$，是用训练样本的 $\boldsymbol{w}^{\mathrm{T}}\boldsymbol{x}^{(i)}+b$ 然后通过 sigmoid 函数来得到，也可以把 z 定义为 $z^{(i)}=\boldsymbol{w}^{\mathrm{T}}\boldsymbol{x}^{(i)}+b$，将使用符号（$i$）注解，上标（$i$）来指明数据表示 x、y、z 或者其他数据的第 i 个训练样本。

损失函数 $L(\hat{y},\ y)$**：**

损失函数又叫作误差函数，用来衡量算法的运行情况。

损失函数用来衡量预测输出值和实际值的接近程度。一般用预测值和实际值的二次方差或者它们二次方差的一半表示，但是通常在逻辑回归中不这么做，因为当学习逻辑回归参数时，会发现优化目标不是凸优化，只能找到多个局部最优值，梯度下降法很可能找不到全局最优值，虽然二次方差是一个不错的损失函数，但是在逻辑回归模型中会定义另外一个损失函数。

在逻辑回归中用到的损失函数是 $L(\hat{y},y)=-y\log(\hat{y})-(1-y)\log(1-\hat{y})$。

为什么要用这个函数作为逻辑损失函数？当使用二次方差作为损失函数时，会想要让这个误差尽可能地小，为了更好地理解这个损失函数是怎么起作用的，接下来举两个例子：

1）当 $y=1$ 时，损失函数 $L=-\log(\hat{y})$，如果想要损失函数 L 尽可能小，那么 $\hat{y}$ 就要尽可能大，因为 sigmoid 函数取值［0，1］，所以 $\hat{y}$ 会无限接近于 1。

2）当 $y=0$ 时，损失函数 $L=-\log(1-\hat{y})$，如果想要损失函数 L 尽可能小，那么 $\hat{y}$ 就要

尽可能小，因为 sigmoid 函数取值［0，1］，所以 $\hat{y}$ 会无限接近于0。

有很多的函数效果与现在这个类似，就是如果 y 等于1，则尽可能让 $\hat{y}$ 变大，如果 y 等于0，则应尽可能让 $\hat{y}$ 变小。损失函数是在单个训练样本中定义的，它衡量的是算法在单个训练样本中表现如何，为了衡量算法在全部训练样本上的表现，需要定义一个算法的代价函数，算法的代价函数是对 m 个样本的损失函数求和然后除以 m。

$$J(w,b)=\frac{1}{m}\sum_{i=1}^{m}L(\hat{y}^{(i)},y^{(i)})=\frac{1}{m}\sum_{i=1}^{m}[-y^{(i)}\log\hat{y}^{(i)}-(1-y^{(i)})\log(1-\hat{y}^{(i)})]$$

损失函数只适用于像这样的单个训练样本，而代价函数是参数的总代价，所以在训练逻辑回归模型时，需要找到合适的 w 和 b，来让代价函数 J 的总代价降到最低。逻辑回归可以看作是一个非常小的神经网络。

2.4 梯度下降法

在测试集上，通过最小化代价函数（成本函数）$J(w,b)$ 来训练参数 $\boldsymbol{w}$ 和 b，梯度下降如下：

逻辑回归：$\hat{y}=\sigma(\boldsymbol{w}^{\mathrm{T}}\boldsymbol{x}+b)$，$\sigma(z)=\dfrac{1}{1+\mathrm{e}^{-z}}$

代价函数 $J(w,b)=\dfrac{1}{m}\sum_{i=1}^{m}L(\hat{y}^{(i)},y^{(i)})=\dfrac{1}{m}\sum_{i=1}^{m}[-y^{(i)}\log\hat{y}^{(i)}-(1-y^{(i)})\log(1-\hat{y}^{(i)})]$

如图2-5所示，在第二行给出和之前一样的逻辑回归算法的代价函数（成本函数）梯度下降法的形象化说明。

在这个图中，横轴表示空间参数 w 和 b，在实践中，w 可以是更高的维度，但是为了更好地绘图，定义 w 和 b，都是单一实数，代价函数（成本函数）$J(w,b)$ 是在水平轴 w 和 b 上的曲面，因此曲面的高度就是 $J(w,b)$ 在某一点的函数值。所做的就是找到使得代价函数（成本函数）$J(w,b)$ 函数值为最小值时对应的参数 w 和 b。

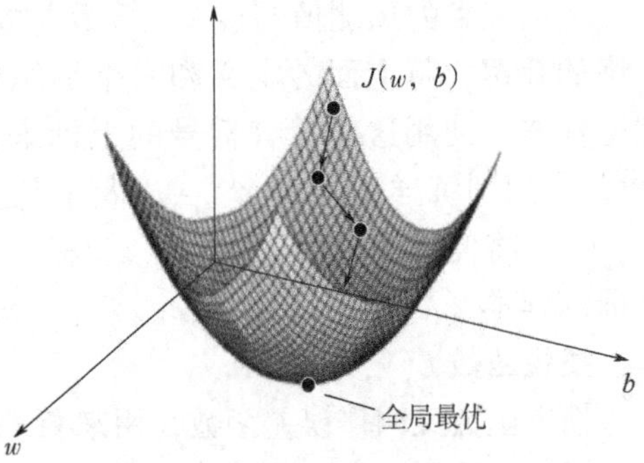

图2-5 代价函数梯度下降法

如图2-6所示，代价函数（成本函数）$J(w,b)$ 是一个凸函数，像一个大碗一样。

如图2-7所示，与图2-6有些相反，因为它是非凸的并且有很多不同的局部最小值。由于逻辑回归的代价函数（成本函数）$J(w,b)$ 的特性，故必须定义代价函数（成本函数）$J(w,b)$ 为凸函数。

图2-6 代价函数的凸函数形式

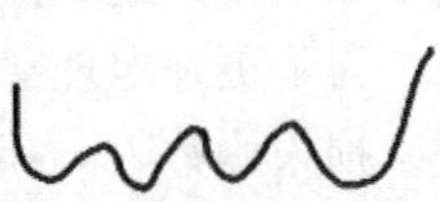
图2-7 代价函数的非凸形式（局部最小值）

1. 初始化 w 和 b

可以用如图 2-8 所示的点来初始化参数 w 和 b，也可以采用随机初始化的方法。对于逻辑回归几乎所有的初始化方法都有效，因为函数是凸函数，所无论在哪里初始化，应该达到同一点或大致相同的点。

以如图 2-9 所示的点的坐标来初始化参数 w 和 b。

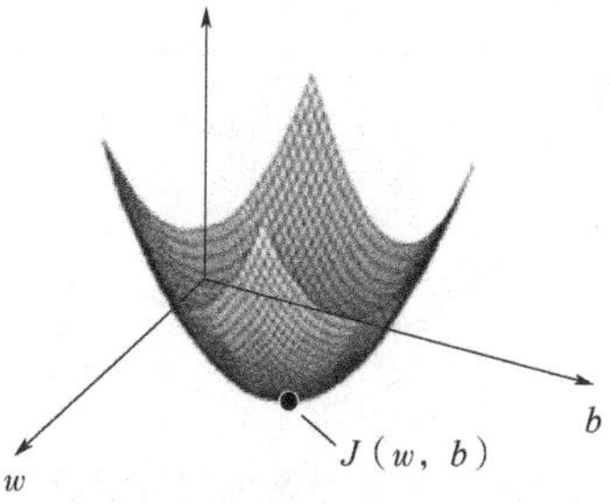

图 2-8　代价函数初始化参数（初始化点在最小值位置）

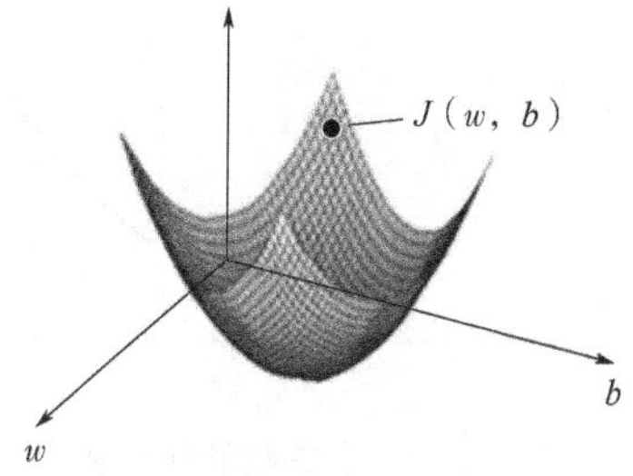

图 2-9　代价函数初始化参数（初始化点在随机位置）

2. 朝最陡的下坡方向走一步，不断地迭代

朝最陡的下坡方向走一步，如图 2-10 所示，走到了图中第二个点处。

可能停在这里也有可能继续朝最陡的下坡方向再走一步，如图 2-10 所示，经过两次迭代走到第三个点处。

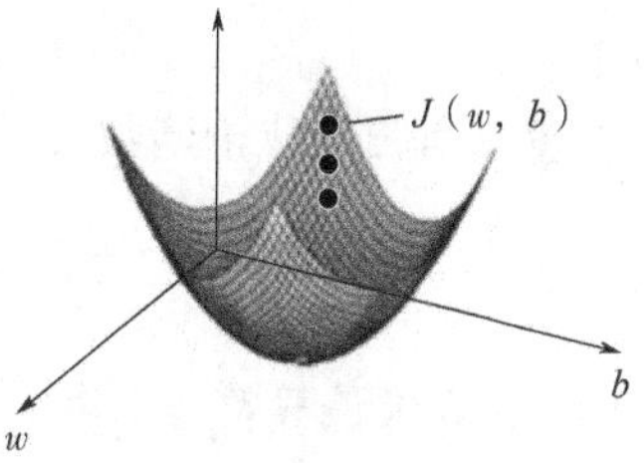

图 2-10　代价函数梯度下降法的迭代过程

3. 直到走到全局最优解或者接近全局最优解的地方

通过以上的三个步骤可以找到全局最优解，也就是代价函数（成本函数）$J(w,b)$ 这个凸函数的最小值点。

假定代价函数（成本函数）$J(w)$ 只有一个参数 w，即用一维曲线代替多维曲线，这样可以更好地画出图像，如图 2-11 所示。

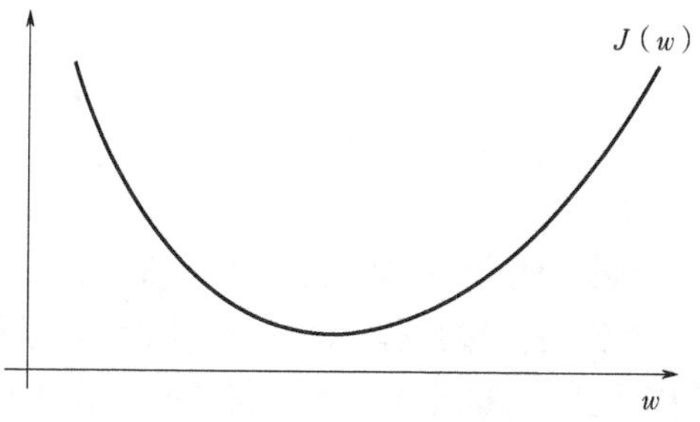

图 2-11　一个参数的代价函数

$$\left\{w:=w-\alpha\frac{\mathrm{d}J(w)}{\mathrm{d}w}\right\}$$

迭代就是不断重复做上述的公式。

式中，= 表示更新参数；α 表示学习率，用来控制步长，即向下走一步的长度。$\frac{\mathrm{d}J(w)}{\mathrm{d}w}$就是函数 $J(w)$ 对 w 求导。在代码中会使用 dw 表示这个结果。对于导数更加形象化的理解就是斜率，该点的导数就是这个点相切于 $J(w)$ 的小三角形的高除以宽。假设以如图 2-12 中的点为初始化点，该点处的斜率的符号是正的，即$\frac{\mathrm{d}J(w)}{\mathrm{d}w}>0$，所以接下来会向左走一步。

整个梯度下降法的迭代过程就是不断地向左走，直至逼近最小值点，如图 2-13 所示。

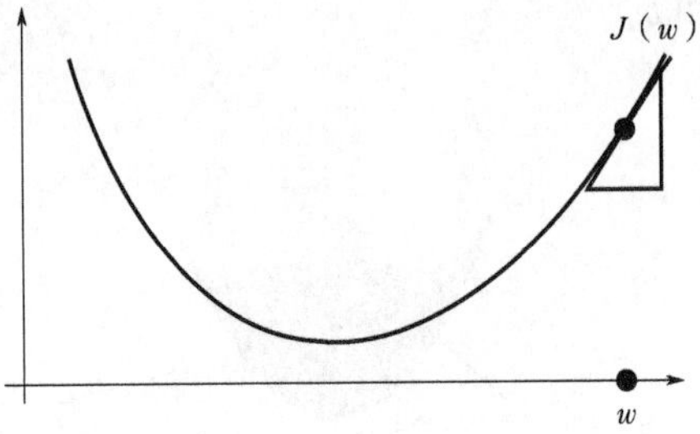

图 2-12 一个参数的代价函数 1

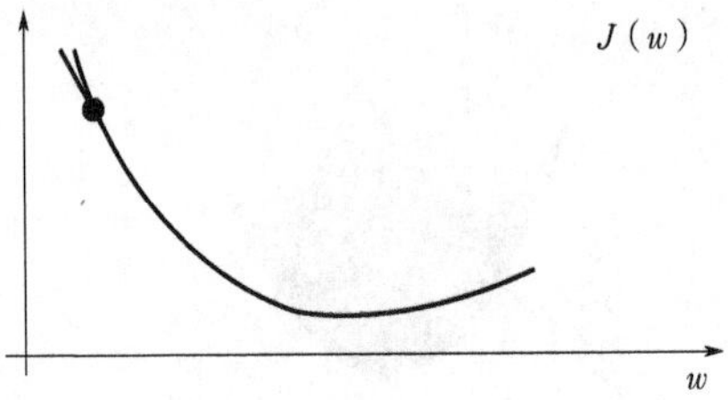

图 2-13 一个参数的代价函数 2

假设以如图 2-13 中的点为初始化点，该点处的斜率的符号是负的，即$\frac{\mathrm{d}J(w)}{\mathrm{d}w}<0$，所以接下来会向右走一步。整个梯度下降法的迭代过程就是不断地向右走，即朝着最小值点方向走。

逻辑回归的代价函数（成本函数）含有两个参数。

$$w:=w-\alpha\frac{\partial J(w,\ b)}{\partial w}\qquad b:=b-\alpha\frac{\partial J(w,\ b)}{\partial b}$$

式中，∂ 为求偏导符号；$\frac{\partial J(w,\ b)}{\partial w}$就是函数 $J(w,\ b)$ 对 w 求偏导，在代码中会使用 dw 表示这个结果；$\frac{\partial J(w,\ b)}{\partial b}$就是函数 $J(w,\ b)$ 对 b 求偏导，在代码中会使用 db 表示这个结果，小写字母 d 用于表示求导数，即函数只有一个参数，偏导数符号∂用于表示求偏导，即函数含有两个以上的参数。

2.5 计算图

神经网络的计算都是按照前向或反向传播过程组织的。首先计算出一个新的网络输出（前向过程），紧接着进行一个反向传输操作，后者用来计算出对应的梯度或导数。计算图解释了为什么用这种方式组织这些计算过程。下面将举一个例子说明计算图是什么。

J 是由 a，b，c 三个变量组成的函数，这个函数是 $3(a+bc)$。计算这个函数实际上有三个不同的步骤，首先是计算 b 乘以 c，即 $u=bc$；然后计算 $v=a+u$；最后输出 $J=3v$，这就是要计算的函数 J。

可以把这三步画成如图 2-14 所示的计算图，有三个变量 a，b，c，第一步就是计算 $u=bc$，在这内容周围放一个矩形框，它的输入是 b，c，接着第二步 $v=a+u$，最后一步 $J=3v$。

举个例子，$a=5$，$b=3$，$c=2$，$u=bc$ 就是 6，v 的结果就是 $5+6=11$。J 是 3 倍的 v，

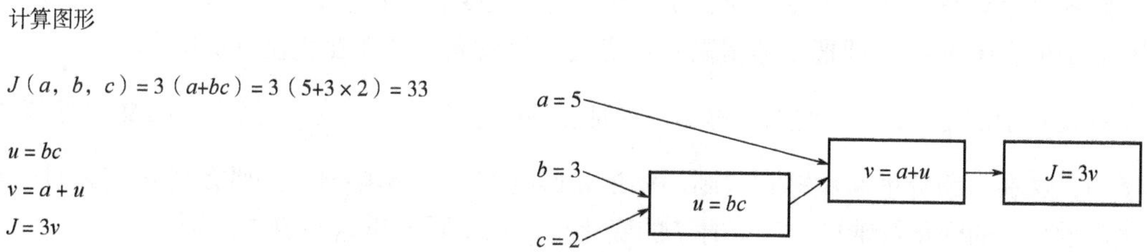

计算图形

$J(a, b, c) = 3(a+bc) = 3(5+3×2) = 33$

$u = bc$

$v = a + u$

$J = 3v$

图 2-14　计算图

因此，J 等于 $3×(5+3×2)$。如果把它算出来，则实际上得到的 33 就是 J 的值。当有不同的或者一些特殊的输出变量时，例如本例中的 J 和逻辑回归中要优化的代价函数 J，用计算图来处理这些计算就会很方便。通过一个从左向右的过程，可以计算出 J 的值。而从右到左的过程是用于计算导数的最自然的方式。

2.6　使用计算图求导数

这节将讲述如何利用计算图计算出函数 J 的导数，用到的公式如下：

$$\frac{\mathrm{d}J}{\mathrm{d}u} = \frac{\mathrm{d}J}{\mathrm{d}v}\frac{\mathrm{d}v}{\mathrm{d}u}, \ \frac{\mathrm{d}J}{\mathrm{d}b} = \frac{\mathrm{d}J}{\mathrm{d}u}\frac{\mathrm{d}u}{\mathrm{d}b}, \ \frac{\mathrm{d}J}{\mathrm{d}a} = \frac{\mathrm{d}J}{\mathrm{d}u}\frac{\mathrm{d}u}{\mathrm{d}a}$$

流程图如图 2-15 所示。

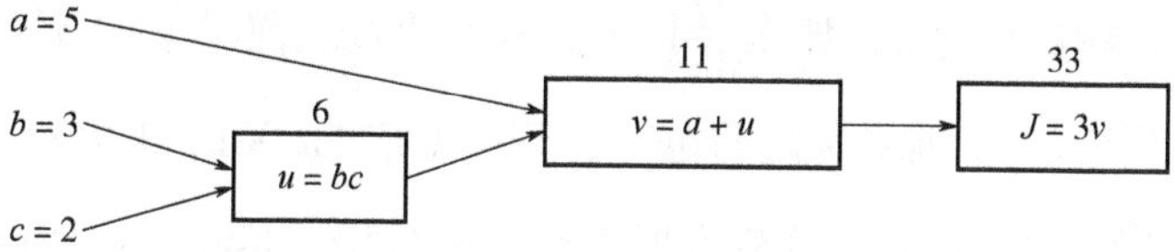

图 2-15　流程计算图

假设要计算 $\frac{\mathrm{d}J}{\mathrm{d}v}$，那要怎么算呢？把这个 v 值拿过来，改变一下，那么 J 的值会怎么变呢？定义 $J = 3v$，现在 $v = 11$，如果让 v 增加一点，比如到 11.001，那么 $J = 3v = 33.003$，即 v 增加了 0.001，最终结果是 J 上升到原来的 3 倍，所以 $\frac{\mathrm{d}J}{\mathrm{d}v} = 3$。因为对于任何 v 的增量，J 都会有 3 倍增量，$f(a) = 3a$，然后推导出 $\frac{\mathrm{d}f(a)}{\mathrm{d}a} = 3$，所以有 $J = 3v$，$\frac{\mathrm{d}J}{\mathrm{d}v} = 3$，这里 J 扮演 f 的角色。

如果想计算最后输出变量的导数，则使用 v 的导数，那么就做完了一步反向传播，在这个流程图中是一个反向步。

来看另一个例子，$\frac{\mathrm{d}J}{\mathrm{d}a}$ 是多少呢？变量 $a = 5$，让它增加到 5.001，那么对 v 的影响就是 $a + u$，之前 $v = 11$，现在变成 11.001，J 就变成 33.003，所以看到的是如果 a 增加 0.001，J 就增加 0.003。如果把这个 5 换成某个新值，那么 a 的改变量就会传播到流程图的最右，所以 J 的增量是 3 乘以 a 的增量，意味着这个导数是 3。

解释这个计算过程，如果改变了 a，那么也会改变 v，通过改变 v，也会改变 J，所以当提升这个值（0.001），即把 a 值提高一点点时，这就是 J 的净变化量（0.003）。

首先 a 增加了，v 也会增加，那么 v 增加多少呢？这取决于$\frac{\mathrm{d}v}{\mathrm{d}a}$，然后 v 的变化导致 J 也在增加，这在微积分里叫作链式法则。如果 a 影响到 v，v 影响到 J，那么当 a 变大时，J 的变化量就是 v 的变化量乘以改变 v 时 J 的变化量，在微积分里这叫链式法则。

如果让 a 增加 0.001，则 v 也会变化相同的大小，所以$\frac{\mathrm{d}v}{\mathrm{d}a}=1$。事实上，代入后得到，$\frac{\mathrm{d}J}{\mathrm{d}v}=3$，$\frac{\mathrm{d}v}{\mathrm{d}a}=1$，所以乘积 3×1 实际上就给出了正确答案，$\frac{\mathrm{d}J}{\mathrm{d}a}=3$。

当编程实现反向传播时，通常会有一个最终输出值是要关心的，即最终的输出变量。在这种情况下最终的输出变量是 J，即流程图里的最后一个符号，有很多计算尝试计算输出变量的导数，所以输出变量对某个变量的导数就用 dvar 命名。在很多计算中需要计算最终输出结果的导数，在本例中是 J，还有各种中间变量，比如 a、b、c、u、v，在 python 里实现时，变量可以用 dJ_dvar，但因为一直对 J 求导，即对这个最终输出变量求导，所以这里介绍一个新符号，当用户在程序里编程时，就使用变量名 dvar 来表示那个量。

$$\frac{\mathrm{dFinalOutputVar}}{\mathrm{dvar}}$$

所以在程序里 dvar 表示导数，即关心的最终变量 J 的导数，有时最后是 L 对代码中各种中间量的导数，所以用 dv 表示这个值，dv =3，代码表示就是 da =3。

继续计算导数，看这个值 u，那么$\frac{\mathrm{d}J}{\mathrm{d}u}$是多少呢？通过之前类似的计算，现在从 $u=6$ 出发，如果令 u 增加到 6.001，那么 v 之前是 11，现在变成 11.001，J 从 33 变成 33.003，所以 J 的增量是 3 倍，即$\frac{\mathrm{d}J}{\mathrm{d}u}=3$。对 u 的分析类似于对 a 的分析，实际上这计算起来就是$\frac{\mathrm{d}J}{\mathrm{d}v}\cdot\frac{\mathrm{d}v}{\mathrm{d}u}$，如此可以算出$\frac{\mathrm{d}J}{\mathrm{d}v}=3$，$\frac{\mathrm{d}v}{\mathrm{d}u}=1$，最终结果是 $3\times1=3$。故还有一步反向传播，最终计算出 du =3，这里的 du 就是$\frac{\mathrm{d}J}{\mathrm{d}u}$。

那么$\frac{\mathrm{d}J}{\mathrm{d}b}$呢？想象一下，如果改变了 b 的值，想要让它变化一点，让 J 值到达最大或最小，那么当稍微改变 b 值之后，导数，即这个 J 函数的斜率是什么呢？事实上，使用微积分链式法则，可以写成两者的乘积，就是$\frac{\mathrm{d}J}{\mathrm{d}u}\cdot\frac{\mathrm{d}u}{\mathrm{d}b}$，理由是如果改变 b 一点点，比如说变为 3.001，那么它影响 J 的方式是：首先会影响 u，u 的定义是 $b\cdot c$，所以 $b=3$ 时 $u=6$，现在就成 6.002 了，因为例子中 $c=2$，所以$\frac{\mathrm{d}u}{\mathrm{d}b}=2$。当 b 增加 0.001 时，u 变为原来的两倍。因此$\frac{\mathrm{d}u}{\mathrm{d}b}=2$，现在 u 的增加量已经是 b 的两倍，那么$\frac{\mathrm{d}J}{\mathrm{d}u}$等于 3，让这两部分相乘，发现$\frac{\mathrm{d}J}{\mathrm{d}b}=6$。

当计算所有这些导数时，最有效率的办法是从右向左计算，特别是当第一次计算对 v 的导数时，之后在计算对 a 的导数时就可以用到。对 u 的导数可以帮助计算对 b 的导数，然后

再计算对 c 的导数。

2.7　逻辑回归中的梯度下降

假设样本只有两个特征 x_1 和 x_2，为了计算 z，需要输入参数 w_1、w_2 和 b，除此之外还有特征值 x_1 和 x_2。因此 z 的计算公式为 $z=w_1x_1+w_2x_2+b$

回想一下逻辑回归的公式定义，如下所示：

$$\hat{y}=a=\sigma(z)$$

式中，$z=\boldsymbol{w}^{\mathrm{T}}\boldsymbol{x}+b$，$\sigma(z)=\dfrac{1}{1+\mathrm{e}^{-z}}$

损失函数 $L(\hat{y}^{(i)}, y^{(i)})=-y^{(i)}\log\hat{y}^{(i)}-(1-y^{(i)})\log(1-\hat{y}^{(i)})$

代价函数 $J(w, b)=\dfrac{1}{m}\sum_{i=1}^{m}L(\hat{y}^{(i)}, y^{(i)})$

假设现在只考虑单个样本的情况，单个样本的代价函数定义如下：

$$L(a, y)=-[y\log(a)+(1-y)\log(1-a)]$$

式中，a 是逻辑回归的输出，y 是样本的标签值。现在画出表示这个计算的计算图，如图 2-16 所示。这里先复习下梯度下降法，w 和 b 的修正量可以表达如下：

$$w:=w-\alpha\frac{\partial J(w, b)}{\partial w}\qquad b:=b-\alpha\frac{\partial J(w, b)}{\partial b}$$

$$z=\boldsymbol{w}^{\mathrm{T}}\boldsymbol{x}+b$$

$$\hat{y}=a=\sigma(z)$$

$$L(a, y)=-[y\log(a)+(1-y)\log(1-a)]$$

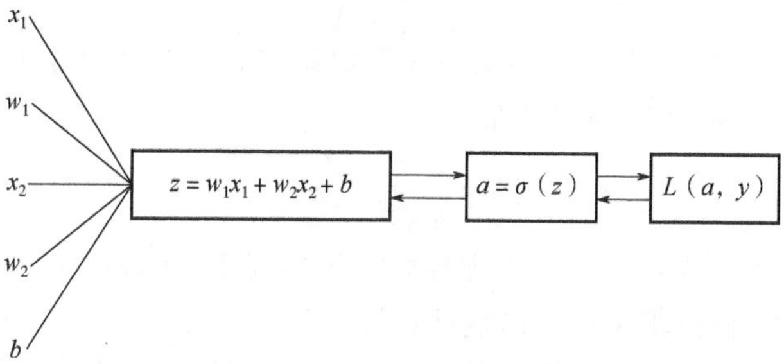

图 2-16　逻辑回归和计算图

如图 2-16 所示，在这个公式的外侧画上长方形，然后计算 $\hat{y}=a=\sigma(z)$，也就是计算图的下一步。最后计算损失函数 $L(a, y)$。有了计算图，就不需要再写出公式了。因此，为了使得逻辑回归能最小化代价函数 $L(a, y)$，要做的仅仅是修改参数 w 和 b 的值。想要计算代价函数 $L(a, y)$ 的导数，首先需要反向计算出代价函数 $L(a, y)$ 关于 a 的导数。

通过微积分得到 $\dfrac{\mathrm{d}L(a, y)}{\mathrm{d}a}=-\dfrac{y}{a}+\dfrac{(1-y)}{(1-a)}$

现在已经计算出 da，也就是最终输出结果的导数。现在可以再反向一步，在编写Python代码时，只需要用 dz 来表示代价函数 L 关于 z 的导数 $\dfrac{\mathrm{d}L}{\mathrm{d}z}$，也可以写成 $\dfrac{\mathrm{d}L(a, y)}{\mathrm{d}z}$，这两种写法都是正确的。

$$\frac{\mathrm{d}L}{\mathrm{d}z}=a-y$$

因为$\frac{\mathrm{d}L(a,\ y)}{\mathrm{d}z}=\frac{\mathrm{d}L}{\mathrm{d}z}=\left(\frac{\mathrm{d}L}{\mathrm{d}a}\right)\left(\frac{\mathrm{d}a}{\mathrm{d}z}\right)$，并且$\frac{\mathrm{d}a}{\mathrm{d}z}=a(1-a)$，而$\frac{\mathrm{d}L}{\mathrm{d}a}=\left(-\frac{y}{a}+\frac{1-y}{1-a}\right)$，所以将这两项相乘，得到

$$\mathrm{d}z=\frac{\mathrm{d}L(a,\ y)}{\mathrm{d}z}=\frac{\mathrm{d}L}{\mathrm{d}z}=\left(\frac{\mathrm{d}L}{\mathrm{d}a}\right)\cdot\left(\frac{\mathrm{d}a}{\mathrm{d}z}\right)=\left(-\frac{y}{a}+\frac{1-y}{1-a}\right)\cdot a(1-a)=a-y$$

现在进行最后一步反向推导，也就是计算 w 和 b 变化对代价函数 L 的影响，特别地，可以用

$$\mathrm{d}w_1=\frac{1}{m}\sum_{i=1}^{m}x_1{}^{(i)}[a^{(i)}-y^{(i)}]$$

$$\mathrm{d}w_2=\frac{1}{m}\sum_{i=1}^{m}x_2{}^{(i)}[a^{(i)}-y^{(i)}]$$

$$\mathrm{d}b=\frac{1}{m}\sum_{i=1}^{m}[a^{(i)}-y^{(i)}]$$

式中，$\mathrm{d}w_1$ 表示$\frac{\partial L}{\partial w_1}=x_1\cdot\mathrm{d}z$，$\mathrm{d}w_2$ 表示$\frac{\partial L}{\partial w_2}=x_2\cdot\mathrm{d}z$，$\mathrm{d}b=\mathrm{d}z$。

然后，更新 $w_1=w_1-a\mathrm{d}w_1$，更新 $w_2=w_2-a\mathrm{d}w_2$，更新 $b=b-\alpha\mathrm{d}b$。

这是关于单个样本实例的梯度下降算法中参数更新一次的步骤。

2.8 *m* 个样本的梯度下降

如何把一个训练样本上逻辑回归的梯度下降应用在 m 个训练样本上？

首先，损失函数 $J(w,\ b)$ 的定义如下：

$$J(w,\ b)=\frac{1}{m}\sum_{i=1}^{m}L[a^{(i)},\ y^{(i)}]$$

算法输出关于样本 y 的 $a^{(i)}$，$a^{(i)}$是训练样本的预测值，即 $\sigma[z^{(i)}]=\sigma[\boldsymbol{w}^{\mathrm{T}}\boldsymbol{x}^{(i)}+b]$。所以在前面展示的是对于任意单个训练样本 $[x^{(i)},\ y^{(i)}]$。

带有求和的全局代价函数，实际上是 1 ~ m 项各个损失的平均值。所以它表明全局代价函数对 w_1 的微分，对 w_1 的微分也同样是各项损失对 w_1 微分的平均值。全局代价函数需要一起应用逻辑回归和梯度下降。

初始化 $J=0$，$\mathrm{d}w_1=0$，$\mathrm{d}w_2=0$，$\mathrm{d}b=0$

代码流程如下：

```
    J =0; dw1 =0; dw2 =0; db =0;
for i  = 1 to m
    z(i) =wx(i) +b;
    a(i) =sigmoid(z(i));
    J + =  -[y(i)log(a(i)) +(1 -y(i))]log(1 -a(i)); dz(i)  = a(i) -y(i);
```

```
    dw1 + = x1(i)dz(i);
    dw2 + = x2(i)dz(i);
    db + = dz(i);
J /= m;
dw1 /= m;
dw2 /= m;
db /= m;
w = w - alpha * dw
b = b - alpha * db
```

因此需要重复以上内容很多次，以应用多次梯度下降。这些细节看起来似乎很复杂，这种计算有一个缺点，就是此方法在逻辑回归上需要编写两个 for 循环。第一个 for 循环是一个小循环，遍历 m 个训练样本，第二个 for 循环是遍历所有特征。这个例子中只有两个特征，所以 n 等于 2，并且 n_x 等于 2。但如果有更多特征，则计算从 dw_1，dw_2，dw_3 一直到 dw_n，需要一个 for 循环遍历所有 n 个特征。

使用 for 循环使算法很低效，所以这里有一些叫作向量化的技术可以摆脱 for 循环。

2.9　向量化

向量化是非常基础的去除代码中 for 循环的技术，在深度学习实践中，会经常训练大数据集，因为深度学习算法处理大数据集效果很好，所以代码运行速度非常重要。运行向量化是一个关键的技巧，下面举一个例子。

在逻辑回归中需要计算 $z = \boldsymbol{w}^{\mathrm{T}}\boldsymbol{x} + b$，其中 $\boldsymbol{w}$，$\boldsymbol{x}$ 都是列向量。如果有很多的特征那么就会有一个非常大的向量，例如，当 $\boldsymbol{w} \in n_x$，$\boldsymbol{x} \in n_x$ 时，如果想使用非向量化方法去计算 $\boldsymbol{w}^{\mathrm{T}}\boldsymbol{x}$，则需要用以下方式（python）：

```
z = 0
for i in range(n_x)
    z + = w[i] * x[i]
z + = b
```

这是一种很慢的非向量化实现，作为对比，向量化实现将会直接计算 $\boldsymbol{w}^{\mathrm{T}}\boldsymbol{x}$，代码如下：

```
z = np.dot(w, x) + b
```

这是向量化计算 $\boldsymbol{w}^{\mathrm{T}}\boldsymbol{x}$ 的方法，它非常快。

用一个小例子说明如下：

```
import numpy as np #导入 numpy 库
a = np.array([1, 2, 3, 4]) #创建一个数据 a
print(a)
# [1 2 3 4]

import time #导入时间库
```

```
a = np.random.rand(1000000)
b = np.random.rand(1000000) #通过 round 随机得到两个一百万维度的数组
tic = time.time() #现在测量一下当前时间

#向量化的版本
c = np.dot(a, b)
toc = time.time()
print("Vectorized version:" + str(1000 * (toc - tic)) +"ms") #打印一下向量化的版本的时间

#继续增加非向量化的版本
c = 0
tic = time.time()
for i in range(1000000):
    c + = a[i] * b[i]
toc = time.time()
print(c)
print("For loop:" + str(1000 * (toc - tic)) + "ms")#打印 for 循环的版本的时间
```

在两个方法中，向量化和非向量化计算了相同的值，向量化版本花费了 1.5ms，非向量化版本的 for 循环花费了大约 500ms，非向量化版本多花费了 300 倍时间。这意味着如果向量化方法需要花费 1min 去运行的数据，for 循环将会花费 5h 去运行。

CPU 和 GPU 都有并行化的指令，有时候称为 SIMD 指令，代表一个单独指令处理多维数据，这个指令的基础意义是如果使用了 built-in 函数，像 np. function 或者并不要求实现循环的函数，那么它可以让 python 充分利用并行化计算。

图 2-17 所示为代码及运行结果截图。

在写神经网络程序，或者写逻辑（logistic）回归时，应该避免写循环（loop）语句。虽然有时写循环是不可避免的，但是可以使用比如 numpy 的内置函数或者其他办法去计算。

如果计算向量 $\boldsymbol{u}=\boldsymbol{A}\boldsymbol{v}$，则矩阵乘法的定义就是 $\boldsymbol{u}_i=\sum j\boldsymbol{A}_{ij}\boldsymbol{v}_i$。使用非向量化实现，u = np.zeros(n, 1)，并且通过两层循环 for(i): for(j):，得到 u[i] = u[i] + A[i][j] * v[j]。现在就有了 i 和 j 的两层循环，这就是非向量化。向量化方式就可以用 u = np.dot(A, v)，右边的向量化实现方式消除了两层循环，使得代码运行速度更快。

再举一个例子，如果已经有一个向量 $\boldsymbol{v}$，并且想要对向量 $\boldsymbol{v}$ 的每个元素做指数操作，得到向量 $\boldsymbol{u}$ 等于 e 的 $\boldsymbol{v}_1$ 次方、e 的 $\boldsymbol{v}_2$ 次方、一直到 e 的 $\boldsymbol{v}_n$ 次方。这里是非向量化的实现方式，首先初始化向量 u = np.zeros(n, 1)，并且通过循环依次计算每个元素。通过 Python 的 numpy 内置函数，执行 u = np.exp(v) 命令，在之前有循环的代码中仅用了一行代码，向量 $\boldsymbol{v}$ 作为输入，$\boldsymbol{u}$ 作为输出。

事实上，numpy 库有很多向量函数。比如 u = np.log 是计算对数函数（log）、np.abs() 是计算数据的绝对值、np.maximum() 是计算元素 y 中的最大值，也可以用 np.maximum(v, 0)、v**2 代表获得元素 y 每个值的二次方、$\frac{1}{v}$获取元素 y 的倒数等。所以写循环时，

```
In [1]: import numpy as np

        a = np.array([1,2,3,4])
        print(a)

        [1 2 3 4]

In [13]: import time

         a = np.random.rand(1000000)
         b = np.random.rand(1000000)

         tic = time.time()
         c = np.dot(a,b)
         toc = time.time()

         print("Vectorized version:" + str(1000*(toc-tic)) +"ms")
```

```
In [1]: import numpy as np

        a = np.array([1,2,3,4])
        print(a)

        [1 2 3 4]

In [13]: import time

         a = np.random.rand(1000000)
         b = np.random.rand(1000000)

         tic = time.time()
         c = np.dot(a,b)
         toc = time.time()

         print("Vectorized version:" + str(1000*(toc-tic)) +"ms")

         250286.989866
         Vectorized version:1.5027523040771484ms
         250286.989866
         For loop:474.29513931274414ms
```

图 2-17　代码及运行结果截图

检查 numpy 是否存在类似的内置函数，从而可以避免使用循环方式。

如何将上面的内容运用在逻辑回归的梯度下降上？有 n 个特征值需要循环 $\mathrm{d}w_1$、$\mathrm{d}w_2$、$\mathrm{d}w_3$ 等。要消除第二循环，不用初始化 $\mathrm{d}w_1$、$\mathrm{d}w_2$，使它们都等于 0，而是定义 $\mathrm{d}\boldsymbol{w}$ 为一个向量，设置 u=np.zeros(n(x),1)。定义了一个 x 行的一维向量，从而替代循环。用一个向量操作 $\mathrm{d}\boldsymbol{w}=\mathrm{d}\boldsymbol{w}+\boldsymbol{x}^{(i)}\mathrm{d}z^{(i)}$，最后，得到 $\mathrm{d}\boldsymbol{w}=\mathrm{d}\boldsymbol{w}/m$。这样通过将两层循环转成一层循环，再循环训练样本。

2.10　向量化逻辑回归

首先回顾一下逻辑回归的前向传播步骤。如果有 m 个训练样本，然后对第一个样本进行预测 $z^{(1)}=\boldsymbol{w}^{\mathrm{T}}\boldsymbol{x}^{(1)}+b$，激活函数 $a^{(1)}=\sigma[z^{(1)}]$，这样计算第一个样本的预测值 y。对第二个样本进行预测，需要计算 $z^{(2)}=\boldsymbol{w}^{\mathrm{T}}\boldsymbol{x}^{(2)}+b$，$a^{(2)}=\sigma[z^{(2)}]$，依次类推。如果有 m 个训练样本，则需要这样做 m 次，才能完成前向传播步骤，即对 m 个样本都计算出预测值。但有一个办法不需要任何一个明确的 for 循环。

对于一个 n_x 行 m 列的矩阵 $\boldsymbol{X}$ 作为训练输入，将它写为 Python numpy 的形式（n_x，m），这只是表示 $\boldsymbol{X}$ 是一个 n_x 乘以 m 的矩阵 $\boldsymbol{R}^{n_x \times m}$。上面的计算表达为 $\boldsymbol{w}$ 的转置乘以矩阵 $\boldsymbol{x}$ 然后加上向量 $[b\ b\ \cdots\ b]$，（$[z^{(1)}\ z^{(2)} \cdots z^{(m)}] = \boldsymbol{w}^{\mathrm{T}}\boldsymbol{X} +$ $[b\ b\ \cdots\ b]$）。其中，$[b\ b\ \cdots\ b]$ 是一个 $1\times m$ 的向量或者 $1\times m$ 的矩阵或者是一个 m 维的行向量。如果熟悉矩阵乘法，则会发现的 $\boldsymbol{w}$ 的转置会乘以 $\boldsymbol{x}^{(1)}$、$\boldsymbol{x}^{(2)}$、一直到 $x^{(m)}$，所以 $\boldsymbol{w}$ 转置可以是一个行向量。第一项 $\boldsymbol{w}^{\mathrm{T}}\boldsymbol{X}$ 将计算 $\boldsymbol{w}$ 的转置乘以 $\boldsymbol{x}^{(1)}$，第二项 $\boldsymbol{w}^{\mathrm{T}}\boldsymbol{X}$ 将计算 $\boldsymbol{w}$ 的转置乘以 $\boldsymbol{x}^{(2)}$ 等，然后加上第二项 $[b\ b\ \cdots$ $b]$，最终将 b 加到了每个元素上，所以最终得到了另一个 $1\times m$ 的向量，$[z^{(1)} z^{(2)} \cdots z^{(m)}] =$ $w^{\mathrm{T}}X +$ $[b\ b\ \cdots\ b] = [\boldsymbol{w}^{\mathrm{T}}\boldsymbol{x}^{(1)} + b,\ \boldsymbol{w}^{\mathrm{T}}\boldsymbol{x}^{(2)} + b,\ \cdots,\ \boldsymbol{w}^{\mathrm{T}}\boldsymbol{x}^{(m)} + b]$。$\boldsymbol{w}^{\mathrm{T}}\boldsymbol{x}^{(1)} + b$ 这是第一个元素，$\boldsymbol{w}^{\mathrm{T}}\boldsymbol{x}^{(2)} + b$ 这是第二个元素，$\boldsymbol{w}^{\mathrm{T}}\boldsymbol{x}^{(m)} + b$ 这是第 m 个元素。

第一个元素恰好是 $z^{(1)}$ 的定义，第二个元素恰好是 $z^{(2)}$ 的定义。当训练样本一个一个横向堆积起来 $[z^{(1)} z^{(2)} \cdots z^{(m)}]$，就定义为大写的 $\boldsymbol{Z}$。不同训练样本对应的小写 x 横向堆积在一起时得到大写变量 $\boldsymbol{X}$。为了计算 $\boldsymbol{W}^{\mathrm{T}}\boldsymbol{X} + [b\ b\ \cdots\ b]$，numpy 命令是 `Z = np.dot（w.T, X) + b`。这里在 Python 中有一个巧妙的地方，这里 b 是一个实数，或者可以说是一个 1×1 矩阵。但是当将这个向量加上这个实数时，Python 自动把这个实数 b 扩展成一个 $1\times m$ 的行向量。所以这种情况下的操作似乎有点不可思议，它在 Python 中被称作广播（brosdcasting）。用这一行代码，可以计算大写的 $\boldsymbol{Z}$，而大写 $\boldsymbol{Z}$ 是一个包含所有小写 $z^{(1)} \sim z^{(m)}$ 的 $1\times m$ 的矩阵。接下来要做的就是同时计算 $[a^{(1)} a^{(2)} \cdots a^{(m)}]$。$\boldsymbol{A} = [a^{(1)}\ a^{(2)} \cdots a^{(m)}] = \sigma$（$\boldsymbol{Z}$），通过恰当地运用 σ 一次性计算所有 a，就完成了一个包含有 m 个训练样本的前向传播向量化计算。

2.11 向量化逻辑回归的输出

在梯度计算的时候，列举过几个例子，$\mathrm{d}z^{(1)} = a^{(1)} - y^{(1)}$，$\mathrm{d}z^{(2)} = a^{(2)} - y^{(2)}$ 等一系列类似公式。现在，对 m 个训练数据做同样的运算，可以定义一个新的变量 $\mathrm{d}\boldsymbol{Z} = [\mathrm{d}z^{(1)},\ \mathrm{d}z^{(2)} \cdots$ $\mathrm{d}z^{(m)}]$，所有的 $\mathrm{d}z$ 变量横向排列，因此，$\mathrm{d}\boldsymbol{Z}$ 是一个 $1\times m$ 的矩阵，或者说，一个 m 维行向量。当已经知道如何计算 $\boldsymbol{A}$，即 $[a^{(1)},\ a^{(2)} \cdots a^{(m)}]$ 后，还需要找到这样的一个行向量 $\boldsymbol{Y} =$ $[y^{(1)} y^{(2)} \cdots y^{(m)}]$，来计算 $\mathrm{d}\boldsymbol{Z} = \boldsymbol{A} - \boldsymbol{Y} = [a^{(1)} - y^{(1)}\ a^{(2)} - y^{(2)} \cdots a^{(m)} - y^{(m)}]$，其中第 i 个元素就是 $\mathrm{d}z^{(i)}$。

现在仍有一个遍历训练集的循环，如下所示：

$$\mathrm{d}w = 0$$

$$\mathrm{d}w += x^{(1)} * \mathrm{d}z^{(1)}$$

$$\mathrm{d}w += x^{(2)} * \mathrm{d}z^{(2)}$$

……

$$\mathrm{d}w += x^{(m)} * \mathrm{d}z^{(m)}$$

$$\mathrm{d}w = \mathrm{d}w / \mathrm{d}m$$

$$\mathrm{d}b = 0$$

$$\mathrm{d}b += \mathrm{d}z^{(1)}$$

$$db += dz^{(2)}$$

……

$$db += dz^{(m)}$$

$$db = db/dm$$

上述（伪）代码就是在之前实现的，已经去掉了一个 for 循环，但用上述方法计算 dw 仍然需要一个循环遍历训练集，现在要做的就是将其向量化。

首先是 db，不难发现 $db = \frac{1}{m}\sum_{i=1}^{m} dz^{(i)}$，在 Python 中，$db = \frac{1}{m} * np.sum(dZ)$，接下来看 dw，先写出它的公式 $dw = \frac{1}{m}\boldsymbol{X}dz^{T}$，其中，$X$ 是一个行向量。因此展开后 $dw = \frac{1}{m}(x^{(1)}dz^{(1)} + x^{(2)}dz^{(2)} + \cdots + x^{m}dz^{m})$。因此可以仅用两行代码进行计算：$db = \frac{1}{m} * np.sum(dZ)$，$dw = \frac{1}{m} * X * dz^{T}$。这样就避免了在训练集上使用 for 循环。

没有向量化是非常低效的，如图 2-18 所示代码。

```
J = 0, dw_1 = 0, dw_2 = 0, db = 0
for i = 1 to m:
    z^(i) = w^T x^(i) + b
    a^(i) = σ(z^(i))
    J += -[y^(i) log a^(i) + (1 - y^(i)) log(1 - a^(i))]
    dz^(i) = a^(i) - y^(i)
    dw_1 += x_1^(i) dz^(i)
    dw_2 += x_2^(i) dz^(i)
    db += dz^(i)
J = J/m, dw_1 = dw_1/m, dw_2 = dw_2/m
db = db/m
```

图 2-18　for 循环形式的代码

为了不使用 for 循环，可以这么做：

$$Z = w^{T}X + b = np.dot(w.T, X) + b$$

$$A = \sigma(Z)$$

$$dZ = A - Y$$

$$dw = 1/m * X * dz^{T}$$

$$db = 1/m * np.sum(dZ)$$

$$w := w - a * dw$$

$$b := b - a * db$$

这样利用前五个公式完成了前向和后向传播，也实现了对所有训练样本进行预测和求导，再利用后两个公式，完成梯度下降并更新参数。但如果希望多次迭代进行梯度下降，那么仍然需要放在最外层的 for 循环。

2.12 Python 中的广播

图 2-19 所示为不同食物（100g）中不同营养成分的卡路里[⊖]含量，表格为 3 行 4 列，列表示不同的食物种类，从左至右依次为苹果、牛肉、鸡蛋、土豆。行表示不同的营养成分，从上到下依次为碳水化合物、蛋白质、脂肪。

	苹果	牛肉	鸡蛋	土豆
碳水化合物	56.0	0.0	4.4	68.0
蛋白质	1.2	104.0	52.0	8.0
脂肪	1.8	135.0	99.0	0.9

图 2-19　食物营养成分含量

现在要计算不同食物中不同营养成分中的卡路里百分比。首先计算苹果（100g）中三种营养成分卡路里总和为 56 + 1.2 + 1.8 = 59，然后计算出 56/59 = 94.9%。可以看出，苹果中的卡路里大部分来自于碳水化合物，而牛肉则不同。对于其他食物，计算方法类似。首先，按列求和，计算每种食物中（100g）三种营养成分总和，然后分别用不用营养成分的卡路里数量除以总和，计算百分比。

能否不使用 for 循环完成这样的一个计算过程呢？

假设上图的表格是一个 3 行 4 列的矩阵 $\boldsymbol{A}$，记为 $\boldsymbol{A}_{3\times4}$，使用两行代码完成，第一行代码对每一列进行求和，第二行代码分别计算每种食物中每种营养成分的百分比。

在 jupyter notebook 中输入如下代码，按 Shift + Enter 运行，输出如图 2-20 所示。

In [6]:
```
import numpy as np

A = np.array([[56.0,0.0,4.4,68.0],
              [1.2,104.0,52.0,8.0],
              [1.8,135.0,99.0,0.9]])

print(A)
```

```
[[  56.     0.     4.4   68. ]
 [   1.2  104.    52.     8. ]
 [   1.8  135.    99.     0.9]]
```

图 2-20　矩阵表示表格

使用如图 2-21 所示代码计算每列的和，输出结果是每种食物（100g）的卡路里总和。

In [7]:
```
cal = A.sum(axis=0)
print(cal)
```

```
[ 59.   239.   155.4  76.9]
```

图 2-21　计算矩阵每列的和

其中，sum 的参数 axis = 0 表示按列去执行求和运算，之后会详细解释。

⊖ 1 卡路里（cal）= 4.18J。——编者注

接下来计算百分比，图 2-22 中的这条指令将 3 ×4 的矩阵 **A** 除以一个 1 ×4 的矩阵，得到了一个 3 ×4 的结果矩阵，这个结果矩阵就是要求的百分比含量。

```
In [8]:  1 percentage = 100*A/cal.reshape(1,4)
         2 print(percentage)

[[ 94.91525424   0.           2.83140283  88.42652796]
 [  2.03389831  43.51464435  33.46203346  10.40312094]
 [  3.05084746  56.48535565  63.70656371   1.17035111]]
```

图 2-22　矩阵计算百分比含量

再解释一下 `A.sum(axis =0)` 中的参数 axis。axis 用来指明将要进行的运算是沿着哪个轴执行，在 numpy 中，0 轴是垂直的，也就是列，而 1 轴是水平的，也就是行。而第二个 `A/cal.reshape(1, 4)` 指令则调用了 numpy 中的广播机制。这里使用 3 ×4 的矩阵 **A** 除以 1 ×4 的矩阵 cal。其实并不需要再将矩阵 cal reshape（重塑）成 1 ×4，因为矩阵 cal 本身已经是 1 ×4 了。但是如果写代码时不确定矩阵的维度，则通常会对矩阵进行重塑来确保得到想要的列向量或行向量。重塑操作（reshape）是一个常量时间的操作，时间复杂度是 O（1），它的调用代价极低。

那么一个 3 ×4 的矩阵是怎么和 1 ×4 的矩阵做除法的呢？

在 numpy 中，当一个 4 ×1 的列向量与一个常数做加法时，实际上会将常数扩展为一个 4 ×1 的列向量，然后两者做逐元素加法。这种广播机制对于行向量和列向量均可以使用。

再看下一个例子。用一个 2 ×3 的矩阵和一个 1 ×3 的矩阵相加，其泛化形式是 $m \times n$ 的矩阵和 $1 \times n$ 的矩阵相加。在执行加法操作时，其实是将 $1 \times n$ 的矩阵复制成为 $m \times n$ 的矩阵，然后两者做逐元素加法后得到结果。针对这个具体例子，相当于在矩阵的第一列加 100，第二列加 200，第三列加 300。这就是计算卡路里百分比的广播机制，只不过这里是除法操作。

图 2-23 所示为一个例子。

$$\begin{bmatrix} 1 & 2 & 3 \\ 4 & 5 & 6 \end{bmatrix} + \begin{bmatrix} 100 \\ 200 \end{bmatrix} = \begin{bmatrix} 101 & 102 & 103 \\ 204 & 205 & 206 \end{bmatrix}$$

图 2-23　Python-numpy 广播机制用例

这里相当于是一个 $m \times n$ 的矩阵加上一个 $m \times 1$ 的矩阵。在进行运算时，会先将 $m \times 1$ 矩阵水平复制 n 次，变成一个 $m \times n$ 的矩阵，然后再执行逐元素加法。

广播机制的一般原则如下：

如果两个数组后缘维度的轴长度相符或其中一方的轴长度为 1，则认为它们是广播兼容的。广播会在缺失维度和轴长度为 1 的维度上进行。后缘维度的轴长度表示为 `A.shape[-1]`，即矩阵维度元组中最后一个位置的值。

对于卡路里计算的例子，矩阵 $\boldsymbol{A}_{3,4}$ 后缘维度的轴长度是 4，而矩阵 $\mathrm{cal}_{1,4}$ 的后缘维度也是 4，则它们满足后缘维度轴长度相符，可以进行广播。广播会在轴长度为 1 的维度进行，轴长度为 1 的维度对应 axis =0，即垂直方向，矩阵 $\mathrm{cal}_{1,4}$ 沿 axis =0（垂直方向）复制成为 $\mathrm{cal\_temp}_{3,4}$，之后两者进行逐元素除法运算。

矩阵 $\boldsymbol{A}_{m,n}$ 和矩阵 $\boldsymbol{B}_{1,n}$ 进行四则运算，后缘维度轴长度相符，可以广播，广播沿着轴长度为 1 的轴进行，即 $\boldsymbol{B}_{1,n}$广播成为 $\boldsymbol{B}'_{m,n}$，之后做逐元素四则运算。

矩阵 $\boldsymbol{A}_{m,n}$和矩阵 $\boldsymbol{B}_{m,1}$进行四则运算，后缘维度轴长度不相符，但其中一方轴长度为 1，可以广播，广播沿着轴长度为 1 的轴进行，即 $\boldsymbol{B}_{m,1}$广播成为 $\boldsymbol{B}'_{m,n}$，之后做逐元素四则运算。

矩阵 $\boldsymbol{A}_{m,1}$和常数 R 进行四则运算，后缘维度轴长度不相符，但其中一方轴长度为 1，可以广播，广播沿着缺失维度和轴长度为 1 的轴进行，缺失维度就是 axis = 0，轴长度为 1 的轴是 axis = 1，即 R 广播成为 $\boldsymbol{B}_{m,1'}$，之后做逐元素四则运算。

总结一下广播，如图 2-24 所示。

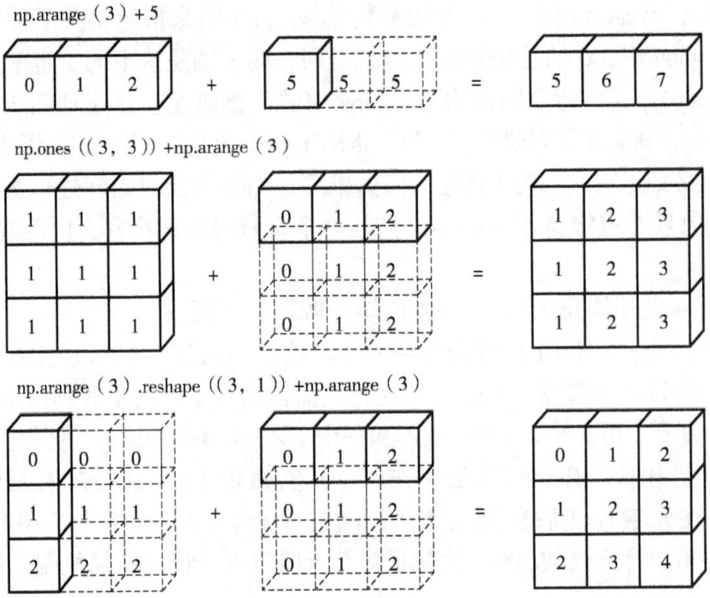

图 2-24　Python-numpy 广播机制

2.13　numpy 向量

本节主要讲 Python 中 numpy 一维数组的特性，以及与行向量或列向量的区别，并介绍在实际应用中避免导致 bug 的一些小技巧。

Python 的特性允许使用广播功能，这是 Python 的 numpy 程序语言库中最灵活的地方。这是程序语言的优点，也是缺点。是优点的原因在于它们创造出语言的表达性，Python 语言巨大的灵活性使得一行代码就能做很多事情。但是这也是缺点，由于广播巨大的灵活性，有时候如果用户对广播的特点以及广播的工作原理不熟悉，则可能会产生很细微或者看起来很奇怪的程序错误（bug）。例如，如果将一个列向量添加到一个行向量中，则会报出维度不匹配或类型错误之类的错误，但是实际上会得到一个行向量和列向量的求和。

如果对 Python 不熟悉，则会导致寻找 bug 非常艰难。所以本节将分享一些技巧，它们能消除或者简化代码中看起来很奇怪的 bug。

下面演示 Python-numpy 的一个容易被忽略的效果，特别是怎样在 Python-numpy 中构造向量，如图 2-25 所示。首先设置 a = np.random.randn(5)，这样会生成存储在数组 ***a*** 中的 5 个高斯随机数变量。之后输出 ***a***，此时 ***a*** 的形状是一个（5,）的结构。这在 Python 中被称作一个一维数组。它既不是一个行向量也不是一个列向量，这也导致它有一些效果不是很直观。举个例子，如果输出一个转置阵，则最终结果会和 ***a*** 看起来一样，所以 ***a*** 和 ***a*** 的转置阵最终结果看起来一样。而如果输出 ***a*** 和 ***a*** 的转置阵的内积，则 ***a*** 乘以 ***a*** 的转置返回的可能会是一个矩阵。但是如果这样做，那么只会得到一个数。

```
In [2]: import numpy as np

        a = np.random.randn(5)

In [3]: print(a)

        [-1.53217751  0.76060152 -0.76983736  0.25447422 -0.89153896]

In [4]: print(a.shape)

        (5,)

In [5]: print(a.T)

        [-1.53217751  0.76060152 -0.76983736  0.25447422 -0.89153896]

In [6]: print(np.dot(a, a.T))

        4.378330982126161
```

图 2-25　Python-numpy 中构造向量

因此，编写神经网络时，不要在它的 shape 为（5，）、（*n*，）或者一维数组时使用数据结构。相反，如果设置 ***a*** 为（5，1），那么这就将置于 5 行 1 列向量中。在先前的操作里，***a*** 和 ***a*** 的转置看起来一样，而现在这样的 ***a*** 变成一个新的 ***a*** 的转置，并且它是一个行向量。请注意一个细微的差别，在这种数据结构中，当输出 ***a*** 的转置时有两对方括号，而之前只有一对方括号，如图 2-26 所示，这就是 1 行 5 列的矩阵和一维数组的差别。

```
In [4]: print(a.T)

     → [ 0.50290632 -0.29691149  0.95429604 -0.8

In [5]: print(np.dot(a,a.T))

        4.06570109321

In [6]: a = np.random.randn(5,1)
        print(a)

        [[-0.0967311 ]
         [-2.38617377]
         [-0.3243588 ]
         [-0.96216349]
         [ 0.54410384]]

In [7]: print(a.T)

     → [[-0.0967311  -2.38617377 -0.3243588  -0.
```

图 2-26　Python-numpy 中矩阵和数组的差别

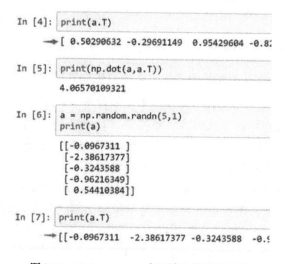

如果输出 $\boldsymbol{a}$ 和 $\boldsymbol{a}$ 的转置的乘积，则会返回一个向量的外积，所以这两个向量的外积返回的是一个矩阵，如图 2-27 所示。

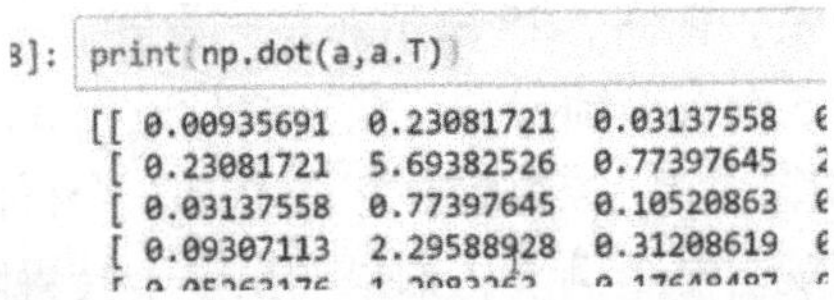
print(np.dot(a,a.T))
[[0.00935691 0.23081721 0.03137558
[0.23081721 5.69382526 0.77397645
[0.03137558 0.77397645 0.10520863
[0.09307113 2.29588928 0.31208619

图 2-27　Python-numpy 中两个向量的外积

刚刚运行的命令是（a = np.random.randn(5)），而且它生成了一个数据结构（a.shape），a.shape 是（5，）。这称作 $\boldsymbol{a}$ 的一维数组，同时这也是一个非常有趣的数据结构。它不像行向量和列向量那样表现得很一致，这也让它的一些影响不那么明显。所以在执行逻辑回归和神经网络时，不需要使用这些一维数组。

```
Python/numpy vectors
a = np.random.randn(5)
```

相反，如果每次创建一个数组，都得让它成为一个列向量，则产生一个（5，1）向量或者让它成为一个行向量。所以在这种情况下，a.shape 等同于（5，1）。这种表现很像 $\boldsymbol{a}$，但是实际上却是一个列向量。同时这也是为什么当它是一个列向量时为矩阵（5，1）；同时这里 a.shape 将要变成（1，5），这就像行向量一样。所以需要一个向量时，会用列向量或行向量，但绝不会是一维数组。

写代码时如果不确定一个向量的维度，则会用一个断言语句，以确保在这种情况下是一个（5，1）向量，或者说是一个列向量。如果不小心以一维数组来执行，则也能够重新改变数组维数 a = reshape，表明一个（5，1）数组或者一个（1，5）数组，以至于它表现得更像列向量或行向量。

```
assert (a.shape == (5, 1))
```

用 $n\times 1$ 维矩阵（基本上是列向量），或者 $1\times n$ 维矩阵（基本上是行向量），可以减少很多 assert 语句来节省核矩阵和数组的维数的时间。另外，为了确保矩阵或向量所需要的维数，可以用 reshape 操作。

2.14　logistic 损失函数的解释

在逻辑回归中，需要预测的结果 $\hat{y}$ 可以表示为 $\hat{y}=\sigma(\boldsymbol{w}^{\mathrm{T}}\boldsymbol{x}+b)$，$\sigma(z)=\sigma(\boldsymbol{w}^{\mathrm{T}}\boldsymbol{x}+b)=\dfrac{1}{1+\mathrm{e}^{-z}}$。约定 $y=p(y=1\mid x)$，即算法的输出 $\hat{y}$ 是给定训练样本 x 条件下 y 等于 1 的概率。

换句话说，如果 $y=1$，则在给定训练样本 x 条件下 $y=\hat{y}$；反过来说，如果 $y=0$，则在给定训练样本 x 条件下（$y=1-\hat{y}$），因此，如果 $\hat{y}$ 代表 $y=1$ 的概率，那么 $1-\hat{y}$ 就是 $y=0$ 的概率。接下来，就来分析这两个条件概率公式，如图 2-28 所示。

$$y=1,\ p(y\mid x)=\hat{y}$$
$$y=0,\ p(y\mid x)=1-\hat{y}$$

图 2-28　条件概率公式

这两个条件概率公式定义形式为 $p(y\mid x)$，代表了 $y=0$ 和 $y=1$ 这两种情况，可以将这两个公式合并成一个公式。需要指出的是，这里讨论的是二分类问题的损失函数，因此，y 的取值只能是 0 或者 1。上述的两个条件概率公式可以合并成以下公式：

$$p(y\mid x)=\hat{y}^{y}(1-\hat{y})^{(1-y)}$$

这是因为 $(1-\hat{y})$ 的 $(1-y)$ 次方包含了上面的两个条件概率公式。

第一种情况，假设 $y=1$，则 $(\hat{y})^{y}=\hat{y}$，因为 $\hat{y}$ 的1次方等于 $\hat{y}$，$1-(1-\hat{y})^{(1-y)}$ 的指数项 $(1-y)$ 等于0，由于任何数的0次方都是1，$\hat{y}$ 乘以1等于 $\hat{y}$，因此当 $y=1$ 时，$p(y|x)=\hat{y}$。

第二种情况，假设 $y=0$，则 $\hat{y}$ 的 y 次方就是 $\hat{y}$ 的0次方，任何数的0次方都等于1，因此 $p(y|x)=1\times(1-\hat{y})^{1-y}$，前面假设 $y=0$，则 $(1-y)$ 就等于1，$p(y|x)=1\times(1-\hat{y})$。所以在这里当 $y=0$ 时，$p(y|x)=1-\hat{y}$。这就是第二个公式的结果。

因此，刚才的推导表明 $p(y|x)=\hat{y}^{(y)}(1-\hat{y})^{(1-y)}$ 就是 $p(y|x)$ 的完整定义。由于log函数是严格单调递增的函数，所以最大化 $\log[p(y|x)]$ 等价于最大化 $p(y|x)$，并且计算 $p(y|x)$ 的log对数，就是计算 $\log[\hat{y}^{(y)}(1-\hat{y})^{(1-y)}]$（即将 $p(y|x)$ 代入），通过对数函数化简为

$$y\log\hat{y}+(1-y)\log(1-\hat{y})$$

而这就是前面提到的损失函数的负数 $[-L(\hat{y},\ y)]$，前面有一个负号的原因是当训练学习算法时需要算法输出值的概率最大（以最大的概率预测这个值），然而在逻辑回归中需要最小化损失函数，由此将最小化损失函数与最大化条件概率的对数 $\log[p(y|x)]$ 关联起来，因此这就是单个训练样本的损失函数表达式。

在 m 个训练样本的整个训练集中又该如何表示呢？

接下来，更正式地来写出整个训练集中标签的概率。假设所有的训练样本服从同一分布且相互独立，即为独立同分布的，所有这些样本的联合概率就是每个样本概率的乘积。

$$P(\text{训练集中标签})=\prod_{i=1}^{m}P(y^{(i)}|x^{(i)})$$

如果想做最大似然估计，则需要寻找一组参数，使得给定样本的观测值概率最大，但令这个概率最大化等价于令其对数最大化，在等式两边取对数。

$$\log P(\text{训练集中标签})=\log\prod_{i=1}^{m}P(y^{(i)}|x^{(i)})=\sum_{i=1}^{m}\log P(y^{(i)}|x^{(i)})=\sum_{i=1}^{m}-L(\hat{y}^{(i)}|x^{(i)})$$

统计学里有一个方法叫作最大似然估计，即求出一组参数，使这个式子取最大值，$\sum_{i=1}^{m}-L(\hat{y}^{(i)},y^{(i)})$，可以将负号移到求和符号的外面，$-\sum_{i=1}^{m}L(\hat{y}^{(i)},y^{(i)})$，这样就推导出前面给出的逻辑回归的成本函数。

$$J(w,b)=\sum_{i=1}^{m}L(\hat{y}^{(i)},y^{(i)})$$

由于训练模型时，目标是让成本函数最小化，所以不能直接用最大似然概率，而是要去掉负号，最后为了方便，可以对成本函数进行适当的缩放，在前面加一个额外的常数因子 $\frac{1}{m}$，即

$$J(w,b)=\frac{1}{m}\sum_{i=1}^{m}L(\hat{y}^{(i)},y^{(i)})$$

总结一下，为了最小化成本函数 $J(w,\ b)$，假设训练集中的样本都是独立同分布的条件下，从逻辑回归模型的最大似然估计的角度出发。

第 3 章　浅层神经网络

3.1　神经网络概述

本章将学习如何实现一个神经网络。第 2 章讨论了逻辑回归，了解了这个模型（见图 3-1）如何与式（3-1）建立联系。

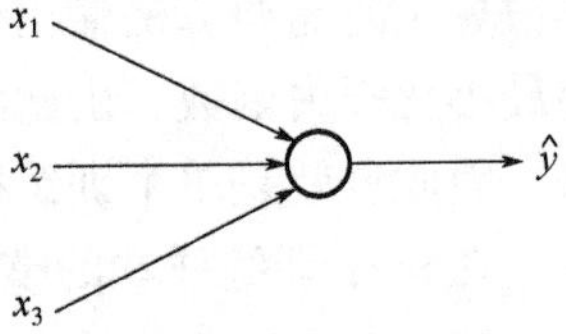

图 3-1　逻辑回归模型

$$\left.\begin{matrix}\boldsymbol{x}\\ \boldsymbol{w}\\ b\end{matrix}\right\}\Rightarrow z=\boldsymbol{w}^{\mathrm{T}}\boldsymbol{x}+b \tag{3-1}$$

如上所示，首先需要输入特征 $\boldsymbol{x}$，参数 $\boldsymbol{w}$ 和 b，通过这些就可以计算出 z。

$$\left.\begin{matrix}\boldsymbol{x}\\ \boldsymbol{w}\\ b\end{matrix}\right\}\Rightarrow z=\boldsymbol{w}^{\mathrm{T}}\boldsymbol{x}+b\Rightarrow\alpha=\sigma(z)\Rightarrow L(\alpha,\ y) \tag{3-2}$$

接下来使用 z 就可以计算出 α。$\hat{y}\Rightarrow\alpha=\ \sigma(z)$，然后可以计算出损失函数 $L(a,\ y)$。

一个简单神经网络如图 3-2 所示。可以把许多 sigmoid 单元堆叠起来形成一个神经网络。对于图 3-2 中的节点，它包含了之前讲的计算的两个步骤：首先通过式（3-1）计算出值 z，然后通过 $\sigma(z)$ 计算值 a。

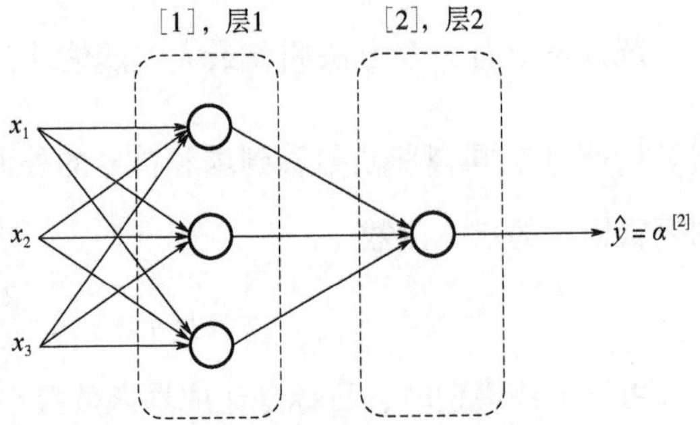

图 3-2　损失函数的计算流程

图 3-2 所示的神经网络对应的三个节点，首先计算第一层网络中各个节点相关的数 $z^{[1]}$，接着计算 $\alpha^{[1]}$，同理再计算下一层网络。用符号 $^{[m]}$ 表示第 m 层网络中节点相关的数，这些节点的集合被称为第 m 层网络。这样可以保证 $^{[m]}$ 不会和之前用来表示单个训练样本的 $^{(i)}$（第 i 个训练样本）混淆。整个计算过程如下：

$$\left.\begin{matrix}x\\ W^{[1]}\\ b^{[1]}\end{matrix}\right\}\Rightarrow z^{[1]}=W^{[1]}x+b^{[1]}\Rightarrow\alpha^{[1]}=\sigma(z^{[1]}) \tag{3-3}$$

$$\left.\begin{matrix}x\\ \mathrm{d}W^{[1]}\\ \mathrm{d}b^{[1]}\end{matrix}\right\}\Leftarrow \mathrm{d}z^{[1]}=\mathrm{d}(W^{[1]}x+b^{[1]})\Leftarrow \mathrm{d}\alpha^{[1]}=\mathrm{d}\sigma(z^{[1]}) \tag{3-4}$$

类似逻辑回归，在计算后需要使用计算，接下来需要使用另外一个线性方程对应的参数计算 $z^{[2]}$ 和 $\alpha^{[2]}$，此时 $\alpha^{[2]}$ 就是整个神经网络最终的输出，用 $\hat{y}$ 表示网络的输出。

$$\left.\begin{matrix} \mathrm{d}\alpha^{[1]}=\mathrm{d}\sigma(z^{[1]}) \\ \mathrm{d}W^{[2]} \\ \mathrm{d}b^{[2]} \end{matrix}\right\} \Leftarrow \mathrm{d}z^{[2]}=\mathrm{d}(W^{[2]}\alpha^{[1]}+b^{[2]}) \Leftarrow \mathrm{d}\alpha^{[2]}=\mathrm{d}\sigma(z^{[2]}) \Leftarrow \mathrm{d}L(\alpha^{[2]},\ y) \tag{3-5}$$

在逻辑回归中，通过直接计算 z 得到结果 α。而这个神经网络中，反复的计算 z 和 α，计算 α 和 z，得到最终的输出，即损失函数。

逻辑回归中有一些从后向前的计算，比如计算导数 dα、dz。同样，在神经网络中也有从后向前的计算，比如计算 $\mathrm{d}\alpha^{[2]}$、$\mathrm{d}z^{[2]}$，之后再计算 $\mathrm{d}W^{[2]}$、$\mathrm{d}b^{[2]}$ 等，按式（3-4）和式（3-5）箭头表示的那样，从右向左反向计算。

3.2 神经网络的表示

首先关注一个例子，本例中的神经网络只包含一个隐藏层，如图 3-3 所示。

输入特征 x_1、x_2、x_3 被竖直地堆叠起来，这叫作神经网络的输入层，它包含了神经网络的输入。这里还有另外一层，称为隐藏层（见图 3-3 的四个节点）。最后一层只由一个节点构成，而这个只有一个节点的层被称为输出层，它负责产生预测值。隐藏层的含义如下：在一个神经网络中，使用监督学习训练它时，训练集包含了输入 x 也包含了目标输出 y，所以术语隐藏层的含义是在训练集中，这些中间节点的准确值是不知道的。既能看见输入的值，也能看见输出的值，但是隐藏层中的东西在训练集中是无法看到的。

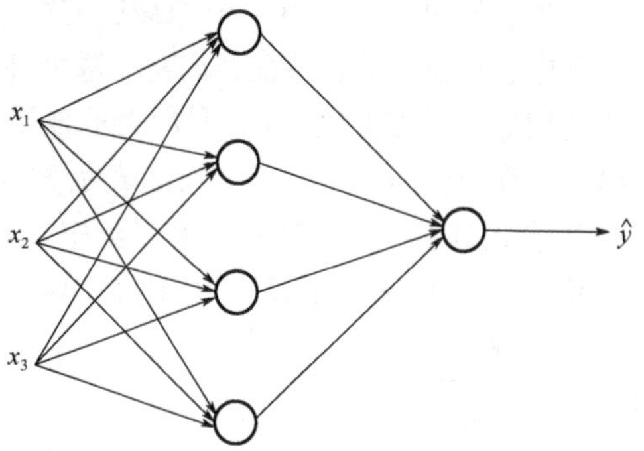

图 3-3 神经网络示意图

现在再引入几个符号，$a^{[0]}$ 可以用来表示输入特征。a 表示激活，它意味着网络中不同层的值会传递到它们后面的层中，输入层将 x 传递给隐藏层，将输入层的激活值称为 $a^{[0]}$。下一层，即隐藏层也同样会产生一些激活值，将其记作 $a^{[1]}$，所以将这里的第一个单元或节点表示为 $a_1{}^{[1]}$，第二个节点的值记为 $a_2{}^{[1]}$，以此类推。这里的是一个四维的向量，如果写成 Python 代码，那么它是一个规模为 4 ×1 的矩阵或一个大小为 4 的列向量，因为在本例中有四个节点或者单元，或者称为四个隐藏层单元。

$$a^{[1]}=\begin{bmatrix} a_1^{[1]} \\ a_2^{[1]} \\ a_3^{[1]} \\ a_4^{[1]} \end{bmatrix} \tag{3-6}$$

最后输出层将产生某个数值 a，它只是一个单独的实数，所以 $\hat{y}$ 值将取为 $a^{[2]}$。这与逻辑回归很相似，在逻辑回归中，$\hat{y}$ 直接等于 a。逻辑回归中只有一个输出层，所以没有用带方括号的上标。但是在神经网络中，将使用这种带上标的形式来明确地指出这些值来自于哪一层。将输入层称为第 0 层，所以这仍然是一个三层的神经网络，因为这里有输入层、隐藏层，还有输出层。但是在传统的符号使用中，人们会将这个神经网络称为一个两层的神经网络，因为不将输入层看作一个标准的层。

最后，隐藏层以及最后的输出层是带有参数的，这里的隐藏层将拥有 $\boldsymbol{W}$ 和 $\boldsymbol{b}$ 两个参数，给它们加上上标$^{[1]}$（$\boldsymbol{W}^{[1]}$，$\boldsymbol{b}^{[1]}$），表示这些参数是与第一层隐藏层有关系的。之后在这个例子中可以看到 $\boldsymbol{W}$ 是一个 4×3 的矩阵，而 $\boldsymbol{b}$ 是一个 4×1 的向量，第一个数字 4 源自于有四个节点或隐藏层单元，然后数字 3 源自于这里有三个输入特征，之后再更加详细地讨论这些矩阵的维数。相似的输出层也有一些与之相关的参数 $\boldsymbol{W}^{[2]}$ 以及 $\boldsymbol{b}^{[2]}$。从维数上来看，它们的规模分别是 1×4 以及 1×1。1×4 是因为隐藏层有四个隐藏层单元而输出层只有一个单元，之后还将对这些矩阵和向量的维度做出更加深入的解释。

3.3 计算一个神经网络的输出

首先，回顾一下只有一个隐藏层的简单两层神经网络结构，如图 3-4 所示。

图中，$\boldsymbol{x}$ 表示输入特征，$\boldsymbol{a}$ 表示每个神经元的输出，$\boldsymbol{W}$ 表示特征的权重，上标表示神经网络的层数（隐藏层为 1），下标表示该层的第几个神经元，这是神经网络的符号惯例。神经网络的计算如图 3-5 所示，用圆圈表示神经网络的计算单元。逻辑回归的计算有两个步骤，首先按步骤计算出 z，然后在第二步中以 sigmoid 函数为激活函数计算 z（得出 $\boldsymbol{a}$），一个神经网络只是重复做了很多次这样的计算。

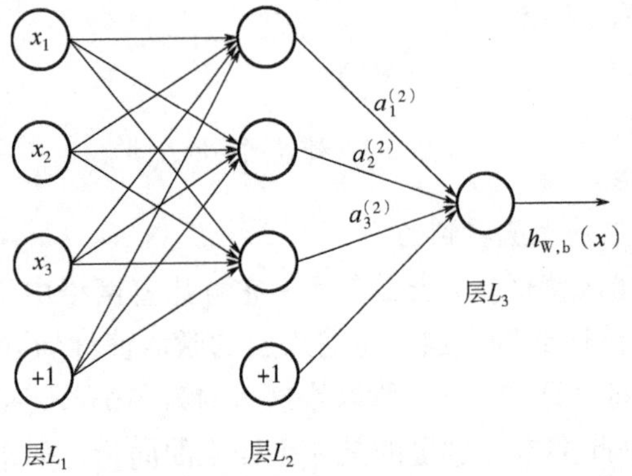

图 3-4 神经网络结构

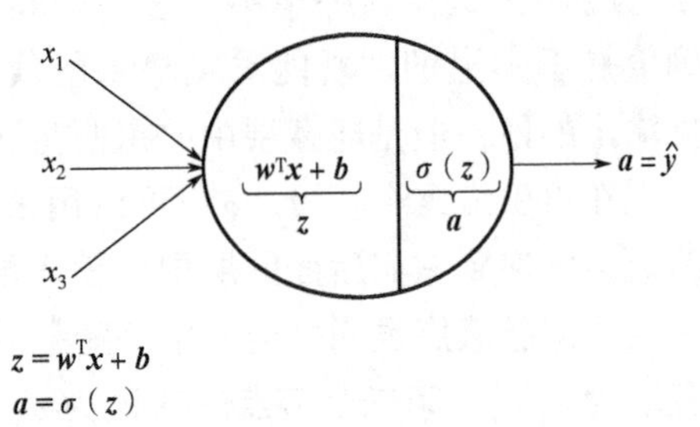

图 3-5 神经网络的计算

回到两层的神经网络，从隐藏层的第一个神经元开始计算，如图 3-5 中最上面的箭头所指。输入与逻辑回归相似，这个神经元的计算与逻辑回归一样分为两步，小圆圈代表了计算的两个步骤。

第一步，计算 $z_1^{[1]}$，$z_1^{[1]}=\boldsymbol{w}_1^{[1]\mathrm{T}}\boldsymbol{x}+\boldsymbol{b}_1^{[1]}$；

第二步，通过激活函数计算 $a_1^{[1]}$，$a_1^{[1]}=\sigma(z_1^{[1]})$。

隐藏层的第二个以及后面两个神经元的计算过程一样，只是注意符号表示不同，最终分

别得到 $a_2^{[1]}$、$a_3^{[1]}$、$a_4^{[1]}$，详细结果如下：

$$z_1^{[1]} = \boldsymbol{w}_1^{[1]\mathrm{T}} \boldsymbol{x} + b_1^{[1]},\ a_1^{[1]} = \sigma(z_1^{[1]})$$

$$z_2^{[1]} = \boldsymbol{w}_2^{[1]\mathrm{T}} \boldsymbol{x} + b_2^{[1]},\ a_2^{[1]} = \sigma(z_2^{[1]})$$

$$z_3^{[1]} = \boldsymbol{w}_3^{[1]\mathrm{T}} \boldsymbol{x} + b_3^{[1]},\ a_3^{[1]} = \sigma(z_3^{[1]})$$

$$z_4^{[1]} = \boldsymbol{w}_4^{[1]\mathrm{T}} \boldsymbol{x} + b_4^{[1]},\ a_4^{[1]} = \sigma(z_4^{[1]})$$

向量化计算：执行神经网络的程序时，用 for 循环来做效率很低。所以接下来要做的就是把这四个等式向量化。向量化的过程是将神经网络中的一层神经元参数纵向堆积起来，例如隐藏层中的 $\boldsymbol{w}$ 纵向堆积起来变成一个（4，3）的矩阵，用符号 $\boldsymbol{w}^{[1]}$ 表示。相当于有四个逻辑回归单元，且每一个逻辑回归单元都有相对应的参数，即向量 $\boldsymbol{w}$，把这四个向量堆积在一起，会得出这 4×3 的矩阵。

$$\boldsymbol{z}^{[n]} = \boldsymbol{w}^{[n]} \boldsymbol{x} + \boldsymbol{b}^{[n]} \tag{3-7}$$

$$\boldsymbol{a}^{[n]} = \sigma(\boldsymbol{z}^{[n]}) \tag{3-8}$$

详细过程如下：

$$\boldsymbol{a}^{[1]} = \begin{bmatrix} a_1^{[1]} \\ a_2^{[1]} \\ a_3^{[1]} \\ a_4^{[1]} \end{bmatrix} = \sigma(\boldsymbol{z}^{[1]}) \tag{3-9}$$

$$\begin{bmatrix} z_1^{[1]} \\ z_2^{[1]} \\ z_3^{[1]} \\ z_4^{[1]} \end{bmatrix} = \overbrace{\begin{bmatrix} \cdots \boldsymbol{w}_1^{[1]\mathrm{T}} \cdots \\ \cdots \boldsymbol{w}_2^{[1]\mathrm{T}} \cdots \\ \cdots \boldsymbol{w}_3^{[1]\mathrm{T}} \cdots \\ \cdots \boldsymbol{w}_4^{[1]\mathrm{T}} \cdots \end{bmatrix}}^{\boldsymbol{w}^{[1]}} \overbrace{\begin{bmatrix} x_1 \\ x_2 \\ x_3 \end{bmatrix}}^{输入} + \overbrace{\begin{bmatrix} b_1^{[1]} \\ b_2^{[1]} \\ b_3^{[1]} \\ b_4^{[1]} \end{bmatrix}}^{\boldsymbol{b}^{[1]}} \tag{3-10}$$

对于神经网络的第一层，给予一个输入 $\boldsymbol{x}$，得到 $\boldsymbol{a}^{[1]}$，$\boldsymbol{x}$ 可以表示为 $\boldsymbol{a}^{[0]}$。通过相似的衍生可以发现，后一层的表示同样可以写成类似的形式，得到 $\boldsymbol{a}^{[2]}$，$\hat{\boldsymbol{y}} = \boldsymbol{a}^{[2]}$，具体过程见式（3-7）和式（3-8）。

如图 3-6 左半部分所示为神经网络，可以先忽略，那么最后的输出单元就相当于一个逻辑回归的计算单元。假设有一个包含一层隐藏层的神经网络，要实现计算，输出的是右半部

$$z^{[1]} = W^{[1]} a^{[0]} + b^{[1]}$$

$$a^{[1]} = \sigma(z^{[1]})$$

$$z^{[2]} = W^{[2]} a^{[1]} + b^{[2]}$$

$$a^{[2]} = \sigma(z^{[2]})$$

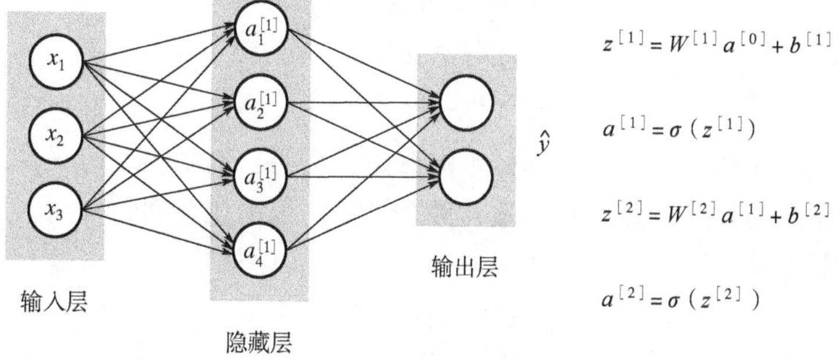

图 3-6　神经网络的计算

分的四个等式，并且可以看成是一个向量化的计算过程，计算出隐藏层的四个逻辑回归单元和整个隐藏层的输出结果，用编程实现时需要的也只是这四行代码。

3.4 多样本向量化

本节将会了解如何向量化多个训练样本，并计算出结果。

逻辑回归是将各个训练样本组合成矩阵，对矩阵的各列进行计算。神经网络是通过对逻辑回归中的等式简单地变形，让神经网络计算出输出值。这种计算是所有的训练样本同时进行的，图 3-7 所示为实现它的具体步骤。

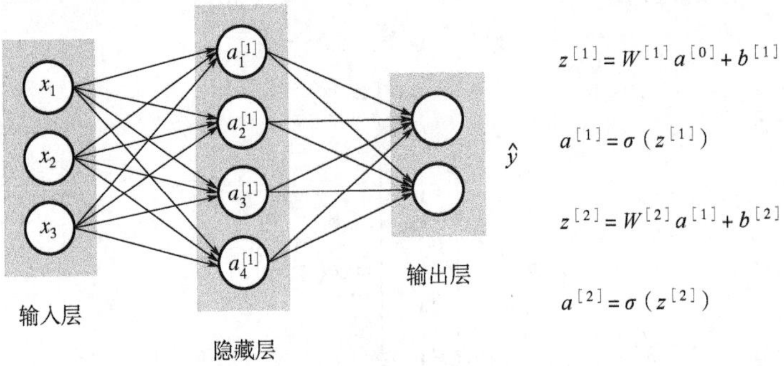

图 3-7 神经网络的计算步骤

对于一个给定的输入特征向量 $\boldsymbol{X}$，这四个等式可以计算出 $\alpha^{[2]}$ 等于 $\hat{y}$，这是针对单一的训练样本。如果有 m 个训练样本，那么就需要重复这个过程。

用第一个训练样本 $x^{[1]}$ 来计算出预测值 $\hat{y}^{[1]}$，即第一个训练样本上得出的结果。然后，用 $x^{[2]}$ 来计算出预测值 $\hat{y}^{[2]}$，循环往复，直至用 $x^{[m]}$ 计算出 $\hat{y}^{[m]}$。

用激活函数表示法，它可以写成 $a^{[2](1)}$、$a^{[2](2)}$ 和 $a^{[2](m)}$（$a^{[2](i)}$，(i) 是指第 i 个训练样本，而[2]是指第二层）。

如果有一个非向量化形式的实现，而且要计算出它的预测值，则对于所有训练样本，需要让 i 从 1 ~ m 实现这四个等式：

$$z^{[1](i)}=W^{[1](i)}x^{(i)}+b^{[1](i)}$$
$$a^{[1](i)}=\sigma(z^{[1](i)})$$
$$z^{[2](i)}=W^{[2](i)}a^{[1](i)}+b^{[2](i)}$$
$$a^{[2](i)}=\sigma(z^{[2](i)})$$

上面方程中的 $^{(i)}$ 是所有依赖于训练样本的变量，即将 (i) 添加到 x，z 和 a。如果想计算 m 个训练样本上的所有输出，则应该向量化整个计算，以简化这列。

如何向量化这些呢？

$$\boldsymbol{x}=\begin{bmatrix} \vdots & \vdots & \vdots & \vdots \\ \boldsymbol{x}^{(1)} & \boldsymbol{x}^{(2)} & \cdots & \boldsymbol{x}^{(m)} \\ \vdots & \vdots & \vdots & \vdots \end{bmatrix} \tag{3-11}$$

$$z^{[1]}=\begin{bmatrix} \vdots & \vdots & \vdots & \vdots \\ z^{[1](1)} & z^{[1](2)} & \cdots & z^{[1](m)} \\ \vdots & \vdots & \vdots & \vdots \end{bmatrix} \tag{3-12}$$

$$A^{[1]}=\begin{bmatrix} \vdots & \vdots & \vdots & \vdots \\ a^{[1](1)} & a^{[1](2)} & \cdots & a^{[1](m)} \\ \vdots & \vdots & \vdots & \vdots \end{bmatrix} \tag{3-13}$$

$$\left.\begin{aligned} z^{[1](i)} &= w^{[1](i)}x^{(i)}+b^{[1]} \\ a^{[1](i)} &= \sigma(z^{[1](i)}) \\ z^{[2](i)} &= w^{[2](i)}a^{[1](i)}+b^{[2]} \\ a^{[2](i)} &= \sigma(z^{[2](i)}) \end{aligned}\right\} \Rightarrow \left\{\begin{aligned} A^{[1]} &= \sigma(z^{[1]}) \\ z^{[2]} &= w^{[2]}A^{[1]}+b^{[2]} \\ A^{[2]} &= \sigma(z^{[2]}) \end{aligned}\right. \tag{3-14}$$

for 循环用来遍历所有训练样本。定义矩阵 X 等于训练样本，将它们组合成矩阵的各列，形成一个 n 维或 n 乘以 m 维矩阵。

以此类推，从小写的向量 x 到大写的矩阵 X，只是通过将 x 向量组合在矩阵的各列中。

同理，$z^{[1](1)}$，$z^{[1](2)}$ 等都是 $z^{[1](m)}$ 的列向量，将所有 m 都组合在各列中，就得到矩阵 $Z^{[1]}$。同理，$a^{[1](1)}$，$a^{[1](2)}$，…，$a^{[1](m)}$ 将其组合在矩阵各列中，如同从向量 x 到矩阵 X，以及从向量 z 到矩阵 Z 一样，就能得到矩阵 $A^{[1]}$。同样的，对于 $Z^{[2]}$ 和 $A^{[2]}$，也是这样得到的。

这种符号的其中一个作用就是可以通过训练样本来进行索引，这就是水平索引对应于不同的训练样本的原因，这些训练样本是从左到右扫描训练集而得到的。

在垂直方向，这个垂直索引对应于神经网络中的不同节点。例如，这个节点的值位于矩阵的左上角，对应于激活单元，它是位于第一个训练样本上的第一个隐藏单元。它的下一个值对应于第二个隐藏单元的激活值，它位于第一个训练样本以及第一个训练示例中第三个隐藏单元上等。

垂直扫描是索引到隐藏单位的数字。水平扫描将在第一个训练示例中从第一个隐藏的单元到第二个训练样本，第三个训练样本……直到节点对应于第一个隐藏单元的激活值，且这个隐藏单元是位于这 m 个训练样本中的最终训练样本。

从水平上看，矩阵 A 代表了各个训练样本。从垂直上看，矩阵 A 的不同的索引对应于不同的隐藏单元。对于矩阵 Z，X 情况也类似，水平方向上，对应于不同的训练样本；垂直方向上，对应不同的输入特征，这就是神经网络输入层中的各个节点。

神经网络上通过在多样本情况下的向量化来使用这些等式。

3.5 激活函数

使用一个神经网络时，需要决定哪种激活函数使用在隐藏层上，哪种使用在输出节点上。到目前为止，之前的内容只用过 sigmoid 激活函数，但是，有时其他的激活函数效果会更好。

在神经网络的前向传播中，$a^{[1]}=\sigma(z^{[1]})$ 和 $a^{[2]}=\sigma(z^{[2]})$ 这两步会使用到 sigmoid 函数。sigmoid 函数在这里被称为激活函数。

$$a=\sigma(z)=\frac{1}{1+e^{-z}} \tag{3-15}$$

通常情况下，使用不同的函数 $g(z^{[1]})$，g 可以是除了 sigmoid 函数以外的非线性函数。例如 tanh 函数或者双曲正切函数，都是总体上优于 sigmoid 函数的激活函数。

如图 3-8 所示，$a=\tanh(z)$ 的值域位于 +1 和 -1 之间。

$$a=\tanh(z)=\frac{e^{z}-e^{-z}}{e^{z}+e^{-z}} \tag{3-16}$$

事实上，tanh 函数是 sigmoid 的向下平移和伸缩后的结果。对它进行了变形后，穿过了（0，0）点，并且值域介于 +1 和 -1 之间。

$$g(z^{[1]})=\tanh(z^{[1]}) \tag{3-17}$$

结果表明，如果在隐藏层上使用函数 tanh，则效果总是优于 sigmoid 函数。因为函数是值域在 -1 和 +1 的激活函数，所以其均值是更接近零均值的。在训练一个算法模型时，如果使用 tanh 函数代替 sigmoid 函数中心化数据，则数据的平均值更接近 0 而不是 0.5。

在讨论优化算法时，有一点要说明，即现在基本已经不用 sigmoid 激活函数了，tanh 函数在所有场合都优于 sigmoid 函数。

但有一个例外，即在二分类的问题中，对于输出层，因为 y 的值是 0 或 1，所以想让 $\hat{y}$ 的数值介于 0 和 1 之间，而不是在 -1 和 +1 之间，所以需要使用 sigmoid 激活函数。

$$g(z^{[2]})=\sigma(z^{[2]}) \tag{3-18}$$

在这个例子里看到的是，对隐藏层使用 tanh 激活函数，输出层使用 sigmoid 函数。所以，在不同的神经网络层中，激活函数可以不同。为了表示不同的激活函数，在不同的层中，使用方括号上标来指出 g 上标为［1］的激活函数，可能会与 g 上标为［2］的不同。方括号上标［1］代表隐藏层，方括号上标［2］表示输出层。

sigmoid 函数和 tanh 函数两者共同的缺点是在 z 特别大或者特别小的情况下，导数的梯度或者函数的斜率会变得特别小，最后就会接近于 0，导致降低梯度下降的速度。

修正线性单元的函数（ReLu 函数）图像如图 3-8 所示。

$$a=\max(0,\ z) \tag{3-19}$$

所以，当 z 为正值时，导数恒等于 1，当 z 为负值时，导数恒等于 0。实际上，当使用 z 的导数时，$z=0$ 的导数是没有定义的。但是当编程实现时，z 的取值刚好等于 0.00000001，这个值相当小，所以在实践中，不需要担心这个值，z 等于 0 时，假设导数是 1 或者 0，效果都可以。

这里有一些选择激活函数的经验法则，即如果输出是 0、1 值（二分类问题），则输出层选择 sigmoid 函数，然后其他的所有单元都选择 ReLu 函数。这是很多激活函数的默认选择，如果在隐藏层上不确定使用哪个激活函数，那么通常会使用 ReLu 激活函数。有时，也会使用 tanh 激活函数，但 ReLu 的一个优点是当 z 为负值时，导数等于 0。

这里也有另一个版本的 ReLu，称为 Leaky ReLu。当 z 为负值时，这个函数的值不等于 0，而是轻微的倾斜，如图 3-8 所示。这个函数通常比 ReLu 激活函数的效果好，尽管在实际中 Leaky ReLu 使用的并不多。

两者的优点如下：

第一，在 z 的区间变动很大的情况下，激活函数的导数或者激活函数的斜率都会远大

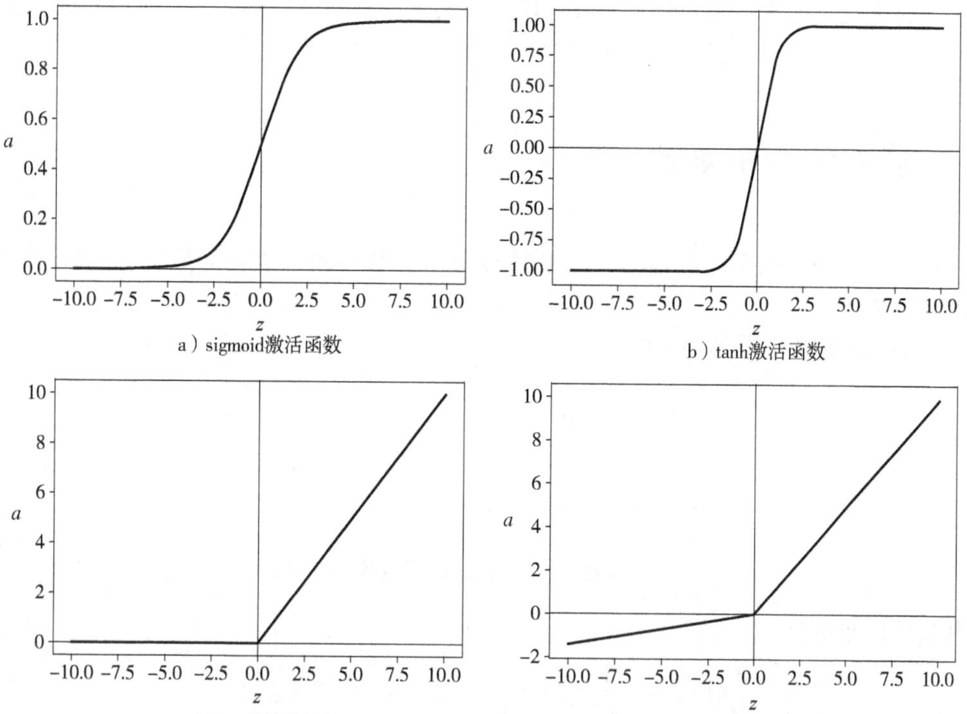

a）sigmoid激活函数　　b）tanh激活函数

c）ReLu激活函数　　d）Leaky ReLu激活函数

图 3-8　激活函数

于0，在程序中实现就是一个 if-else 语句，而 sigmoid 函数需要进行浮点四则运算，在实践中，神经网络在使用 ReLu 激活函数时，通常会比使用 sigmoid 或者 tanh 激活函数时学习得更快。

第二，sigmoid 和 tanh 函数的导数在正负饱和区的梯度都会接近于 0，这会造成梯度弥散，而 ReLu 和 LeakyReLu 函数大于 0 的部分都为常数，不会产生梯度弥散现象（同时应该注意到的是 ReLu 进入负半区时，梯度为 0，神经元此时不会训练，因此会产生所谓的稀疏性，而 Leaky ReLu 不会有这问题）。

z 在 ReLu 的梯度一半都是 0，但是，有足够的隐藏层使得 z 值大于 0，所以对大多数的训练数据来说，学习过程仍然可以很快。

下面概括一下不同激活函数的过程和结论。

1）sigmoid 激活函数：除了输出层是一个二分类问题，其余情况基本不会用它。

2）tanh 激活函数：tanh 非常优秀，几乎适合所有场合。

3）ReLu 激活函数：最常用的默认函数，如果不确定用哪个激活函数，那么就使用 ReLu或者 Leaky ReLu。

$$a = \max(0.01z,\ z) \tag{3-20}$$

常数除了 0.01，还可以为学习算法选择不同的参数。

在选择自己神经网络的激活函数时，有一定的直观感受，在深度学习中经常遇到一个问题：在编写神经网络时会有很多选择，如隐藏层单元的个数、激活函数的选择、初始化权值……这些选择想得到一个相对比较好的指导原则是挺困难的。

通常的建议是如果不确定哪一个激活函数效果更好，则可以都试试，然后在验证集上进行评价，看哪一种表现得更好就去使用它。

3.6 激活函数的导数

在神经网络中使用反向传播时，需要计算激活函数的斜率或者导数。针对以下四种激活，求其导数。

1）sigmoid 激活函数如图 3-9 所示。

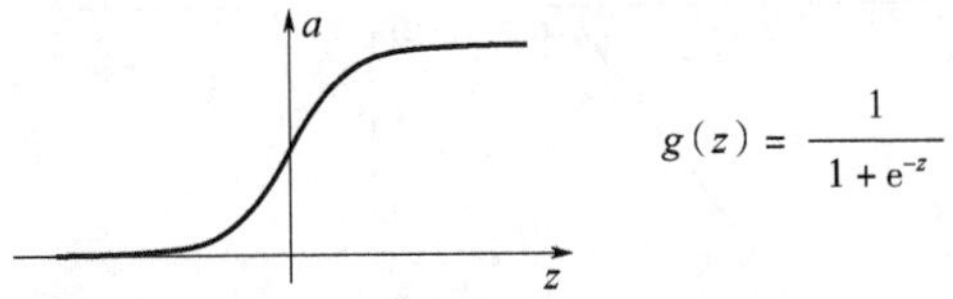

图 3-9 sigmoid 激活函数

其具体的求导如下：

$$\frac{\mathrm{d}}{\mathrm{d}z}g(z)=\frac{1}{1+\mathrm{e}^{-z}}\left(1-\frac{1}{1+\mathrm{e}^{-z}}\right)=g(z)[1-g(z)] \tag{3-21}$$

注：

当 $z=10$ 或 $z=-10$，$\frac{\mathrm{d}}{\mathrm{d}z}g(z)\approx 0$；

当 $z=0$，$\frac{\mathrm{d}}{\mathrm{d}z}g(z)=g(z)\ [1-g(z)]=\frac{1}{4}$。

在神经网络中

$$a=g(z)$$

$$g(z)'=\frac{\mathrm{d}}{\mathrm{d}z}g(z)=a(1-a)$$

2）tanh 激活函数如图 3-10 所示。

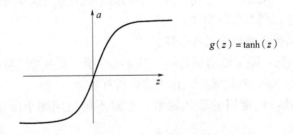

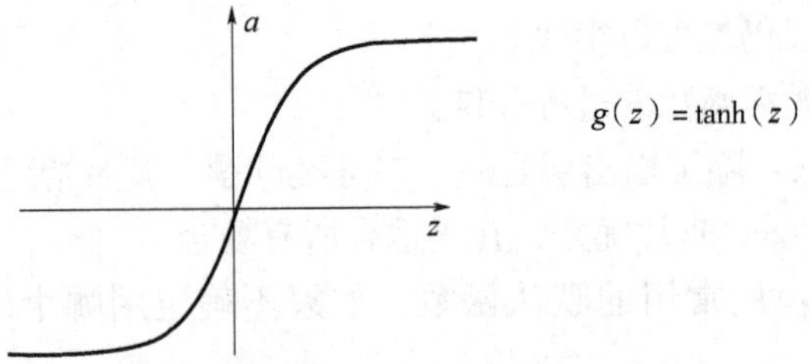

图 3-10 tanh 激活函数

$$g(z)=\tanh(z)=\frac{\mathrm{e}^{z}-\mathrm{e}^{-z}}{\mathrm{e}^{z}+\mathrm{e}^{-z}} \tag{3-22}$$

$$\frac{\mathrm{d}}{\mathrm{d}z}g(z)=1-[\tanh(z)]^2 \tag{3-23}$$

注：

当 $z=10$ 或 $z=-10$，$\frac{\mathrm{d}}{\mathrm{d}z}g(z)\approx 0$；

当 $z=0$，$\frac{\mathrm{d}}{\mathrm{d}z}g(z)=1-(0)=1$。

在神经网络中

$$a=g(z)$$

$$g(z)'=\frac{\mathrm{d}}{\mathrm{d}z}g(z)=1-[\tanh(z)]^2$$

3）ReLu 和 Leaky ReLu 激活函数如图 3-11 所示。

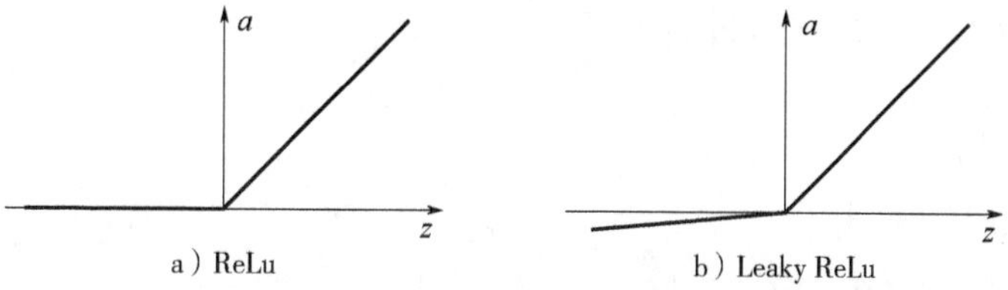

图 3-11　ReLu 和 Leaky ReLu 激活函数

$$g(z)=\max(0, z)$$

$$g(z)'=\begin{cases}0 & , z<0\\ 1 & , z>0\\ \text{无定义}, & z=0\end{cases}$$

注：通常在 $z=0$ 时给定其导数 1 或者 0（当然 $z=0$ 的情况很少）。

与 ReLu 类似

$$g(z)=\max(0.01z, z)$$

$$g(z)'=\begin{cases}0.01 & , z<0\\ 1 & , z>0\\ \text{无定义}, & z=0\end{cases}$$

注：通常在 $z=0$ 时给定其导数 1 或者 0.01（当然 $z=0$ 的情况很少）。

3.7　神经网络的梯度下降

单隐层神经网络会有 $\boldsymbol{W}^{[1]}$，$\boldsymbol{b}^{[1]}$，$\boldsymbol{W}^{[2]}$，$\boldsymbol{b}^{[2]}$ 这些参数，还有 n_x 表示输入特征的个数，$n^{[1]}$ 表示隐藏单元个数，$n^{[2]}$ 表示输出单元个数。矩阵 $\boldsymbol{W}^{[1]}$ 的维度为（$n^{[1]}$，$n^{[0]}$），$\boldsymbol{b}^{[1]}$ 就是 $n^{[1]}$ 维向量，可以写成（$n^{[1]}$，1），即一个列向量。矩阵 $\boldsymbol{W}^{[2]}$ 的维度为（$n^{[2]}$，$n^{[1]}$），$\boldsymbol{b}^{[2]}$ 就是（$n^{[2]}$，1）维度。

一个神经网络假设做二分类任务，那么成本函数等于

$$J(\boldsymbol{W}^{[1]}, \boldsymbol{b}^{[1]}, \boldsymbol{W}^{[2]}, \boldsymbol{b}^{[2]})=\frac{1}{m}\sum_{i=1}^{m}L(\hat{y}, y)$$

损失函数和之前的逻辑回归完全一样。

训练参数需要做梯度下降，在训练神经网络时，随机初始化参数很重要，而不是初始化为全零。当参数初始化成某些值后，每次梯度下降都会循环计算以下预测值：

$\hat{y}^{(i)}(i=1, 2, \cdots, m)$

$$\mathrm{d}\boldsymbol{W}^{[1]}=\frac{\mathrm{d}J}{\mathrm{d}\boldsymbol{W}^{[1]}}, \mathrm{d}\boldsymbol{b}^{[1]}=\frac{\mathrm{d}J}{\mathrm{d}b^{[1]}} \tag{3-24}$$

$$\mathrm{d}\boldsymbol{W}^{[2]}=\frac{\mathrm{d}J}{\mathrm{d}\boldsymbol{W}^{[2]}}, \mathrm{d}\boldsymbol{b}^{[2]}=\frac{\mathrm{d}J}{\mathrm{d}b^{[2]}} \tag{3-25}$$

其中，

$$\boldsymbol{W}^{[1]}\Rightarrow\boldsymbol{W}^{[1]}-a\mathrm{d}\boldsymbol{W}^{[1]}, \boldsymbol{b}^{[1]}\Rightarrow\boldsymbol{b}^{[1]}-a\mathrm{d}\boldsymbol{b}^{[1]} \tag{3-26}$$

$$\boldsymbol{W}^{[2]}\Rightarrow\boldsymbol{W}^{[2]}-a\mathrm{d}\boldsymbol{W}^{[2]}, \boldsymbol{b}^{[2]}\Rightarrow\boldsymbol{b}^{[2]}-a\mathrm{d}\boldsymbol{b}^{[2]} \tag{3-27}$$

正向传播方程如下（之前讲过）：

1) $\boldsymbol{z}^{[1]}=\boldsymbol{W}^{[1]}\boldsymbol{x}+b^{[1]}$

2) $\boldsymbol{a}^{[1]}=\sigma(\boldsymbol{z}^{[1]})$

3) $\boldsymbol{z}^{[2]}=\boldsymbol{W}^{[2]}\boldsymbol{a}^{[1]}+\boldsymbol{b}^{[2]}$

4) $\boldsymbol{a}^{[2]}=g^{[2]}(\boldsymbol{z}^{[2]})=\sigma(\boldsymbol{z}^{[2]})$

反向传播方程如下：

$$\mathrm{d}\boldsymbol{z}^{[2]}=\boldsymbol{A}^{[2]}-\boldsymbol{Y}, \boldsymbol{Y}=[y^{[1]}\ y^{[2]}\cdots y^{[m]}] \tag{3-28}$$

$$\mathrm{d}\boldsymbol{W}^{[2]}=\frac{1}{m}\mathrm{d}\boldsymbol{z}^{[2]}\boldsymbol{A}^{[1]\mathrm{T}} \tag{3-29}$$

$$\mathrm{d}\boldsymbol{b}^{[2]}=\frac{1}{m}\mathrm{np.\ sum}(\mathrm{d}\boldsymbol{z}^{[2]}, \mathrm{axis}=1, \mathrm{keepdims}=\mathrm{True}) \tag{3-30}$$

$$\underset{(n^{[1]},\ m)}{\underbrace{\mathrm{d}\boldsymbol{z}^{[1]}=\boldsymbol{W}^{[2]\mathrm{T}}\mathrm{d}\boldsymbol{z}^{[2]}}}\quad *\underset{\text{隐藏层激活函数}}{\underbrace{g^{[1]}}}\quad *\underset{(n^{[1]},\ m)}{\underbrace{(\boldsymbol{z}^{[1]})}} \tag{3-31}$$

$$\mathrm{d}\boldsymbol{W}^{[1]}=\frac{1}{m}\mathrm{d}\boldsymbol{z}^{[1]}\boldsymbol{x}^{\mathrm{T}} \tag{3-32}$$

$$\mathrm{d}\boldsymbol{b}^{[1]}=\frac{1}{m}\mathrm{np.\ sum}(\mathrm{d}\boldsymbol{z}^{[1]}, \mathrm{axis}=1, \mathrm{keepdims}=\mathrm{True}) \tag{3-33}$$

上述是反向传播的步骤，注意，这些都是针对所有样本进行过向量化，$\boldsymbol{Y}$ 是 $1\times m$ 的矩阵，这里 np. sum 是 Python 的 numpy 命令，axis = 1 表示水平相加求和，keepdims 是防止 Python 输出无用的秩数（n, ），加上这个确保阵矩阵 $\mathrm{d}\boldsymbol{b}^{[2]}$ 向量输出的维度为（n, 1）的标准形式。计算反向传播时，需要计算隐藏层函数的导数，输出再使用 sigmoid 函数进行二元分类。这里是进行逐个元素乘积，因为 $\boldsymbol{W}^{[2]\mathrm{T}}\mathrm{d}\boldsymbol{z}^{[2]}$ 和 $\boldsymbol{z}^{[1]}$ 都为（$n^{[1]}$, m）矩阵。还有一种方法可以防止 Python 输出无用的秩数，需要显式地调用 reshape，将 np. sum 输出结果写成矩阵形式。

3.8 理解反向传播

回想一下逻辑回归的公式：

$$\left.\begin{matrix}\boldsymbol{x}\\ \boldsymbol{w}\\ \boldsymbol{b}\end{matrix}\right\}\Rightarrow z=\boldsymbol{w}^{\mathrm{T}}\boldsymbol{x}+\boldsymbol{b}\Rightarrow\alpha=\sigma(z)\Rightarrow L(\boldsymbol{a},\ \boldsymbol{y}) \tag{3-34}$$

讨论逻辑回归时，有一个正向传播步骤，计算 z，然后计算 a，最后计算损失函数 L。

$$\left.\begin{matrix}\boldsymbol{x}\\ \boldsymbol{w}\\ \boldsymbol{b}\end{matrix}\right\}\Leftarrow z=\boldsymbol{w}^{\mathrm{T}}\boldsymbol{x}+\boldsymbol{b}$$

$$\mathrm{d}w=\mathrm{d}z\cdot x,\ \mathrm{d}b=\mathrm{d}z\qquad \mathrm{d}z=\mathrm{d}ag'(z),\ g(z)=\sigma(z),\ \frac{\mathrm{d}L}{\mathrm{d}z}=\frac{\mathrm{d}L}{\mathrm{d}a}\cdot\frac{\mathrm{d}a}{\mathrm{d}z},\ \frac{\mathrm{d}}{\mathrm{d}z}g(z)=g'(z) \tag{3-35}$$

$$\alpha=\sigma(z)\Leftarrow L(a,\ y)$$

$$\mathrm{d}a=\frac{\mathrm{d}}{\mathrm{d}a}L(a,\ y)=[-y\log\alpha-(1-y)\log(1-a)]'=-\frac{y}{a}+\frac{1-y}{1-a}$$

神经网络的计算与逻辑回归十分类似，但中间会有多层的计算。一个双层神经网络有一个输入层、一个隐藏层和一个输出层。

1）前向传播：计算 $\boldsymbol{z}^{[1]}$，$\boldsymbol{a}^{[1]}$，再计算 $\boldsymbol{z}^{[2]}$，$\boldsymbol{a}^{[2]}$，最后得到 L（损失函数）。

2）反向传播：向后推算出 $\mathrm{d}\boldsymbol{a}^{[2]}$，然后推算出 $\mathrm{d}z^{[2]}$，接着推算出 $\mathrm{d}\boldsymbol{a}^{[1]}$，最后推算出 $\mathrm{d}z^{[1]}$。不需要对 x 求导，因为 x 是固定的，也不需要优化 x。向后推算出 $\mathrm{d}\boldsymbol{a}^{[2]}$，然后推算出 $\mathrm{d}z^{[2]}$ 的步骤可以合为一步：

$$\mathrm{d}z^{[2]}=\boldsymbol{a}^{[2]}-\boldsymbol{y},\ \mathrm{d}\boldsymbol{W}^{[2]}=\mathrm{d}z^{[2]}\boldsymbol{a}^{[1]\mathrm{T}} \tag{3-36}$$

注意：逻辑回归中，$\boldsymbol{a}^{[1]\mathrm{T}}$多了一个转置的原因为 $\mathrm{d}\boldsymbol{w}$ 中的 $\boldsymbol{W}$（$\boldsymbol{W}_i^{[2]}$）是一个列向量，而 $\boldsymbol{W}^{[2]}$ 是个行向量，故需要加个转置。

$$\mathrm{d}\boldsymbol{b}^{[2]}=\mathrm{d}z^{[2]} \tag{3-37}$$

$$\mathrm{d}z^{[1]}=\boldsymbol{W}^{[2]\mathrm{T}}\mathrm{d}z^{[2]}\cdot g^{[1]\prime}(z^{[1]}) \tag{3-38}$$

注意：矩阵 $\boldsymbol{W}^{[2]}$ 的维度是（$n^{[2]}$，$n^{[1]}$）。

$z^{[2]}$，$\mathrm{d}z^{[2]}$ 的维度都是（$n^{[2]}$，1），如果是二分类，那么维度就是（1，1）。

$z^{[1]}$，$\mathrm{d}z^{[1]}$ 的维度都是（$n^{[1]}$，1），证明过程见式（3-38）。

其中，$\boldsymbol{W}^{[2]\mathrm{T}}\mathrm{d}z^{[2]}$ 维度为（$n^{[1]}$，$n^{[2]}$），（$n^{[2]}$，1），相乘得到（$n^{[1]}$，1），和 $z^{[1]}$ 维度相同，$g^{[1]\prime}$（$z^{[1]}$）的维度为（$n^{[1]}$，1），这就变成了两个都是（$n^{[1]}$，1）向量逐元素相乘。

实现后向传播的技巧就是要保证矩阵的维度相互匹配，最后得到 $\mathrm{d}\boldsymbol{W}^{[1]}$ 和 $\mathrm{d}\boldsymbol{b}^{[1]}$。

$$\mathrm{d}\boldsymbol{W}^{[1]}=\mathrm{d}z^{[1]}\boldsymbol{x}^{\mathrm{T}},\ \mathrm{d}\boldsymbol{b}^{[1]}=\mathrm{d}z^{[1]} \tag{3-39}$$

可以看出 $\mathrm{d}\boldsymbol{W}^{[1]}$ 和 $\mathrm{d}\boldsymbol{W}^{[2]}$ 非常相似，其中 $\boldsymbol{x}$ 扮演了 $\boldsymbol{a}^{[0]}$ 的角色，$\boldsymbol{x}^{\mathrm{T}}$ 等同于 $\boldsymbol{a}^{[0]\mathrm{T}}$。

由 $\boldsymbol{Z}^{[1]}=\boldsymbol{W}^{[1]}\boldsymbol{x}+\boldsymbol{b}^{[1]}$，$\boldsymbol{a}^{[1]}=g^{[1]}(\boldsymbol{Z}^{[1]})$，得到 $\boldsymbol{Z}^{[1]}=\boldsymbol{W}^{[1]}\boldsymbol{x}+\boldsymbol{b}^{[1]}$，$\boldsymbol{A}^{[1]}=g^{[1]}(\boldsymbol{Z}^{[1]})$。

$$\boldsymbol{Z}^{[1]}=\begin{bmatrix}\vdots & \vdots & \vdots & \vdots\\ z^{[1](1)} & z^{[1](2)} & \cdots & z^{[1](m)}\\ \vdots & \vdots & \vdots & \vdots\end{bmatrix}$$

注意：大写的 $\boldsymbol{Z}^{[1]}$ 表示 $z^{[1](1)}$，$z^{[1](2)}$，$z^{[1](3)}\cdots z^{[1](m)}$ 的列向量堆叠成的矩阵，以下类同。

下面为主要的推导过程：

$$\mathrm{d}\boldsymbol{Z}^{[2]}=\boldsymbol{A}^{[2]}-Y,\ \mathrm{d}\boldsymbol{W}^{[2]}=\frac{1}{m}\mathrm{d}\boldsymbol{Z}^{[2]}\boldsymbol{A}^{[1]\mathrm{T}} \tag{3-40}$$

$$L=\frac{1}{m}\sum_{i=1}^{m}L(\hat{y},\ y) \tag{3-41}$$

$$\mathrm{d}\boldsymbol{b}^{[2]}=\frac{1}{m}\mathrm{np.\ sum}(\mathrm{d}z^{[2]},\ \mathrm{axis}=1,\ \mathrm{keepdims}=\mathrm{True}) \tag{3-42}$$

$$\underbrace{\mathrm{d}\boldsymbol{Z}^{[1]}}_{(n^{[1]},m)}=\underbrace{\boldsymbol{W}^{[2]\mathrm{T}}\mathrm{d}\boldsymbol{Z}^{[2]}}_{(n^{[1]},m)}\cdot\underbrace{g^{[1]\prime}(\boldsymbol{Z}^{[1]})}_{(n^{[1]},m)} \tag{3-43}$$

$$\mathrm{d}\boldsymbol{W}^{[1]}=\frac{1}{m}\mathrm{d}\boldsymbol{Z}^{[1]}\boldsymbol{x}^{\mathrm{T}} \tag{3-44}$$

$$\mathrm{d}\boldsymbol{b}^{[1]}=\frac{1}{m}\mathrm{np.\ sum}(\mathrm{d}\boldsymbol{Z}^{[1]},\ \mathrm{axis}=1,\ \mathrm{keepdims}=\mathrm{True}) \tag{3-45}$$

3.9 随机初始化

训练神经网络时，权重随机初始化是很重要的。对于逻辑回归，将权重初始化为0也是可以的。但是对于一个神经网络，如果把权重或者参数都初始化为0，那么梯度下降将不会起作用。

假设有两个输入特征，$n^{[0]}=2$，两个隐藏层单元 $n^{[1]}$ 就等于2。因此与一个隐藏层相关的矩阵，或者说 $\boldsymbol{W}^{[1]}$ 是 2×2 的矩阵，假设把它初始化为0的 2×2 矩阵，$\boldsymbol{b}^{[1]}$ 也等于 $[0\ 0]^{\mathrm{T}}$，把偏置项 $\boldsymbol{b}$ 初始化为0是合理的，但是把 w 初始化为0就会有问题。这个问题如果按照这样初始化，则会发现 $\boldsymbol{a}_1^{[1]}$ 和 $\boldsymbol{a}_2^{[1]}$ 相等，这两个激活单元就会一样。因为两个隐含单元计算同样的函数，所以当作反向传播计算时，会导致 $\mathrm{d}z_1^{[1]}$ 和 $\mathrm{d}z_2^{[1]}$ 也一样，对称的这些隐含单元会初始化得一样，这样输出的权值也会一模一样，由此 $\boldsymbol{W}^{[2]}$ 等于 $[0\ 0]$，如图3-12所示。

但是如果这样初始化这个神经网络，那么这两个隐含单元就会完全一样，因为它们完全对称，也就意味着计算同样的函数，并且可以肯定的是最终经过每次训练的迭代，这两个隐含单元仍然是同一个函数，这令人困惑。d$\boldsymbol{W}$ 会是一个这样的矩阵，每一行有同样的值。因此做权重更新，把权重 $\boldsymbol{W}^{[1]}\Rightarrow\boldsymbol{W}^{[1]}-\boldsymbol{a}\mathrm{d}\boldsymbol{W}$，每次迭代后 $\boldsymbol{W}^{[1]}$ 的第一行等于第二行。

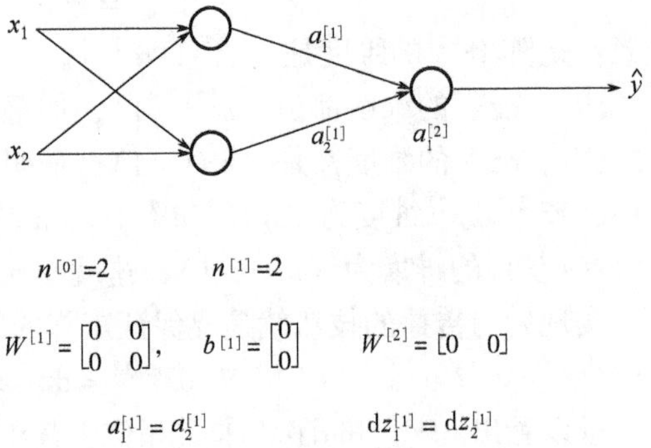

图3-12 神经网络的初始化

由此可以推导，如果把权重都初始化为0，那么由于隐含单元开始计算同一个函数，因此所有的隐含单元就会对输出单元有同样的影响。一次迭代后同样的表达式结果仍然是相同的，即隐含单元仍是对称的。通过推导，二次、三次、无论多少次迭代，不管训练网络多长时间，隐含单元仍然计算的是同样的函数。因此这种情况下超过一个隐含单元也没什么意义，因为它们计算同样的东西。

解决方法就是随机初始化参数。应该把 $W^{[1]}$ 设为 np. random. randn（2，2）（生成高斯分布），通常再乘上一个较小的数，比如0.01，这样把它初始化为很小的随机数。然后 b 没有这个对称的问题，所以可以把 b 初始化为0，因为只要随机初始化 W，就有不同的隐含单元计算不同的东西，因此不会有对称问题。相似的，对于 $W^{[2]}$ 可以随机初始化，$b^{[2]}$ 可以初始化为 0。

```
W[1] = np.random.randn(2, 2) * 0.01
b[1] = np.zeros(2, 1)
W[2] = np.random.randn(2, 2) * 0.01, b[2] = 0
```

用 tanh 或者 sigmoid 激活函数，或者说只在输出层有一个 sigmoid 时，如果（数值）波动太大，则计算激活值时，$z^{[1]}=W^{[1]}x+b^{[1]}$，$a^{[1]}=\sigma(z^{[1]})=g^{[1]}(z^{[1]})$，如果 W 很大，则 z 就会很大。z 的一些值，比如 a 就会很大或者很小，因此这种情况下很可能停在 tanh/sigmoid 函数平坦的地方，这些地方梯度很小，也就意味着梯度下降会很慢，因此学习也就很慢。

第 4 章　深层神经网络

4.1　深层神经网络概述

目前为止学习了只有一个单独隐藏层的神经网络的正向传播和反向传播，以及逻辑回归和向量化。本章所要做的是把这些理念集合起来，做深度神经网络。

逻辑回归结构如图 4-1a 所示。一个隐藏层的神经网络结构如图 4-1b 所示。

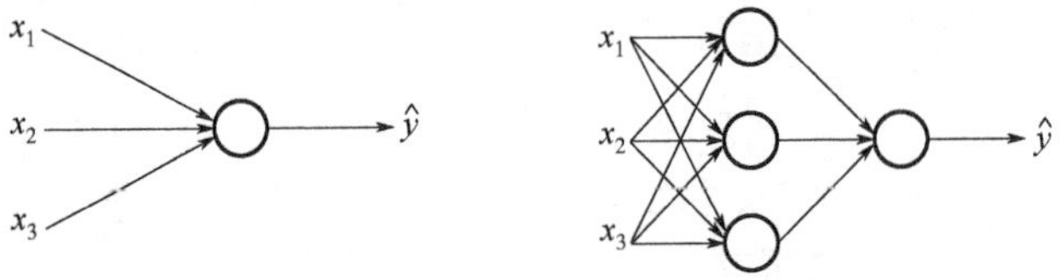

a）逻辑回归　　b）一个隐藏层的神经网络

图 4-1　逻辑回归与神经网络示意图

注意：神经网络的层数是从左到右，由 0 开始定义，如图 4-1b 所示，x_1、x_2、x_3，这层是第 0 层，这层左边的隐藏层是第 1 层，由此类推。图 4-2a 所示为两个隐藏层的神经网络，图 4-2b 所示为五个隐藏层的神经网络。

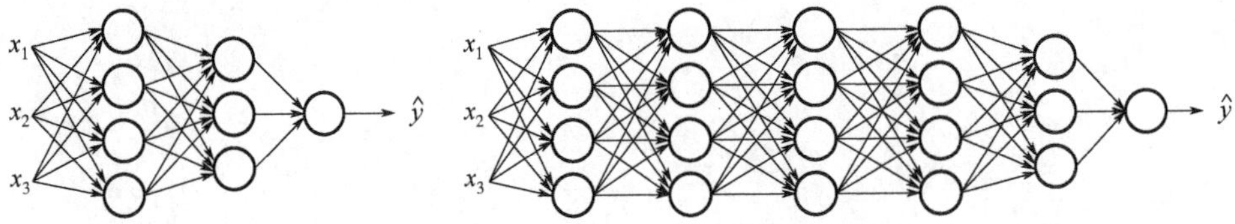

a）两个隐藏层　　b）五个隐藏层

图 4-2　神经网络的层数定义

严格上来说逻辑回归也是一个一层的神经网络，而图 4-2b 中是一个深得多的模型，浅与深仅仅是指一种程度。对于任何给定的问题很难去提前预测到底需要多深的神经网络，所以先去尝试逻辑回归，尝试一层，然后两层隐含层，再把隐含层的数量看作是另一个可以自由选择大小的超参数，最后在保留交叉验证数据上进行评估，或者用开发集来评估。

图 4-3 所示为一个四层的神经网络，有三个隐藏层。第一层（即左边数过去第二层，因为输入层是第 0 层）有五个神经元数目，第二层五个，第三层三个。

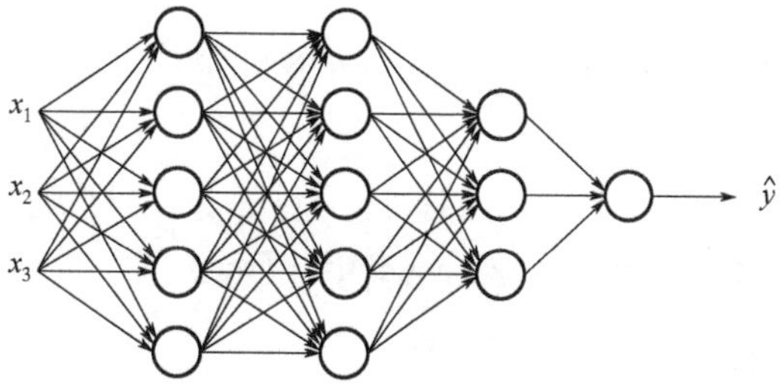

图 4-3　神经网络模型示意图

用 L 表示层数，图 4-3 中，$L=4$，输入层的索引为“0”，第一个隐藏层 $n^{[1]}=5$，表示有五个隐藏神经元，同理 $n^{[2]}=5$，$n^{[3]}=3$，$n^{[4]}=n^{[L]}=1$（输出单元为 1）。而输入层，$n^{[0]}=n_x=3$。

在不同层所拥有的神经元的数目，对于每层 l，都用 $\boldsymbol{a}^{[l]}$ 来记作 l 层激活后的结果，会在后面看到在正向传播时，最终会计算出 $\boldsymbol{a}^{[l]}$。通过用激活函数 g 计算 $\boldsymbol{z}^{[l]}$，激活函数也被索引为层数 l，然后用 $\boldsymbol{w}^{[l]}$ 来记作在 l 层计算 $\boldsymbol{z}^{[l]}$ 值的权重。类似的，$\boldsymbol{z}^{[l]}$ 里的方程 $\boldsymbol{b}^{[l]}$ 也一样。最后总结符号约定：输入的特征记作 $\boldsymbol{x}$，但是 $\boldsymbol{x}$ 同样也是 0 层的激活函数，所以 $\boldsymbol{x}=\boldsymbol{a}^{[0]}$。最后一层的激活函数为 $\boldsymbol{a}^{[L]}$，所以 $\boldsymbol{a}^{[L]}$ 等于这个神经网络所预测的输出结果。

4.2　前向传播和反向传播

之前学习了构成深度神经网络的基本模块，比如每一层都有前向传播步骤以及一个相反的反向传播步骤。

前向传播，输入为 $\boldsymbol{a}^{[l-1]}$，输出为 $\boldsymbol{a}^{[l]}$，缓存为 $\boldsymbol{z}^{[l]}$，所以前向传播的步骤可以写成 $\boldsymbol{z}^{[l]}=\boldsymbol{W}^{[l]}\cdot\boldsymbol{a}^{[l-1]}+\boldsymbol{b}^{[l]}$。

$$\boldsymbol{a}^{[l]}=g^{[l]}(\boldsymbol{z}^{[l]})$$

向量化实现过程可以写成 $\boldsymbol{z}^{[l]}=\boldsymbol{W}^{[l]}\cdot\boldsymbol{A}^{[l-1]}+\boldsymbol{b}^{[l]}$。

$$\boldsymbol{A}^{[l]}=g^{[l]}(\boldsymbol{z}^{[l]})$$

前向传播需要输入 $\boldsymbol{A}^{[0]}$，也就是 $\boldsymbol{X}$ 来初始化。$\boldsymbol{a}^{[0]}$ 对应于一个训练样本的输入特征，而 $\boldsymbol{A}^{[0]}$ 对应于一整个训练样本的输入特征，所以这就是这条链的第一个前向函数的输入，重复这个步骤就可以从左到右计算前向传播。

反向传播，输入为 $\mathrm{d}\boldsymbol{a}^{[l]}$，输出为 $\mathrm{d}\boldsymbol{a}^{[l-1]}$，$\mathrm{d}\boldsymbol{w}^{[l]}$，$\mathrm{d}\boldsymbol{b}^{[l]}$。

所以反向传播的步骤可以写成：

1）$\mathrm{d}\boldsymbol{z}^{[l]}=\mathrm{d}\boldsymbol{a}^{[l]}\cdot g^{[l]\prime}(\boldsymbol{z}^{[l]})$；

2）$\mathrm{d}\boldsymbol{w}^{[l]}=\mathrm{d}\boldsymbol{z}^{[l]}\cdot\boldsymbol{a}^{[l-1]}$；

3）$\mathrm{d}\boldsymbol{b}^{[l]}=\mathrm{d}\boldsymbol{z}^{[l]}$；

4）$\mathrm{d}\boldsymbol{a}^{[l-1]}=\boldsymbol{w}^{[l]\mathrm{T}}\cdot\mathrm{d}\boldsymbol{z}^{[l]}$；

5）$\mathrm{d}\boldsymbol{z}^{[l]}=\boldsymbol{w}^{[l+1]\mathrm{T}}\mathrm{d}\boldsymbol{z}^{[l+1]}\cdot g^{[l]\prime}(\boldsymbol{z}^{[l]})$。

式子 5）由式子 4）带入式子 1）得到，前四个式子就可实现反向函数。向量化实现过

程可以写成

6） $dZ^{[l]} = dA^{[l]} \cdot g^{[l]\prime}(Z^{[l]})$

7） $dW^{[l]} = \frac{1}{m} dZ^{[l]} \cdot A^{[l-1]T}$

8） $db^{[l]} = \frac{1}{m}$np. sum($dz^{[l]}$, axis = 1, keepdims = True)

9） $dA^{[l-1]} = W^{[l]T} \cdot dZ^{[l]}$

第一层有一个 ReLu 激活函数，第二层为另一个 ReLu 激活函数，第三层可能是 sigmoid 函数，用来计算损失，这样就可以向后迭代进行反向传播求导来求 $dw^{[3]}$，$db^{[3]}$，$dw^{[2]}$，$db^{[2]}$，$dw^{[1]}$，$db^{[1]}$。在计算的时候，缓存会把 $z^{[1]}$，$z^{[2]}$，$z^{[3]}$ 传递过来，然后回传 $da^{[2]}$，$da^{[1]}$，可以用来计算 $da^{[0]}$，对 $A^{[l]}$ 求导。

4.3 深层网络中矩阵的维数

前向传播可以归纳为多次迭代 $z^{[l]} = w^{[l]} a^{[l-1]} + b^{[l]}$，$a^{[l]} = g^{[l]}(z^{[l]})$。

向量化实现过程可以写成

$Z^{[l]} = W^{[l]} a^{[l-1]} + b^{[l]}$，$A^{[l]} = g^{[l]}(Z^{[l]})$ （$A^{[0]} = X$）

然后一层接着一层去计算，当实现深度神经网络时，检查算法中矩阵的维数。

w 的维度是（下一层的维数，前一层的维数），即 $w^{[l]}: (n^{[l]}, n^{[l-1]})$；

b 的维度是（下一层的维数，1），即 $b^{[l]}: (n^{[l]}, 1)$，$z^{[l]}$，$a^{[l]}: (n^{[l]}, 1)$；

$dw^{[l]}$ 和 $w^{[l]}$ 维度相同，$db^{[l]}$ 和 $b^{[l]}$ 维度相同，且 w 和 b 向量化维度不变，但 z，a 以及 x 的维度向量化后会发生变化。

向量化后：$Z^{[l]}$ 可以看成由每一个单独的 $Z^{[l]}$ 叠加而得到，$Z^{[l]} = (z^{[l][1]}, z^{[l][2]}, z^{[l][3]}, \cdots, z^{[l][m]})$，$m$ 为训练集大小，所以 $Z^{[l]}$ 的维度不再是（$n^{[l]}$，1），而是（$n^{[l]}$，m）。$A^{[l]}$：$(n^{[l]}, m)$，$A^{[0]} = X = (n^{[l]}, m)$

在做深度神经网络的反向传播时，一定要确认所有的矩阵维数是前后一致的，可以大大提高代码通过率。

4.4 为什么使用深层表示

深度神经网络能解决很多问题，其实并不需要很大的神经网络，但是得有深度，得有比较多的隐藏层，这是为什么呢？

深度神经网络的许多隐藏层中，较早的前几层能学习一些低层次的简单特征，等到后几层，就能把简单的特征结合起来，去探测更加复杂的东西。比如录在音频里的单词、词组或是句子，然后就能运行语音识别了。到网络中的深层时，实际上就能做很多复杂的事，比如探测面部，或是探测单词、短语、句子。

有些人喜欢把深度神经网络和人类大脑做类比，神经科学家觉得人的大脑也是先探测简单的东西，比如眼睛看得到的边缘，然后组合起来才能探测复杂的物体，比如脸。这类简单到复杂的过程，同样也是其他一些深度学习的灵感来源。深层的网络隐藏单元数量相对较少，隐藏层数目较多，如果浅层的网络想要达到同样的计算结果，则需要指数级增长的单元数量才能达到。无法从神经科学的角度描述清楚它的一些功能，可能是类似逻辑回归的运算，但单个神经元到底在做什么，目前还没有人能够真正解释，大脑中的神经元是怎么学习的，这至今仍是一个谜。

另外一个关于神经网络为何有效的理论来源于电路理论，它和能够用电路元件计算的函数有着分不开的联系。根据不同的基本逻辑门，譬如与门、或门、非门。在非正式的情况下，这些函数都可以用相对较小但很深的神经网络来计算，小在这里的意思是隐藏单元的数量相对比较小，但是如果用浅一些的神经网络计算同样的函数，也就是说在不能用很多隐藏层时，则会需要呈指数增长的单元数量才能达到同样的计算结果。

4.5 超参数

什么是超参数？

比如算法中的学习率、梯度下降法循环的数量、隐藏层数目、隐藏层单元数目、激活函数的选择都需要设置，这些数字控制了最后的参数 W 和 b 的值，所以它们被称作超参数。

深度学习有很多不同的超参数，如 momentum、mini batch size、regularization parameters 等。

如何寻找超参数的最优值？

通过 Idea—Code—Experiment—Idea 这个循环，尝试各种不同的参数，实现模型并观察是否成功，然后再迭代。

当开发新应用时，预先很难确切知道超参数的最优值应该是什么。所以通常需要尝试很多不同的值，并走这个循环，试试各种参数。试试看五个隐藏层，实现模型并观察是否成功，然后再迭代。应用深度学习领域在很大程度基于经验。

第2部分

改善深层神经网络：超参数调试、正则化以及优化

第 5 章　深度学习的实践

5.1　训练、验证、测试集

深度学习是一个典型的迭代过程，需要多次循环往复，才能为应用程序找到一个称心的神经网络，因此循环该过程的效率是决定项目进展速度的一个关键因素，而创建高质量的训练数据集、验证集和测试集也有助于提高循环效率。

数据一部分作为训练集，一部分作为简单交叉验证集，有时也称之为验证集，通过验证集或简单交叉验证集选择最好的模型，经过充分验证，选定了最终模型，然后就可以在测试集上进行评估了，为了无偏评估算法的运行状况。

在机器学习发展的小数据量时代，常见做法是将所有数据三七分，就是人们常说的70%验证集，30%测试集，如果没有明确设置验证集，则也可以按照60%训练，20%验证和20%测试集来划分。这是前几年机器学习领域普遍认可的最好的实践方法。如果只有100条、1000条或者1万条数据，那么上述比例划分是非常合理的。

在大数据时代，数据量可能是百万级别，那么验证集和测试集占数据总量的比例会趋向于变得更小。因为验证集的目的就是验证不同的算法，检验哪种算法更有效，比如两个甚至十个不同算法并迅速判断出哪种算法更有效。对于数据量过百万的应用，训练集可以占到99.5%，验证和测试集各占0.25%，或者验证集占0.4%，测试集占0.1%。

测试集的目的是对最终所选定的神经网络系统做出无偏估计，如果不需要无偏估计，则也可以不设置测试集。所以如果只有验证集，没有测试集，那么要做的就是在训练集上训练，尝试不同的模型框架，在验证集上评估这些模型，然后迭代并选出适用的模型。因为验证集中已经涵盖了测试集数据，所以不再提供无偏性能评估。

在机器学习中，如果只有训练集和验证集，而没有独立的测试集，则遇到这种情况，训练集还是被称为训练集，而验证集被称为测试集，不过在实际应用中，人们只是把测试集当成简单交叉验证集使用，并没有完全实现该术语的功能，因为他们把验证集数据过度拟合到了测试集中。

5.2　偏差、方差

如果给数据集拟合一条直线，则可能得到一个逻辑回归拟合，但它并不能很好地拟合该数据，这是高偏差的情况，也叫欠拟合，如图5-1a 所示。

相反地，如果拟合一个非常复杂的分类器，比如深度神经网络或含有隐藏单元的神经网络，则可能非常适合用于这个数据集，但是这看起来也不是一种很好的拟合方式，分类器方差较高，数据过度拟合，如图 5-1c 所示。

在两者之间可能还有一些如图 5-1b 所示的复杂程度适中，数据拟合适度的分类器，这个数据拟合看起来更加合理，称为适度拟合，是介于过度拟合和欠拟合中间的一类。

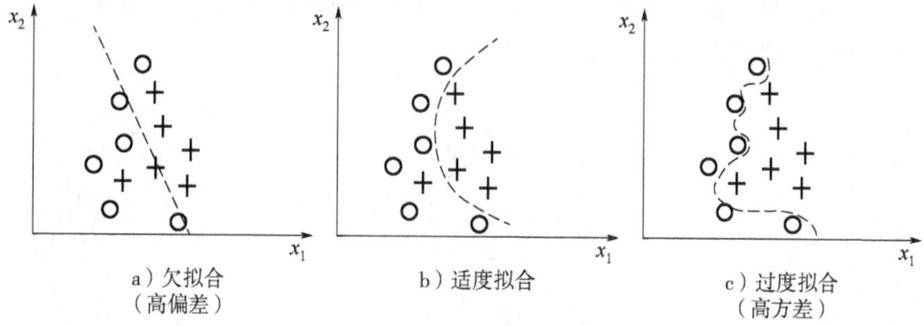

图 5-1 数据拟合程度

在这样一个只有 x_1 和 x_2 两个特征的二维数据集中，可以绘制数据，将偏差和方差可视化。在多维空间数据中，绘制数据和可视化分割边界无法实现，可以通过几个指标来研究偏差和方差。

理解偏差和方差的两个关键数据是训练集误差和验证集误差。假定训练集误差是 1%，验证集误差是 11%，可以看出训练集设置得非常好，而验证集设置相对较差，可能过度拟合了训练集，验证集并没有充分利用交叉验证集的作用，这种情况称为高方差。

通过查看训练集误差和验证集误差，便可以诊断算法是否具有高方差。也就是说衡量训练集和验证集误差就可以得出不同结论。假设训练集误差是 15%，训练集误差写在首行，验证集误差是 16%，假设该案例中人的错误率几乎为零，算法并没有在训练集中得到很好的训练，如果训练数据的拟合度不高，则是数据欠拟合，就可以说这种算法偏差比较高。相反，它对于验证集产生的结果却是合理的，验证集中的错误率只比训练集中的多了 1%，所以这种算法偏差高，因为它甚至不能拟合训练集。

再举一个例子，假设训练集误差是 15%，验证集的评估结果更糟糕，错误率达到 30%，在这种情况下，算法偏差高，因为它在训练集上结果不理想，而且方差也很高，这是方差和偏差都很糟糕的情况。

再看最后一个例子，训练集误差是 0.5%，验证集误差是 1%，偏差和方差都很低。

一般来说，最优误差也称为贝叶斯误差，所以最优误差接近 0%。如果最优误差或贝叶斯误差非常高，比如 15%，那么这个分类器（训练误差 15%，验证误差 16%）15% 的错误率对训练集来说也是非常合理的，偏差不高，方差也非常低。

当所有分类器都不适用时，如何分析偏差和方差呢？比如，图片很模糊，即使是人眼，或者没有系统可以准确无误地识别图片，在这种情况下，最优误差会更高，那么分析过程就要做一些改变，暂时先不讨论这些细微差别，重点是通过查看训练集误差，可以判断数据拟合情况，至少对于训练数据是这样，可以判断是否有偏差问题，然后查看错误率。当完成训练集训练，开始使用验证集验证时，可以判断方差是否过高，从训练集到验证集的这个过程中，可以判断方差是否过高。

以上分析的前提都是假设基本误差很小，训练集和验证集数据来自相同分布，如果没有这些假设作为前提，则分析过程更加复杂。偏差和方差都高时是什么样子呢？比如，图 5-2 所示的分类器会产生高偏差，因为它的数据拟合度低，像这种接近线性的分类器，数据拟合度都比较低。

但是如果稍微改变一下分类器，如图 5-3 所示，则它会过度拟合部分数据，该分类器具有高偏差和高方差，偏差高是因为它几乎是一条线性分类器，并未拟合数据。

这种二次曲线能够很好地拟合数据，如图 5-4 所示。

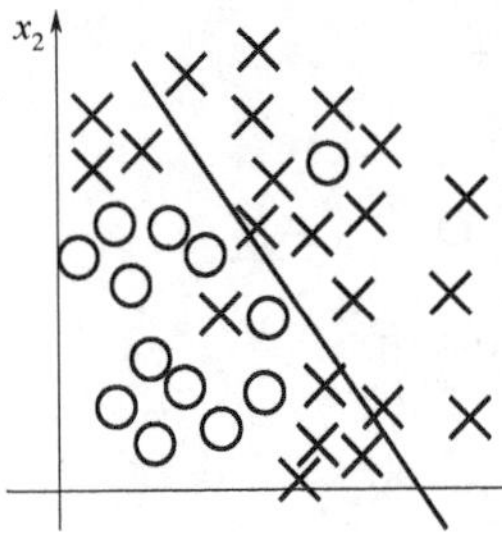

图 5-2　线性分类器

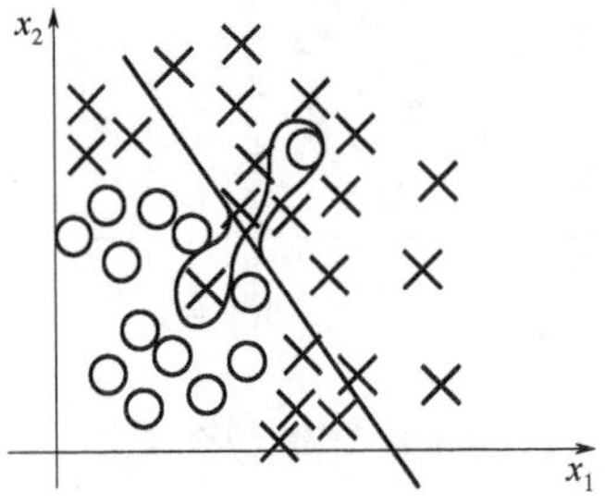

图 5-3　数据拟合分类器 1

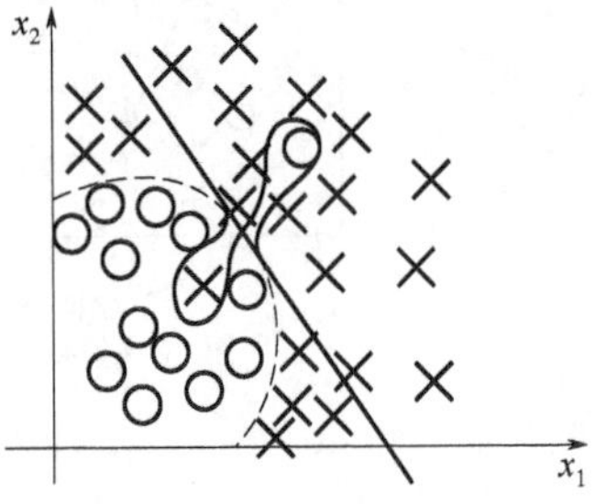

图 5-4　数据拟合分类器 2

这条曲线中间部分灵活性非常高，却过度拟合了这两个样本，这类分类器偏差很高，因为它几乎是线性的。

而采用曲线函数或二次元函数会产生高方差，因为它曲线灵活性太高以致拟合了这两个错误样本和中间这些活跃数据。

5.3　机器学习基础

如果网络足够大，那么通常可以很好地拟合训练集，扩大网络规模。如果图片很模糊，则算法可能无法拟合该图片，但如果有人可以分辨出图片，且基本误差不是很高，那么训练一个更大的网络，可以很好地拟合训练集。一旦偏差降低到可以接受的数值，接下来再检查一下方差有没有问题。为了评估方差，要查看验证集性能，从一个性能理想的训练集推断出验证集的性能是否也理想，如果方差高，则最好的解决办法就是采用更多数据，无法获得更多数据时也可以尝试通过正则化来减少过拟合。如何实现呢？想系统地说出做法很难，总之就是不断重复尝试，直到找到一个低偏差，低方差的框架。

有以下两点需要注意：

第一点，高偏差和高方差是两种不同的情况，通常会用训练验证集来诊断算法是否存在偏差或方差问题，然后根据结果选择尝试部分方法。举个例子，如果算法存在高偏差问题，则准备更多训练数据也没有用，并清楚存在的问题是偏差还是方差，还是两者都有问题，明确这一点有助于选择出最有效的方法。

第二点，在机器学习的初期阶段，关于所谓的偏差方差权衡的讨论屡见不鲜，原因是能尝试的方法有很多。可以增加偏差，减少方差，也可以减少偏差，增加方差，但是在深度学习的早期阶段，没有太多工具可以做到只减少偏差或方差却不影响到另一方。当前的深度学习习时代，只要持续训练一个更大的网络，只要准备了更多数据，正则适度，通常构建一个更大的网络便可以，在不影响方差的同时减少偏差，而采用更多数据通常可以在不过多影响偏差的同时减少方差。这两步实际要做的工作是：训练网络，选择网络或者准备更多数据，现在有工具可以做到在减少偏差或方差的同时，不对另一方产生过多不良影响。这就是深度学习对监督式学习大有裨益的一个重要原因，也是不用太过关注如何平衡偏差和方差的一个重要原因。最终，会得到一个非常规范化的网络。

5.4　正则化

深度学习可能存在过拟合问题，即高方差，有两个解决方法，一个是正则化，另一个是准备更多的数据，但获取更多数据的成本可能很高，所以常用正则化避免过拟合。正则化的作用原理是什么呢？

如果用逻辑回归求成本函数 J 的最小值，则参数包含一些训练数据和不同数据中个体预测的损失，$\boldsymbol{w}$ 和 b 是逻辑回归的两个参数，$\boldsymbol{w}$ 是一个多维度参数矢量，b 是一个实数。在逻辑回归函数中加入正则化，只需添加参数 λ，也就是正则化参数。

$\frac{\lambda}{2m}$乘以 $\boldsymbol{w}$ 范数的二次方，$\boldsymbol{w}$ 的欧几里得范数的二次方等于 w_j（j 值为 $1\sim n$）二次方的和，也可表示为 $\boldsymbol{w}^{\mathrm{T}}\boldsymbol{w}$，也就是向量参数 $\boldsymbol{w}$ 的欧几里得范数（2 范数）的二次方，此方法称为 $L2$ 正则化。因为这里用了欧几里得法线，被称为向量参数 $\boldsymbol{w}$ 的 $L2$ 范数。

为什么只正则化参数 $\boldsymbol{w}$？为什么不再加上参数 b 呢？因为 $\boldsymbol{w}$ 通常是一个高维参数矢量，已经可以表达高偏差问题，且 $\boldsymbol{w}$ 可能包含有很多参数，几乎涵盖所有参数，而 b 只是单个数字，所以通常省略不计。

$$J(\boldsymbol{w},\ b)=\frac{1}{m}\sum_{i=1}^{m} L(\hat{y}^{(i)},\ y^{(i)})+\frac{\lambda}{2m}\|\boldsymbol{w}\|_2^2$$

$L2$ 正则化是最常见的正则化类型，大家可能听说过 $L1$ 正则化，$L1$ 正则化加的不是 $L2$ 范数，而是正则项$\frac{\lambda}{m}$乘以 $\sum_{j=1}^{n_x}|\boldsymbol{w}|$，$\sum_{j=1}^{n_x}|\boldsymbol{w}|$ 也被称为参数 w 向量的 $L1$ 范数，无论分母是 m 还是 $2m$，它都是一个比例常量。

如果用的是 $L1$ 正则化，则 $\boldsymbol{w}$ 最终会是稀疏的，也就是说 $\boldsymbol{w}$ 向量中有很多 0，虽然 $L1$ 正则化使模型变得稀疏，却没有降低太多存储内存，人们在训练网络时，越来越倾向于使用 $L2$ 正则化。

来看最后一个细节，λ 是正则化参数，通常使用验证集或交叉验证集来配置这个参数，尝试各种各样的数据，寻找最好的参数，要考虑训练集之间的权衡，把参数设置为较小值，这样可以避免过拟合，所以 λ 是另外一个需要调整的超级参数，如何在神经网络中实现 $L2$ 正则化呢？

神经网络含有一个成本函数，该函数包含 $\boldsymbol{W}^{[1]}$，$b^{[1]}$ 到 $\boldsymbol{W}^{[l]}$，$b^{[l]}$ 所有参数，字母 L 是神经网络所含的层数，因此成本函数等于 m 个训练样本损失函数的总和乘以$\frac{1}{m}$，正则项为

$\frac{\lambda}{2m}\sum_{1}^{L}|W^{[l]}|^2$，$\|W^{[l]}\|^2$为范数二次方，这个矩阵范数$\|W^{[l]}\|^2$（即二次方范数），被定义为矩阵中所有元素的二次方求和。

求和公式的具体参数，第一个求和符号其值 i 从 1 到 $n^{[l-1]}$，第二个其 J 值从 1 到 $n^{[l]}$，W 是一个 $n^{[l]}\times n^{[l-1]}$ 多维矩阵，$n^{[l]}$表示 l 层单元的数量，$n^{[l-1]}$表示第 $l-1$ 层隐藏单元的数量。该矩阵范数被称作“弗罗贝尼乌斯范数”，用下标 F 标注，鉴于线性代数中的一些原因，不称之为“矩阵 $L2$ 范数”，而称它为“弗罗贝尼乌斯范数”，矩阵 $L2$ 范数听起来更自然，它表示一个矩阵中所有元素的二次方和。

$$\|A\|_F=\sqrt{\sum_{i-1}^{m}\sum_{j-1}^{n}|a_{ij}|^2}=\sqrt{\mathrm{trace}(A^*A)}=\sqrt{\sum_{i-1}^{\min\{m,n\}}\sigma_i^2}$$

如何使用该范数实现梯度下降呢？

用反向传播计算出 $\mathrm{d}W$ 的值，反向传播会给出 J 对 W 的偏导数，实际上是 $W^{[l]}$，把 $W^{[l]}$替换为 $W^{[l]}$减去学习率乘以 $\mathrm{d}W$。

既然已经增加了这个正则项，现在要做的就是给 $\mathrm{d}W$ 加上这一项$\frac{\lambda}{m}W^{[l]}$，然后计算这个更新项，使用新定义的 $\mathrm{d}W^{[l]}$，它的定义含有相关参数代价函数导数和，以及最后添加的额外正则项，这也是 $L2$ 正则化有时被称为“权重衰减”的原因。用 $\mathrm{d}W^{[l]}$ 的定义替换此处的 $\mathrm{d}W^{[l]}$，可以看到，$W^{[l]}$的定义被更新为 $W^{[l]}$减去学习率 a 乘以反向传播再加上$\frac{\lambda}{m}W^{[l]}$。

该正则项说明，不论 $W^{[l]}$是什么，都试图让它变得更小，实际上，相当于给矩阵 W 乘以$\left(1-a\frac{\lambda}{m}\right)$倍的权重，矩阵 W 减去 $\alpha\frac{\lambda}{m}$倍的它，也就是用这个系数$\left(1-a\frac{\lambda}{m}\right)$乘以矩阵 W，该系数小于 1，因此 $L2$ 范数正则化也被称为“权重衰减”，它就像一般的梯度下降，W 被更新为少了 a 乘以反向传播输出的最初梯度值，同时 W 也乘以了这个系数，这个系数小于 1，故 $L2$ 正则化也被称为“权重衰减”。

5.5 正则化如何降低过拟合

为什么正则化有利于预防过拟合呢？为什么它可以减少方差问题？

直观理解就是如果正则化 λ 设置得足够大，则权重矩阵 W 被设置为接近于 0 的值，即把多隐藏单元的权重设为 0，于是基本上消除了这些隐藏单元的许多影响。如果是这种情况，则这个被大大简化了的神经网络会变成一个很小的网络，小到如同一个逻辑回归单元，可是深度却很大，它会使这个网络从过度拟合的状态变为更接近左图的高偏差状态。但是 λ 会存在一个中间值，于是会有一个中间状态。

直观理解就是 λ 增加到足够大，W 会接近于 0，最终这个网络会变得更简单，这个神经网络越来越接近逻辑回归，该神经网络的所有隐藏单元依然存在，但是它们的影响变得更小了。神经网络变得更简单，这样更不容易发生过拟合。

假设用双曲线激活函数 $y=\tanh(z)$，定义域为 $\boldsymbol{R}$，值域为 $(-1,1)$，奇函数，函数图像为过原点并且穿越Ⅰ、Ⅲ象限的严格单调递增曲线，其图像被限制在两水平渐近线 $y=1$

和 $y=-1$ 之间，如图 5-5 所示。

如果正则化参数 λ 很大，则激活函数的参数会相对较小，因为代价函数中的参数变大了，如果 $\boldsymbol{W}$ 很小，则相对来说，z 也会很小，$g(z)$ 大致呈线性，每层几乎都是线性的，和线性回归函数一样。如果每层都是线性的，那么整个网络就是一个线性网络，即使是一个非常深的深层网络，因具有线性激活函数的特征，最终也只能计算线性函数，因此，它不适用于非常复杂的决策，以及过度拟合数据集的非线性决策边界。

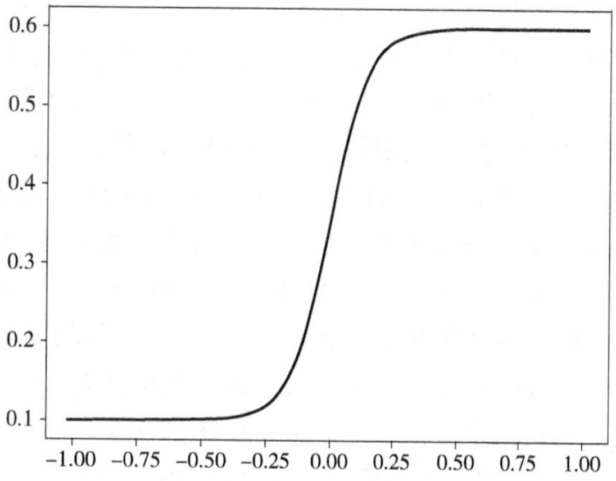

图 5-5　tanh 激活函数

总结一下，如果正则化参数变得很大，则参数 $\boldsymbol{W}$ 很小，$\boldsymbol{z}$ 也会相对变小，此时忽略 b 的影响，激活函数 tanh 会相对呈线性，整个神经网络会计算离线性函数近的值，这个线性函数非常简单，并不是一个极复杂的高度非线性函数，不会发生过拟合。增加正则化项的目的是预防权重过大。

5.6　dropout 正则化

除了 $L2$ 正则化，还有一个非常实用的正则化方法——“Dropout（随机失活）”。

假设在训练图图 5-6 所示的神经网络，它存在过拟合，dropout 会遍历网络的每一层，并消除神经网络中节点。假设网络中的每一层，每个节点得以保留和消除的概率都是 0.5，设置完节点概率会消除一些节点，然后删除掉从该节点进出的连线，最后得到一个节点更少，规模更小的网络，再用 backprop 方法进行训练。

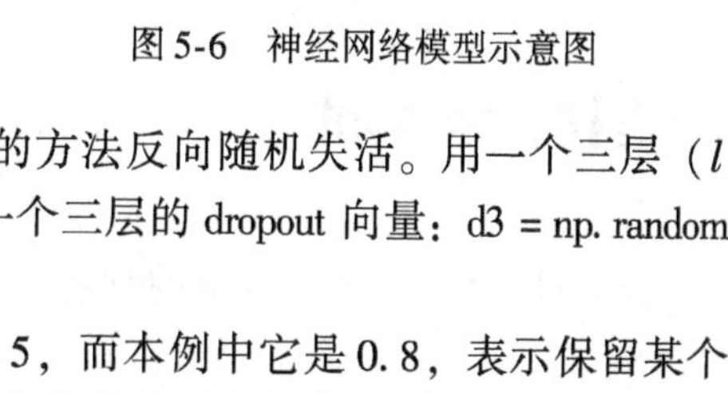

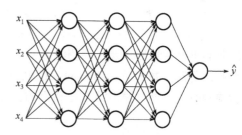

图 5-6　神经网络模型示意图

如何实施 dropout 呢？方法有几种，最常用的方法反向随机失活。用一个三层（$l=3$）网络来举例说明。首先要定义向量 $\boldsymbol{d}$，$\boldsymbol{d}^{[3]}$ 表示一个三层的 dropout 向量：d3 = np. random. rand (a3. shape［0］, a3. shape［1］)。

然后看它是否小于某数，上个示例中它是 0.5，而本例中它是 0.8，表示保留某个隐藏单元的概率此处等于 0.8，它意味着消除任意一个隐藏单元的概率是 0.2，它的作用就是生成随机矩阵，如果对 $a^{[3]}$ 进行因子分解，那么效果也是一样的。$\boldsymbol{d}^{[3]}$ 是一个矩阵，每个样本和每个隐藏单元，其中 $\boldsymbol{d}^{[3]}$ 中的对应值为 1 的概率都是 0.8，对应为 0 的概率是 0.2，随机数字小于 0.8。

接下来要做的就是从第三层中获取激活函数，这里叫它 $\boldsymbol{a}^{[3]}$，$\boldsymbol{a}^{[3]}$ 含有要计算的激活函数，$a^{[3]}$等于上面的$a^{[3]}$乘以$d^{[3]}$，a3 = np. multiply（a3，d3），这里是元素相乘，也可写为 a3 * = d3，它的作用就是让$d^{[3]}$中所有等于 0 的元素输出，而各个元素等于 0 的概率只有 20%，乘法运算最终把$d^{[3]}$中相应元素输出，即让$d^{[3]}$中 0 元素与$a^{[3]}$中相对元素归零。

如果用 python 实现该算法的话，$d^{[3]}$则是一个布尔型数组，值为 true 和 false，而不是 1 和 0，乘法运算依然有效。最后，向外扩展$a^{[3]}$，用它除以 0.8。

假设第三隐藏层上有 50 个单元或 50 个神经元，在一维上$a^{[3]}$是 50，通过因子分解将它拆分成 $50 \times m$ 维的，保留和删除它们的概率分别为 80% 和 20%，这意味着最后被删除或归零的单元平均有 10($50 \times 20\% = 10$）个，$z^{[4]} = w^{[4]} a^{[3]} + b^{[4]}$，预期是$a^{[3]}$减少 20%，也就是说$a^{[3]}$中有 20% 的元素被归零，为了不影响$z^{[4]}$的期望值，需要用$w^{[4]} a^{[3]}/0.8$，它将会修正或弥补所需的那 20%，$a^{[3]}$的期望值不会变，画线部分就是所谓的 dropout 方法。

它的功能是不论值是 0.8 还是 0.9，如果设置为 1，那么就不存在 dropout，因为它会保留所有节点。反向随机失活方法通过除以这个值，确保$a^{[3]}$的期望值不变。

不同的训练样本，清除的隐藏单元也不同。如果通过相同训练集多次传递数据，每次训练数据的梯度不同，则随机对不同隐藏单元归零，但有时却并非如此。比如，需要将相同的隐藏单元归零，第一次迭代梯度下降时，把一些隐藏单元归零，第二次迭代梯度下降时，也就是第二次遍历训练集时，对不同类型的隐藏层单元归零。向量 d 或 $d^{[3]}$ 用来决定第三层中哪些单元归零。

如何在测试阶段训练算法，在测试阶段，已经给出了 x，或是想预测的变量，用的是标准计数法。用$a^{[0]}$，即第 0 层的激活函数标注为测试样本 x，在测试阶段不使用 dropout 函数，尤其是像下列情况：

$$z^{[1]} = w^{[1]} a^{[0]} + b^{[1]}$$
$$a^{[1]} = g^{[1]}(z^{[1]})$$
$$z^{[2]} = w^{[2]} a^{[1]} + b^{[2]}$$
$$a^{[2]} = \cdots$$

以此类推直到最后一层，预测值为 $\hat{y}$。

在测试阶段，并未使用 dropout，也就不用决定要消除哪些隐藏单元了。因为在测试阶段进行预测时，不期望输出结果是随机的，如果测试阶段应用 dropout 函数，则预测会受到干扰。

5.7 理解 dropout

dropout 可以随机删除网络中的神经单元，它为什么可以通过正则化发挥如此大的作用呢？

直观上理解为不要依赖于任何一个特征，因为该单元的输入可能随时被清除，所以该单元通过这种方式传播下去，并为单元的四个输入增加一点权重，通过传播所有权重，dropout 将产生收缩权重的二次方范数的效果，与之前讲的 $L2$ 正则化类似。实施 dropout 的结果是它会压缩权重，并完成一些预防过拟合的外层正则化。$L2$ 对不同权重的衰减是不同的，它取决于激活函数倍增的大小。dropout 的功能类似于 $L2$ 正则化，与 $L2$ 正则化不同的是应用方式不同会带来一点小变化，甚至更适用于不同的输入范围。

第二个直观认识是从单个神经元入手，单元的工作就是输入并生成一些有意义的输出。通过 dropout，该单元的输入几乎被消除，有时这两个单元会被删除，有时会删除其他单元，就是说它不能依靠任何特征，因为特征都有可能被随机清除，或者说该单元的输入也都可能被随机清除。不要把所有赌注都放在一个节点上，也不要给任何一个输入加上太多权重，因为它可能会被删除，所以该单元将通过这种方式积极地传播开，并为单元的四个输入增加一点权重，通过传播所有权重，dropout 将产生收缩权重的二次方范数的效果，和之前讲过的 $L2$ 正则化类似，实施 dropout 的结果是它会压缩权重，并完成一些预防过拟合的外层正则化。

事实证明，dropout 被正式地作为一种正则化的替代形式，$L2$ 对不同权重的衰减是不同的，它取决于倍增的激活函数的大小。总结一下，dropout 的功能类似于 $L2$ 正则化，与 $L2$ 正则化不同的是，被应用的方式不同，实施 dropout 要选择的参数代表每一层上保留单元的概率。所以不同层的保留概率也可以变化。第一层，矩阵 $\boldsymbol{W}^{[1]}$ 是 7×3，第二个权重矩阵 $\boldsymbol{W}^{[2]}$ 是 7×7，第三个权重矩阵 $\boldsymbol{W}^{[3]}$ 是 3×7，以此类推，$\boldsymbol{W}^{[2]}$ 是最大的权重矩阵，因为 $\boldsymbol{W}^{[2]}$ 拥有最大参数集，即 7×7，为了预防矩阵的过拟合，对于这一层，它选的值应该相对较低，假设是 0.5。对于其他层，过拟合的程度可能没那么严重，它们的值可能高一些。

dropout 的一大缺点就是代价函数 J 不再被明确定义，每次迭代，都会随机移除一些节点，如果再三检查梯度下降的性能，则实际上是很难进行复查的。定义明确的代价函数 J 每次迭代后都会下降，因为所优化的代价函数 J 实际上并没有明确定义。

5.8 其他正则化方法

除了 $L2$ 正则化和随机失活（dropout）正则化，还有几种方法可以减少神经网络中的过拟合。

1. 数据扩增

扩增训练数据可以通过添加这类图片，例如，水平翻转图片，并把它添加到训练集，如图 5-7 所示。所以现在训练集中有原图，还有翻转后的这张图片，通过水平翻转图片，训练集则可以增大一倍，因为训练集有冗余，这虽然不如额外收集一组新图片那么好，但这样做节省了获取更多猫咪图片的花费。

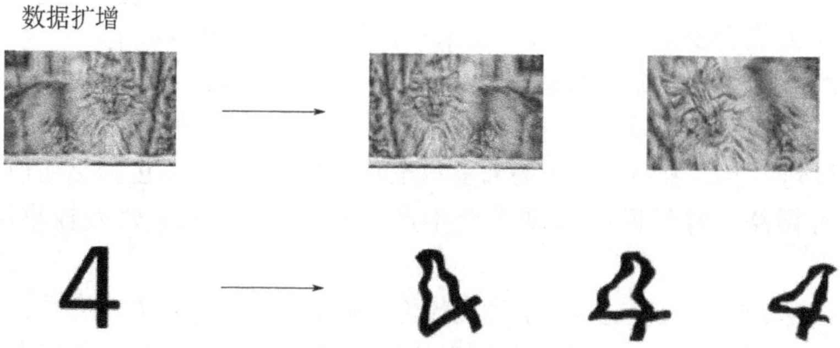

图 5-7　数据扩增

除了水平翻转图片，也可以随意裁剪图片，图 5-8 是把原图旋转并随意放大后裁剪的，仍能辨别出图片中的猫咪。通过随意翻转和裁剪图片，可以增大数据集，额外生成假训练数据。与新的猫咪图片数据相比，以这种方式扩增算法数据，进而正则化数据集，减少过拟合比较廉价。

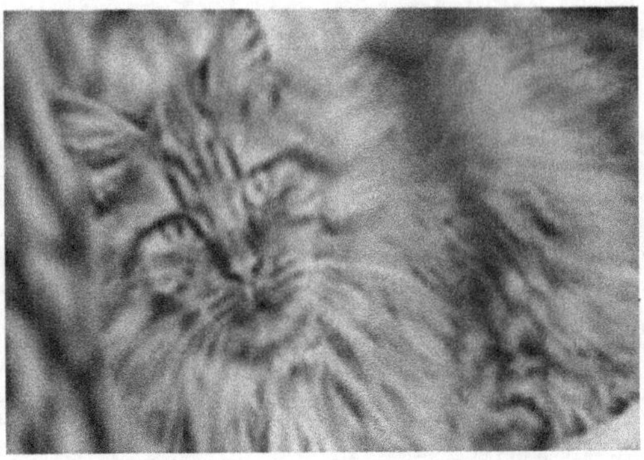

图 5-8　数据扩增方式：裁剪图片

对于光学字符识别，还可以通过添加数字，随意旋转或扭曲数字来扩增数据，把这些数字添加到训练集，它们仍然是数字，如图 5-9 所示。为了方便说明，对字符做了强变形处理，所以数字 4 看起来是波形的，其实不用对数字 4 做这么夸张的扭曲，只要轻微的变形就好，做成这样是为了让大家看得更清楚。实际操作的时候，通常对字符做更轻微的变形处理。因为这几个 4 看起来有点扭曲。所以，数据扩增可作为正则化方法使用，实际功能上也与正则化相似。

图 5-9　数据扩增方式

2. early stopping

还有另外一种常用的方法叫作 early stopping，运行梯度下降时，可以绘制训练误差，或只绘制代价函数 J 的优化过程，在训练集上用 0-1 记录分类误差次数。呈单调下降趋势，如图 5-10 所示。

在训练过程中，希望训练误差，代价函数 J 都下降，验证集误差通常会先呈下降趋势，然后在某个节点处开始上升。为什么呢？当还未在神经网络上运行太多迭代过程的时候，参数 w 接近 0，因为随机初始化 w 值时，它的值可能都是较小的随机值，所以在长期训练神经网络之前 w 依然很小，在迭代过程和训练过程中 w 的值会变得越来越大，比如在这儿，神经网络中参数 w 的值已经非常大了，所以 early stopping 要做就是在中间点停止迭代过程，得到一个 w 值中等大小的弗罗贝尼乌斯范数，与 $L2$ 正则化相似，选择参数 w 范数较小的神经网络，神经网络过度拟合不严重。early stopping 代表提早停止训练神经网络。

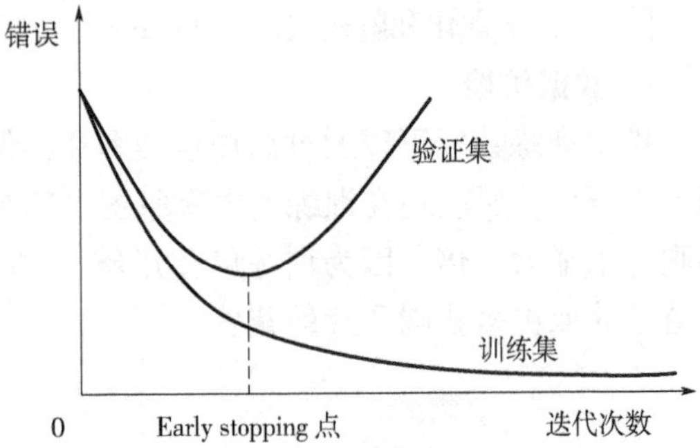

图 5-10　提早停止梯度下降

提早停止梯度下降，也就是停止了优化代价函数 J，代价函数 J 的值可能不够小。Early stopping 的优点是只运行一次梯度下降就可以找出 w 的较小值、中间值和较大值，而无需尝试 $L2$ 正则化超级参数 λ 的很多值。

5.9　归一化输入

训练神经网络，其中一个加速训练的方法就是归一化输入。假设一个训练集有两个特征，输入特征为二维，归一化需要两个步骤：

1）零均值化；

2）归一化方差。

第一步是零均值化，$\boldsymbol{\mu}=\frac{1}{m}\sum_{i=1}^{m}\boldsymbol{x}^{(i)}$，它是一个向量，$\boldsymbol{x}$ 等于每个训练数据 $\boldsymbol{x}$ 减去 $\boldsymbol{\mu}$，意思是移动训练集，直到它完成零均值化。

第二步是归一化方差，注意特征 x_1 的方差比特征 x_2 的方差要大得多，要做的是给 $\boldsymbol{\sigma}$ 赋值，$\boldsymbol{\sigma}^2=\frac{1}{m}\sum_{i=1}^{m}[\boldsymbol{x}^{(i)}]^2$，这是节点 y 的二次方，$\boldsymbol{\sigma}^2$ 是一个向量，它的每个特征都有方差，$[\boldsymbol{x}^{(i)}]^2$ 元素 y^2 就是方差，然后把所有数据除以向量 $\boldsymbol{\sigma}^2$。

x_1 和 x_2 的方差都等于 1。提示一下，如果用它来调整训练数据，那么用相同的 $\boldsymbol{\mu}$ 和 $\boldsymbol{\sigma}^2$ 来归一化测试集。不论 $\boldsymbol{\mu}$ 的值是什么，也不论 $\boldsymbol{\sigma}^2$ 的值是什么，这两个公式中都会用到它们。所以要用同样的方法调整测试集，而不是在训练集和测试集上分别预估 $\boldsymbol{\mu}$ 和 $\boldsymbol{\sigma}^2$。其中 $\boldsymbol{\mu}$ 和 $\boldsymbol{\sigma}^2$ 是由训练集数据计算得来的。

为什么想要归一化输入特征？回想一下右上角所定义的代价函数。

$$J(\boldsymbol{w}, b)=\frac{1}{m}\sum_{i=1}^{m}L(\hat{y}^{(i)}, y^{(i)})$$

如果使用非归一化的输入特征，则代价函数如图 5-11 所示。

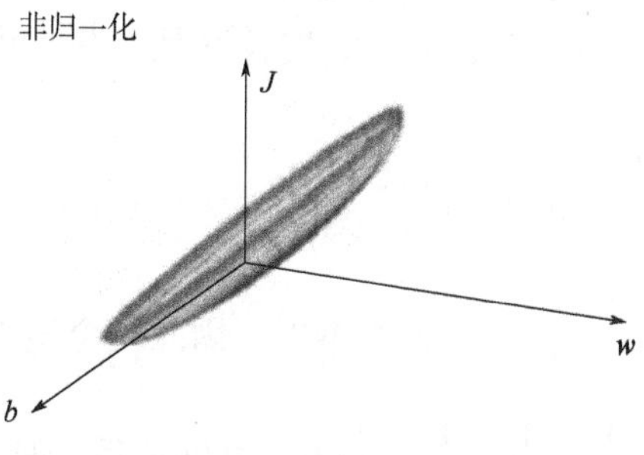

图 5-11　非归一化特征下的代价函数

这是一个非常细长狭窄的代价函数。但如果特征值在不同范围，假如 x_1 取值范围从 1 ~ 1000，特征 x_2 的取值范围从 0 ~ 1，那么结果是参数 $\boldsymbol{w}_1$ 和 $\boldsymbol{w}_2$ 值的范围或比率将会非常不同，这些数据轴应该是 w_1 和 w_2。

实际上 $\boldsymbol{w}$ 是一个高维向量，因此用二维绘制 $\boldsymbol{w}$ 并不能正确地传达并直观理解，直观理解是代价函数会更圆一些，而且更容易优化，前提是特征都在相似范围内，不是从 1 ~ 1000，0 ~ 1 的范围，而是在 −1 ~ 1 范围内或相似偏差，这使得代价函数 J 优化起来更简单快速。实际上如果假设特征 x_1 范围在 0 ~ 1 之间，x_2 的范围在 −1 ~ 1 之间，x_3 范围在 1 ~ 2 之间，则它们是相似范围，所以会表现得很好。当它们在非常不同的取值范围内，如其中一个从 1 ~ 1000，另一个从 0 ~ 1 时，这对优化算法非常不利。所以如果输入特征处于不同范围内，则可能有些特征值从 0 ~ 1，有些从 1 ~ 1000，那么归一化特征值就非常重要了。如果特征值处于相似范围内，那么归一化就不是很重要了。

5.10 梯度消失/梯度爆炸

训练神经网络，尤其是深度神经网络所面临的一个问题就是梯度消失或梯度爆炸，导数或坡度有时会变得非常大，或者非常小，甚至于以指数方式变小，这加大了训练的难度。这节将会了解梯度消失或梯度爆炸的真正含义，以及如何更明智地选择随机初始化权重，从而避免这个问题。

假设训练这样一个极深的神经网络，这个神经网络会有参数 $\boldsymbol{W}^{[1]}$，$\boldsymbol{W}^{[2]}$，$\boldsymbol{W}^{[3]}$，直到 $\boldsymbol{W}^{[l]}$，使用激活函数 $g(z)=z$，线性激活函数，忽略 b，假设 $b^{[l]}=0$，如果那样的话，输出：

$$\boldsymbol{y}=\boldsymbol{W}^{[l]}\boldsymbol{W}^{[L-1]}\boldsymbol{W}^{[L-2]}\cdots\boldsymbol{W}^{[3]}\boldsymbol{W}^{[2]}\boldsymbol{W}^{[1]}\boldsymbol{x}$$

$\boldsymbol{W}^{[1]}\boldsymbol{x}=\boldsymbol{z}^{[1]}$，因为 $b=0$，所以想 $\boldsymbol{z}^{[1]}=\boldsymbol{W}^{[1]}\boldsymbol{x}$，$\boldsymbol{a}^{[1]}=g(\boldsymbol{z}^{[1]})$，

因为使用了一个线性激活函数，它等于 $\boldsymbol{z}^{[1]}$，所以 $\boldsymbol{W}^{[1]}\boldsymbol{x}=\boldsymbol{a}^{[1]}$，$\boldsymbol{W}^{[2]}\boldsymbol{W}^{[1]}\boldsymbol{x}=\boldsymbol{a}^{[2]}$，因为 $\boldsymbol{a}^{[2]}=g(\boldsymbol{z}^{[2]})$，还等于 $g(\boldsymbol{W}^{[2]}\boldsymbol{a}^{[1]})$，可以用 $\boldsymbol{W}^{[1]}\boldsymbol{x}$ 替换 $\boldsymbol{a}^{[1]}$，所以这一项就等于 $\boldsymbol{a}^{[2]}$，这个就是 $\boldsymbol{a}^{[3]}(\boldsymbol{W}^{[3]}\boldsymbol{W}^{[2]}\boldsymbol{W}^{[1]}\boldsymbol{x})$。

假设每个权重矩阵 $\boldsymbol{W}^{[l]}=\begin{bmatrix}1.5 & 0\\ 0 & 1.5\end{bmatrix}$，从技术上来讲，最后一项有不同维度，可能它就是余下的权重矩阵，$\boldsymbol{y}=\boldsymbol{W}^{[l]}=\begin{bmatrix}1.5 & 0\\ 0 & 1.5\end{bmatrix}^{(L-1)}\boldsymbol{x}$，因为假设所有矩阵都等于它，它是 1.5 倍的单位矩阵，最后的计算结果就是 $\hat{\boldsymbol{y}}$，$\hat{\boldsymbol{y}}$ 也就是等于 $1.5^{(L-1)}\boldsymbol{x}$。如果对于一个深度神经网络来说 L 值较大，那么 $\hat{\boldsymbol{y}}$ 的值也会非常大。它增长率是 1.5^L，因此对于一个深度神经网络，$\boldsymbol{y}$ 的值将爆炸式增长。

相反的，如果权重是 0.5，$\boldsymbol{W}^{[l]}=\begin{bmatrix}0.5 & 0\\ 0 & 0.5\end{bmatrix}$，它比 1 小，那么这项也就变成了 0.5^L，矩阵 $\boldsymbol{y}=\boldsymbol{W}^{[l]}=\begin{bmatrix}0.5 & 0\\ 0 & 0.5\end{bmatrix}^{(L-1)}\boldsymbol{x}$，再次忽略 $\boldsymbol{W}^{[l]}$，因此每个矩阵都小于 1，假设 x_1 和 x_2 都是 1，激活函数将变成 $\frac{1}{2}$，$\frac{1}{2}$，$\frac{1}{4}$，$\frac{1}{4}$，$\frac{1}{8}$，$\frac{1}{8}$ 等，直到最后一项变成 $\frac{1}{2^L}$，所以作为自定义函数，激活函数的值将以指数级下降，它是与网络层数数量 L 相关的函数，在深度网络中，激活函数以指数级递减。

在深度神经网络中，激活函数将以指数级递减，虽然只是讨论了激活函数以与 L 相关的指数级数增长或下降，但它也适用于与层数 L 相关的导数或梯度函数，也是呈指数级增长或呈指数递减。

对于当前的神经网络，假设 $L=150$，如果激活函数或梯度函数以与 L 相关的指数增长或递减，则它们的值将会变得极大或极小，从而导致训练难度上升，尤其是梯度指数小于 L 时，梯度下降算法的步长会非常小。

5.11　梯度的数值逼近

在实施反向传播时，有一个测试叫作梯度检验，它的作用是确保反向传播正确实施。因为有时候虽然写下了这些方程式，却不能 100% 确定，执行反向传播的所有细节都是正确的。为了逐渐实现梯度检验，将讨论如何在反向传播中执行梯度检验，以确保反向传播正确实施。

如图 5-12 所示，函数 $f(\theta)=\theta^3$，假设 $\theta=1$，不增大 θ 的值，而是在 θ 右侧，设置一个 $\theta+\varepsilon$，在 θ 左侧，设置 $\theta-\varepsilon$。因此 $\theta=1$，$\theta+\varepsilon=1.01$，$\theta-\varepsilon=0.99$，，ε 的值为 0.01，选择 f 函数在 $\theta-\varepsilon$ 的点，用这个较大三角形的高比宽，较大三角形的高宽比值更接近于 θ 的导数。

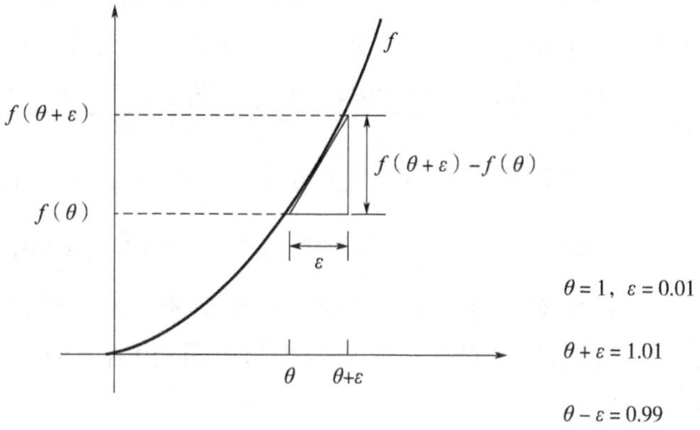

图 5-12　梯度检验

写一下数据算式，图中三角形上边的点的值是 $f(\theta+\varepsilon)$，下边的点是 $f(\theta-\varepsilon)$，这个三角形的高度是 $f(\theta+\varepsilon)-f(\theta-\varepsilon)$，这两个宽度都是 ε，所以三角形的宽度是 2ε，高宽比值为 $\frac{f(\theta+\varepsilon)-f(\theta-\varepsilon)}{2\varepsilon}$，它的期望值接近 $g(\theta)$，$f(\theta)=\theta^3$ 传入参数值 $\frac{f(\theta+\varepsilon)-f(\theta-\varepsilon)}{2\varepsilon}=\frac{(1.01)^3-(0.99)^3}{2\times0.01}$，计算结果是 3.0001。而前面当 $\theta=1$ 时，$g(\theta)=3\theta^2=3$，所以这两个 $g(\theta)$ 值非常接近，逼近误差为 0.0001。前面只考虑了单边公差，即从 θ 到 $\theta+\varepsilon$ 之间的误差，$g(\theta)$ 的值为 3.0301，逼近误差是 0.03，不是 0.0001，所以使用双边误差的方法更逼近导数，其结果接近于 3，$g(\theta)$ 可能是 f 导数的正确实现，在梯度检验和反向传播中使用该方法时，最终它与运行两次单边公差的速度一样。

对于一个非零的 ε，它的逼近误差可以写成 $O(\varepsilon^2)$，ε 值非常小，如果 $\varepsilon=0.01$，$\varepsilon^2=0.0001$，则大写符号 O 的含义是指逼近误差，其实是一些常量乘以 ε^2，但它的确是很准确的逼近误差，所以大写 O 的常量有时是 1。然而，如果用另外一个公式，逼近误差就是 $O(\varepsilon)$，当 ε 小于 1 时，实际上 ε 比 ε^2 大很多，所以这个公式的近似值远没有左边公式的准确，所以在执行梯度检验时，使用双边误差，即 $\frac{f(\theta+\varepsilon)-f(\theta-\varepsilon)}{2\varepsilon}$，而不使用单边公差，因为它不够准确。

5.12 梯度检验

假设网络中含有下列参数，$\boldsymbol{W}^{[1]}$ 和 $\boldsymbol{b}^{[1]}$……$\boldsymbol{W}^{[l]}$ 和 $\boldsymbol{b}^{[l]}$，为了执行梯度检验，首先要做的就是把所有参数转换成一个巨大的向量数据，就是把矩阵 $\boldsymbol{W}$ 转换成一个向量。把所有 $\boldsymbol{W}$ 矩阵转换成向量之后，做连接运算，得到一个巨型向量 $\boldsymbol{\theta}$，该向量表示为参数 $\boldsymbol{\theta}$，代价函数 J 是所有 $\boldsymbol{W}$ 和 b 的函数，现在得到了一个 $\boldsymbol{\theta}$ 的代价函数 J ［即 $J(\boldsymbol{\theta})$］。接着得到与 $\boldsymbol{W}$ 和 b 顺序相同的数据，同样可以把 $\mathrm{d}\boldsymbol{W}^{[1]}$ 和 $\mathrm{d}\boldsymbol{b}^{[1]}$……$\mathrm{d}\boldsymbol{W}^{[l]}$ 和 $\mathrm{d}\boldsymbol{b}^{[l]}$ 转换成一个新的向量，用它们来初始化大向量 $\mathrm{d}\boldsymbol{\theta}$，现在的问题是 $\mathrm{d}\boldsymbol{\theta}$ 和代价函数 J 的梯度或坡度有什么关系？

首先，要清楚 J 是超参数 $\boldsymbol{\theta}$ 的一个函数，也可以将 J 函数展开为 $J(\theta_1, \theta_2, \theta_3, \cdots)$，不论超级参数向量 $\boldsymbol{\theta}$ 的维度是多少，为了实施梯度检验，要做的就是循环执行，从而对每个 i 也就是对每个 θ 组成元素计算 $\mathrm{d}\boldsymbol{\theta}_{\mathrm{approx}}[i]$ 的值，使用双边误差，也就是

$$\mathrm{d}\boldsymbol{\theta}_{\mathrm{approx}}[i] = \frac{J(\theta_1, \theta_2, \cdots, \theta_i + \varepsilon, \cdots) - J(\theta_1, \theta_2, \cdots \theta_i - \varepsilon, \cdots)}{2\varepsilon}$$

只对 θ_i 增加 ε，其他项保持不变，因为使用的是双边误差，所以对另一边做同样的操作，只不过是减去 ε，θ 其他项全都保持不变。$\mathrm{d}\boldsymbol{\theta}_{\mathrm{approx}}[i]$ 应该逼近 $\mathrm{d}\boldsymbol{\theta}[i] = \dfrac{\partial J}{\partial \theta_i}$，$\mathrm{d}\boldsymbol{\theta}[i]$ 是代价函数的偏导数，然后需要对 i 的每个值都执行这个运算，最后得到两个向量，得到 $\mathrm{d}\boldsymbol{\theta}$ 的逼近值 $\mathrm{d}\boldsymbol{\theta}_{\mathrm{approx}}$，它与 $\mathrm{d}\boldsymbol{\theta}$ 具有相同维度，它们两个与 $\boldsymbol{\theta}$ 具有相同维度，要做的就是验证这些向量是否彼此接近。

如何定义两个向量是否真的接近彼此？计算这两个向量的距离，$\mathrm{d}\boldsymbol{\theta}_{\mathrm{approx}}[i] - \mathrm{d}\boldsymbol{\theta}[i]$ 的欧几里得范数，注意这里（$\|\mathrm{d}\boldsymbol{\theta}_{\mathrm{approx}} - \mathrm{d}\boldsymbol{\theta}\|2$）没有二次方，它是误差二次方之和，然后求二次方根，得到欧式距离，然后用向量长度归一化，使用向量长度的欧几里得范数。分母只是用于预防这些向量太小或太大，分母使得这个方程式变成比例，实际执行这个方程式，ε 可能为 10^{-7}，使用这个取值范围内的 ε，如果发现计算方程式得到的值为 10^{-7} 或更小，则意味着导数逼近很有可能是正确的，它的值非常小。

如果它的值在 10^{-5} 范围内，则要小心，也许这个值没问题，但会再次检查这个向量的所有项，确保没有一项误差过大，可能这里有 bug。如果左边这个方程式结果是 10^{-3}，就会担心是否存在 bug，计算结果应该比 10^{-3} 小很多。这时应该仔细检查所有 $\boldsymbol{\theta}$ 项，看是否有一个具体的 i 值，使得 $\mathrm{d}\boldsymbol{\theta}_{\mathrm{approx}}[i]$ 与 $\mathrm{d}\boldsymbol{\theta}[i]$ 大不相同，并用它来追踪一些求导计算是否正确，经过一些调试，最终结果会是这种非常小的值（10^{-7}），那么这个实施可能是正确的。

在实施神经网络时，经常需要执行反向传播，然后梯度检验，得到一个很小的梯度检验值，神经网络实施才是正确的。

最后分享一些关于如何在神经网络实施梯度检验的实用技巧。

第一点，不要在训练中使用梯度检验，它只用于调试。计算所有 i 值的 $\mathrm{d}\boldsymbol{\theta}_{\mathrm{approx}}[i]$ 是一个非常漫长的计算过程，为了实施梯度下降，必须使用 $\boldsymbol{W}$ 和 b 反向传播来计算 $\mathrm{d}\boldsymbol{\theta}$，并使用反向传播来计算导数，来确认数值是否接近 $\mathrm{d}\boldsymbol{\theta}$。

第二点，如果算法的梯度检验失败，则要检查每一项，并试着找出 bug，也就是说，如

果 $d\boldsymbol{\theta}_{approx}[i]$ 与 $d\boldsymbol{\theta}[i]$ 的值相差很大，要查找不同的 i 值，看看是哪个导致 $d\boldsymbol{\theta}_{approx}[i]$ 与 $d\boldsymbol{\theta}[i]$的值相差这么多。举个例子，如果发现相对某些层或某层的 $\boldsymbol{\theta}$ 或 $d\boldsymbol{\theta}$ 的值相差很大，但是 $d\boldsymbol{w}^{[l]}$的各项非常接近，则会发现在计算参数 b 的导数 db 的过程中存在 bug。如果发现 $d\boldsymbol{\theta}_{approx}[i]$ 的值与 $d\boldsymbol{\theta}[i]$ 的值相差很大，都来自于 $d\boldsymbol{w}$ 或某层的 $d\boldsymbol{w}$，则可能帮助定位 bug。

第三点，在实施梯度检验时，如果使用正则化，那么请注意正则项。如果代价函数 $J(\boldsymbol{\theta})=\frac{1}{m}\sum L[\hat{y}^{(i)}, y^{(i)}]+\frac{\lambda}{2m}\sum|\boldsymbol{W}^{[l]}|^2$，则这就是代价函数 J 的定义，$d\boldsymbol{\theta}$ 等于与 $\boldsymbol{\theta}$ 相关的 J 函数的梯度，包括这个正则项，记住一定要包括这个正则项。

第四点，梯度检验不能与 dropout 同时使用，因为每次迭代过程中，dropout 会随机消除隐藏层单元的不同子集，难以计算 dropout 在梯度下降上的代价函数 J。因此 dropout 可作为优化代价函数 J 的一种方法，但是代价函数 J 被定义为对所有指数极大的节点子集求和。而在任何迭代过程中，这些节点都有可能被消除，所以很难计算代价函数 J。若只是对成本函数做抽样，则用 dropout 每次随机消除不同的子集，因此很难用梯度检验来双重检验 dropout 的计算。

第6章 优化算法

6.1 mini-batch 梯度下降

训练样本 $\boldsymbol{X}=[x^{(1)}x^{(2)}\ x^{(3)}\cdots\cdots x^{(m)}]$，$\boldsymbol{Y}$ 也是如此，$Y=[y^{(1)}y^{(2)}y^{(3)}\cdots\cdots y^{(m)}]$。

所以 $\boldsymbol{X}$ 的维数是（n_x，m），$\boldsymbol{Y}$ 的维数是（1，m），向量化能够让你相对较快地处理所有 m 个样本。假设 m 是500万，或5000万，或者更大的一个数，在对整个训练集执行梯度下降法时，要做的是必须处理整个训练集，然后才能进行一步梯度下降法，然后需要再重新处理500万个训练样本，才能进行下一步梯度下降法。把训练集分割为小一点的子集训练，这些子集被取名为mini-batch，假设每一个子集中只有1000个样本，那么把其中的 $x^{(1)}$ 到 $x^{(1000)}$ 取出来，将其称为第一个子训练集，也叫作mini-batch，然后再取出接下来的1000个样本，从 $x^{(1001)}$ 到 $x^{(2000)}$，然后再取1000个样本，以此类推。

把 $x^{(1)}\sim x^{(1000)}$ 称为 $\boldsymbol{X}^{\{1\}}$，$x^{(1001)}\sim x^{(2000)}$ 称为 $\boldsymbol{X}^{\{2\}}$，如果训练样本一共有500万个，则每个mini-batch都有1000个样本，也就是说有5000个mini-batch，所以最后得到的是 $\boldsymbol{X}^{\{5000\}}$。

对 $\boldsymbol{Y}$ 也要进行相同处理，也要相应地拆分 $\boldsymbol{Y}$ 的训练集，所以这是 $\boldsymbol{Y}^{\{1\}}$，然后从 $y^{(1001)}\sim y^{(2000)}$，这个叫 $\boldsymbol{Y}^{\{2\}}$，一直到 $\boldsymbol{Y}^{\{5000\}}$。

mini-batch的数量 t 组成了 $\boldsymbol{X}^{\{t\}}$ 和 $\boldsymbol{Y}^{\{t\}}$，这就是1000个训练样本，包含相应的输入输出对（引入了大括号 t 来代表不同的mini-batch，所以有 $\boldsymbol{X}^{\{t\}}$ 和 $\boldsymbol{Y}^{\{t\}}$）。

$\boldsymbol{X}^{\{t\}}$ 和 $\boldsymbol{Y}^{\{t\}}$ 的维数：如果 $\boldsymbol{X}^{\{1\}}$ 是一个有1000个样本的训练集，或者说是1000个样本的 x 值，则维数应该是（n_x，1000），$\boldsymbol{X}^{\{2\}}$ 的维数应该是（n_x，1000），以此类推。因此所有的子集维数都是（n_x，1000），而这些 $\boldsymbol{Y}^{\{t\}}$ 的维数都是（1，1000）。

batch梯度下降法指的是之前讲过的梯度下降法算法，就是同时处理整个训练集，这个名字就是来源于能够同时看到整个batch训练集的样本被处理。相比之下，mini-batch梯度下降法指的是每次同时处理的单个的mini-batch $X^{\{t\}}$ 和 $Y^{\{t\}}$，而不是同时处理全部的 X 和 Y 训练集。

那么究竟mini-batch梯度下降法的原理是什么？在训练集上运行mini-batch梯度下降法，运行for t = 1……5000，因为有5000个各有1000个样本的组，在for循环里要做的就是对 $\boldsymbol{X}^{\{t\}}$ 和 $\boldsymbol{Y}^{\{t\}}$ 执行一步梯度下降法。

首先对输入也就是 $\boldsymbol{X}^{\{t\}}$，执行前向传播，然后执行 $z^{[1]}=\boldsymbol{W}^{[1]}\boldsymbol{X}+b^{[1]}$，在处理mini-batch时它变成了 $\boldsymbol{X}^{\{t\}}$，即 $z^{[1]}=\boldsymbol{W}^{[1]}\boldsymbol{X}^{\{t\}}+b^{[1]}$，然后执行 $\boldsymbol{A}^{[1]k}=g^{[1]}(\boldsymbol{Z}^{[1]})$，之所以用大写的 $\boldsymbol{Z}$ 是因为这是一个向量内涵，以此类推，直到 $\boldsymbol{A}^{[L]}=g^{[L]}(\boldsymbol{Z}^{[L]})$，这就是预测值。

接下来计算损失成本函数 J，因为子集规模是 1000，$J = \frac{1}{1000}\sum_{i=1}^{l} L(\hat{y}^{(i)}, y^{(i)})$，说明一下，这 $L(\hat{y}^{(i)}, y^{(i)})$ 指的是来自于 mini-batch $\boldsymbol{X}^{\{t\}}$ 和 $\boldsymbol{Y}^{\{t\}}$ 中的样本。

使用正则化时，$J = \frac{1}{1000}\sum_{i=1}^{l} L(\hat{y}^{(i)}, y^{(i)}) + \frac{\lambda}{21000}\Sigma_l \|\boldsymbol{w}\|_F^2$，因为这是一个 mini-batch 的损失，所以将 J 损失记为上角标 t，放在大括号里，$J^{\{t\}} = \frac{1}{1000}\sum_{i=1}^{l} L(\hat{y}^{(i)}, y^{(i)}) + \frac{\lambda}{21000}\Sigma_l \|\boldsymbol{w}\|_F^2$。

接下来执行反向传播来计算 $J^{\{t\}}$ 的梯度，只是使用 $\boldsymbol{X}^{\{t\}}$ 和 $\boldsymbol{Y}^{\{t\}}$，然后更新加权值，$\boldsymbol{W}$ 实际上是 $\boldsymbol{W}^{[l]}$，更新为 $\boldsymbol{W}^{[l]} := \boldsymbol{W}^{[l]} - a\mathrm{d}\boldsymbol{W}^{[l]}$，对 b 做相同处理，$b^{[l]} := b^{[l]} - a\mathrm{d}b^{[l]}$。

这是使用 mini-batch 梯度下降法训练样本的一步，被称为进行"一代"（1 epoch）的训练。一代这个词意味着只是一次遍历了训练集。

使用 batch 梯度下降法，一次遍历训练集只能做一个梯度下降，使用 mini-batch 梯度下降法，一次遍历训练集能做 5000 个梯度下降。

6.2 理解 mini-batch 梯度下降法

本节将学习如何执行梯度下降法，更好地理解其作用和原理。

使用 batch 梯度下降法时，每次迭代都需要历遍整个训练集，可以预期每次迭代成本都会下降，所以如果成本函数 J 是迭代次数的一个函数，那么它应该会随着每次迭代而减少，如果 J 在某次迭代中增加了，则肯定出了问题，也许是学习率太高。

使用 mini-batch 梯度下降法，如果做出成本函数在整个过程中的图，则并不是每次迭代都是下降的，特别是在每次迭代中，要处理的是 $\boldsymbol{X}^{\{t\}}$ 和 $\boldsymbol{Y}^{\{t\}}$。如果要做出成本函数 $J^{\{t\}}$ 的图，而 $J^{\{t\}}$ 只与 $\boldsymbol{X}^{\{t\}}$，$\boldsymbol{Y}^{\{t\}}$ 有关，则每次迭代下都在训练不同的样本集，或者说训练不同的 mini-batch。如果要做出成本函数 J 的图，则很可能会看到，图 6-1 所示结果，走向朝下，但有更多的噪声。所以如果做出 $J^{\{t\}}$ 的图，则在训练 mini-batch 梯度下降法时，会经过多代，可能会看到这样的曲线。没有每次迭代都下降是不要紧的，但走势应该向下，噪声产生的原因在于也许 $\boldsymbol{X}^{\{1\}}$ 和 $\boldsymbol{Y}^{\{1\}}$ 是比较容易计算的 mini-batch，因此成本会低一些。

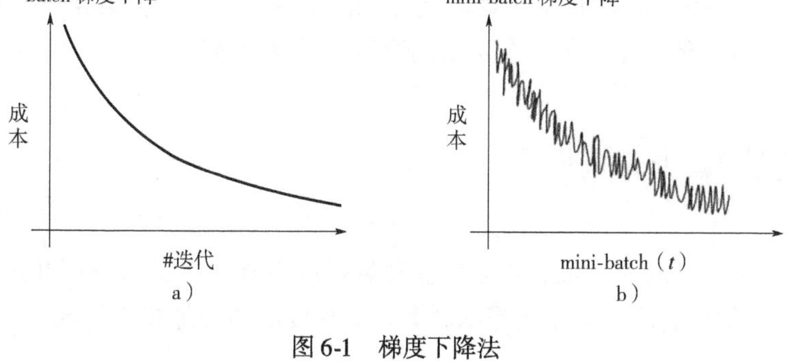

图 6-1 梯度下降法

需要决定的变量之一是mini-batch的大小，m就是训练集的大小。

如果mini-batch的大小等于m，那么其实就是batch梯度下降法，在这种极端情况下，就有了mini-batch$\boldsymbol{X}^{\{1\}}$和$\boldsymbol{Y}^{\{1\}}$，并且该mini-batch等于整个训练集，所以把mini-batch大小设为m可以得到batch梯度下降法。

另一个极端情况，假设mini-batch大小为1，就叫作随机梯度下降法，如图6-2所示。每个样本都是独立的mini-batch，当你看第一个mini-batch，也就是$X^{\{1\}}$和$Y^{\{1\}}$，如果mini-batch大小为1，一次只处理一个。

选择的mini-batch大小在1和m之间，而1太小了，m太大了，原因在于如果使用batch梯度下降法，则mini-batch的大小为m，每个迭代需要处理大量训练样本，该算法的主要弊端在于特别是在训练样本数量巨大的时候，单次迭代耗时太长。如果训练样本不大，则batch梯度下降法运行得很好。随机梯度下降法的一大缺点是失去向量化的加速，因为一次性只处理了一个训练样本，这样效率过于低下，所以实践中最好选择尺寸合适的mini-batch，使学习率达到最快。所以实际上一些位于中间的mini-batch大小效果最好。

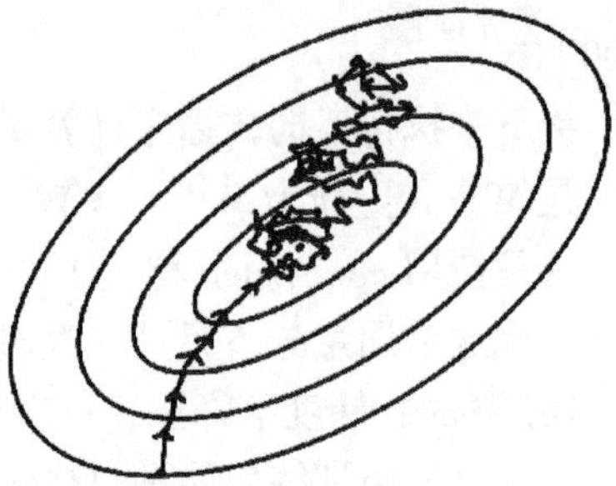

图6-2　随机梯度下降法

用mini-batch梯度下降法，如图6-3所示，从这里开始，一次迭代这样做，两次、三次、四次，它不会总朝向最小值靠近，但它比随机梯度下降要更持续地靠近最小值的方向，它也不一定在很小的范围内收敛或者波动，如果出现这个问题，则可以慢慢减少学习率，在后面会讲到学习率衰减，也就是如何减小学习率。

如果mini-batch大小既不是1也不是m，则应该取中间值，那应该怎么选择呢？其实是有指导原则的。首先，如果训练集较小，则直接使用batch梯度下降法，样本集较小就没必要使用mini-batch梯度下降法，可以快速处理整个训练集，所以使用batch梯度下降法也很好，这里的少是说小于2000个样本，这样比较适合使用batch梯度下降法。不然，样本数目较大的话，一般的mini-batch大小为64～512，考虑到电脑内存设置和使用的方式，如果mini-batch大小是2的n次方，则代码会运行得快一些。最后需要注意的是在mini-batch中，要确保$\boldsymbol{X}^{\{t\}}$和$\boldsymbol{Y}^{\{t\}}$符合CPU/GPU内存，mini-batch的大小是另一个重要的变量，需要尝试。

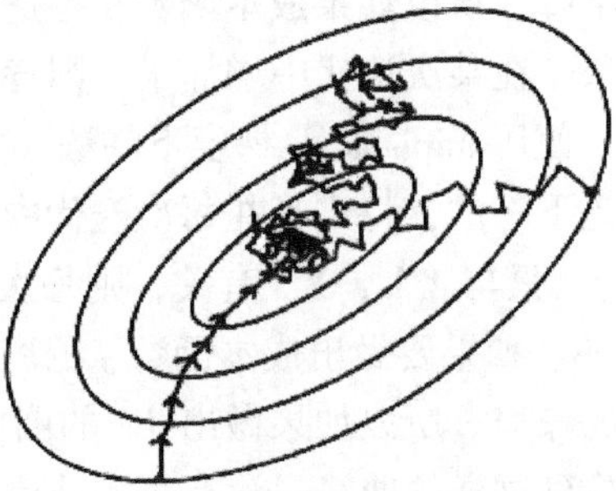

图6-3　梯度下降法

6.3　动量梯度下降法

还有一种算法叫作Momentum，或者叫作动量梯度下降法，运行速度几乎总是快于标准的梯度下降算法，简而言之，基本的想法就是计算梯度的指数加权平均数，并利用该梯度更新权重。

如果要优化成本函数，则函数形状如图 6-4 所示，中心的点代表最小值的位置，假设从蓝色点开始梯度下降法，如果进行梯度下降法的一次迭代，则无论是 batch 或 mini-batch 下降法，也许会指向这里，现在在椭圆的另一边，计算下一步梯度下降，然后再计算一步，共需要很多计算步骤。

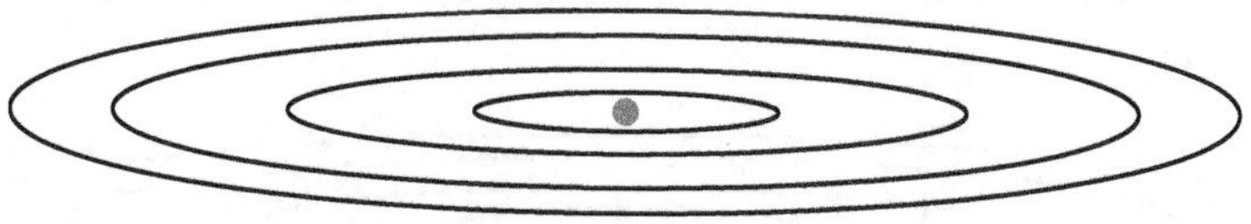

图 6-4　动量梯度下降法

假设纵轴代表参数 b，横轴代表参数 W，慢慢摆动到最小值，如图 6-5 所示。这种上下波动减慢了梯度下降法的速度，无法使用更大的学习率，如果要用较大的学习率，那么结果可能会偏离函数的范围。为了避免摆动过大，要用一个较小的学习率。

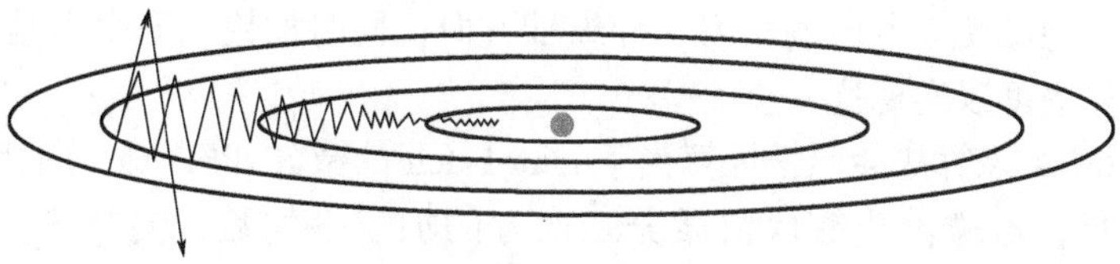

图 6-5　动量梯度下降法例子

如果你用 batch 梯度下降法，要做的是计算 $v_{dW}=\beta v_{dW}+(1-\beta)dW$，这跟之前的计算相似，也就是 $v=\beta v+(1-\beta)\theta_t$，$dW$ 的移动平均数，接着同样计算 v_{db}，$v_{db}=\beta v_{db}+(1-\beta)db$，然后重新赋值权重，$W:=W-\alpha v_{dW}$，同样 $b:=b-\alpha v_{db}$，这样就可以减缓梯度下降的幅度。

而动量梯度下降法的一个本质就是最小化碗状函数。将这些微分项想象为从山上往下滚的一个球，提供了加速度，Momentum 项相当于速度。想象有一个碗，拿一个球，微分项给了这个球一个加速度，此时球正向山下滚，球因为加速度越滚越快，而 β 稍小于 1，表现出一些摩擦力，所以球不会无限加速下去。因此不像梯度下降法，每一步都独立于之前的步骤，球可以向下滚，获得动量，可以从碗向下加速获得动量。来看具体如何计算。两个超参数，即学习率 α 以及参数 β，β 控制着指数加权平均数。β 最常用的值是 0.9，偏差修正要拿 v_{dW} 和 v_{db} 除以 $1-\beta$，v_{dW} 初始值是 0，v_{db} 的初始值也是向量零，所以和 db 拥有相同的维数，也就是和 b 是同一维数，如图 6-6 所示。

迭 t：

在现有的 mini-batch 上计算 dW，db

$v_{dW}=\beta v_{dW}+(1-\beta)dW$

$v_{db}=\beta v_{db}+(1-\beta)db$

$W=W-\alpha v_{dW}$，$b=b-\alpha v_{db}$

超参数：α，β　　　$\beta=0.9$

图 6-6　动量梯度下降法细节

如果要调整超参数 β，则会影响到 v_{dW} 和 v_{db}，将 β 设置为 0.9 是超参数的常见选择，学习率 α 的调整会有所不同。

6.4 RMSprop

RMSprop 算法的全称是 Root Mean Square prop 算法，它也可以加速梯度下降，如图 6-7 所示它是如何运作的？

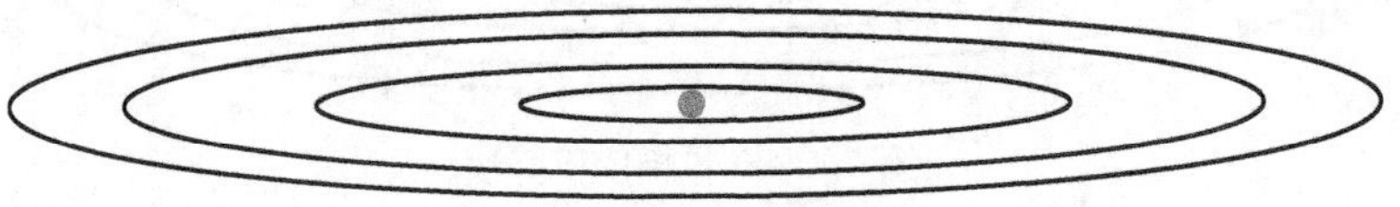

图 6-7 RMSprop 算法

如果执行梯度下降，则虽然横轴方向正在推进，但纵轴方向会有大幅度摆动。假设纵轴代表参数 b，横轴代表参数 W，可能有 W_1，W_2 或者其他重要的参数，为了便于理解，被称为 b 和 W。所以，想减缓 b 方向的学习，即纵轴方向，同时加快，至少不是减缓横轴方向的学习，RMSprop 算法可以实现这一点。

在第 t 次迭代中，该算法会照常计算当下 mini-batch 的微分 $\mathrm{d}W$，$\mathrm{d}b$，用新符号 $S_{\mathrm{d}W}$，$S_{\mathrm{d}W}=\beta S_{\mathrm{d}W}+(1-\beta)\mathrm{d}W^2$，这样做能够保留微分二次方的加权平均数，同样 $S_{\mathrm{d}b}=\beta S_{\mathrm{d}b}+(1-\beta)\mathrm{d}b^2$，再说一次，二次方是针对整个符号的操作。接着 RMSprop 会这样更新参数值，$W:=W-a\frac{\mathrm{d}w}{\sqrt{S_{\mathrm{d}w}}}$，$b:=b-a\frac{\mathrm{d}b}{\sqrt{S_{\mathrm{d}b}}}$。

在横轴方向或者在 W 方向，希望学习速度快，而在垂直方向或者的 b 方向，希望减缓纵轴上的摆动，$S_{\mathrm{d}W}$会相对较小，而 $S_{\mathrm{d}b}$又较大，所以斜率在 b 方向特别大，在这些微分中，$\mathrm{d}b$ 较大，$\mathrm{d}W$ 较小，因为函数的倾斜程度在纵轴上，也就是 b 方向上要大于在横轴上，也就是 W 方向上。$\mathrm{d}b$ 的二次方较大，所以 $S_{\mathrm{d}b}$ 也会较大，而相比之下，$\mathrm{d}W$ 会小一些，或 $\mathrm{d}W$ 二次方会小一些，因此 $S_{\mathrm{d}W}$会小一些，结果就是纵轴上的更新要被一个较大的数相除，从而消除摆动，而水平方向的更新则被较小的数相除。

RMSprop 纵轴方向上摆动较小，而横轴方向继续推进，用一个更大的学习率 α 加快学习，而无需在纵轴上垂直方向偏离。

要说明一点，把纵轴和横轴方向分别称为 b 和 W 只是为了方便展示而已。实际中会处于参数的高维度空间，所以需要消除摆动的垂直维度是参数 W_1，W_2 等的合集，水平维度可能 W_3，W_4 等，因此把 W 和 b 分开只是方便说明。实际中 $\mathrm{d}W$ 是一个高维度的参数向量，$\mathrm{d}b$ 也是一个高维度参数向量，要消除摆动的维度中，最终要计算一个更大的和值，这个二次方和微分的加权平均值，最后去掉了那些有摆动的方向。RMSprop 将微分进行二次方，然后最后使用二次方根。

RMSprop 与 Momentum 有很相似的一点，可以消除梯度下降中的摆动，包括 mini-batch 梯度下降，并允许使用一个更大的学习率 α，从而加快算法学习速度。

6.5 Adam 优化算法

Adam 优化算法基本上就是将 Momentum 和 RMSprop 结合在一起。

Adam 算法首先要初始化，$v_{dW}=0$，$S_{dW}=0$，$v_{db}=0$，$S_{db}=0$，在第 t 次迭代中，计算微分，用当前的 mini-batch 计算 dW，db，一般会用 mini-batch 梯度下降法。接下来计算 Momentum 指数加权平均数，所以 $v_{dW}=\beta_1 v_{dW}+(1-\beta_1)dW$（使用 β_1，这样就不会跟超参数 β_2 混淆，因为后面 RMSprop 要用到 β_2），使用 Momentum 时肯定会用这个公式，但现在不叫它 β，而叫它 β_1。同样 $v_{db}=\beta_1 v_{db}+(1-\beta_1)db$。

接着用 RMSprop 进行更新，即用不同的超参数 β_2，$S_{dW}=\beta_2 S_{dW}+(1-\beta_2)(dW)^2$，再说一次，这里是对整个微分 d$W$ 进行二次方处理，$S_{db}=\beta_2 S_{db}+(1-\beta_2)(db)^2$。相当于 Momentum 更新了超参数 β_1，RMSprop 更新了超参数 β_2。使用 Adam 算法的时候，要计算偏差修正，$v_{dW}^{\text{corrected}}$，修正也就是在偏差修正之后，$v_{dW}^{\text{corrected}}=\dfrac{v_{dW}}{1-\beta_1^t}$，同样 $v_{db}^{\text{corrected}}=\dfrac{v_{db}}{1-\beta_1^t}$，$S$ 也使用偏差修正，也就是 $S_{dW}^{\text{corrected}}=\dfrac{S_{dW}}{1-\beta_1^t}$，$S_{db}^{\text{corrected}}=\dfrac{S_{db}}{1-\beta_2^t}$。

最后更新权重，所以 W 更新后是 $W:=W-\dfrac{\alpha v_{dW}^{\text{corrected}}}{\sqrt{s_{dW}^{\text{corrected}}}+\varepsilon}$（如果只是用 Momentum，则使用 v_{dW} 或者修正后的 v_{dW}，但加入了 RMSprop 的部分，要除以修正后 S_{dW} 的二次方根加上 ε）。

根据类似的公式更新 b 值，$b:=b-\dfrac{av_{db}^{\text{corrected}}}{\sqrt{s_{db}^{\text{corrected}}}+\varepsilon}$。

所以 Adam 算法结合了 Momentum 和 RMSprop 梯度下降法，并且是一种极其常用的学习算法，被证明能有效适用于不同神经网络，适用于广泛的结构。

本算法中有很多超参数，超参数学习率 α 很重要，也经常需要调试，尝试一系列值。β_1 常用的缺省值为 0.9，这是 dW 的移动平均数，也就是 dW 的加权平均数，这是 Momentum 涉及的项。超参数 β_2 推荐使用 0.999，这是在计算 $(dW)^2$ 以及 $(db)^2$ 的移动加权平均值，关于 ε 的选择建议 ε 为 10^{-8}。在使用 Adam 时，人们往往使用缺省值即可，β_1，β_2 和 ε 都是如此，为什么这个算法叫作 Adam？Adam 代表的是 Adaptive Moment Estimation，β_1 用于计算微分 dW，叫作第一矩，β_2 用来计算二次方数的指数加权平均数 $(dW)^2$，叫作第二矩，所以 Adam 的名字由此而来。

6.6　学习率衰减

加快学习算法的一个办法就是随时间慢慢减少学习率，也被称为学习率衰减，如图 6-8 所示。那么为什么要计算学习率衰减？

假设使用 mini-batch 梯度下降法，mini-batch 数量不大，大概 64 或者 128 个样本。在迭代过程中会有噪声，下降朝向这里的最小值，但是不会精确地收敛，所以算法最后在附近摆动，并不会真正收敛，因为用的 α 是固定值，不同的 mini-batch 中有噪声。

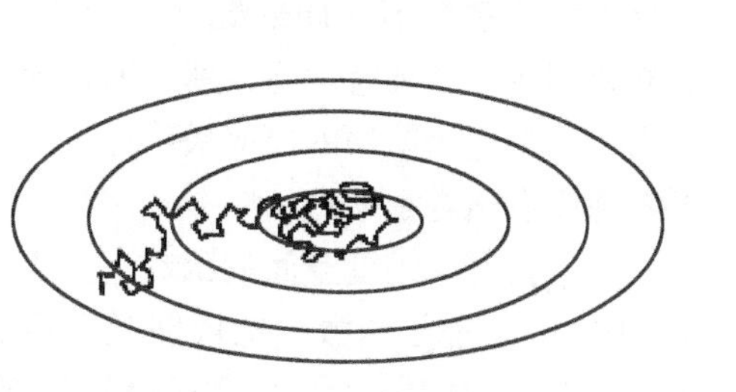

图 6-8　学习率衰减

初期 α 学习率还较大，学习还是相对较快，但随着 α 变小，步伐也会变慢变小，所以最后曲线会在最小值附近的一小块区域里摆动，而不是在训练过程中，大幅度在最小值附近摆动。所以慢慢减少 α 的本质在于，在学习初期能承受较大的步伐，但当开始收敛时，小一些的学习率能让步伐小一些。

拆分成不同的 mini-batch，第一次遍历训练集叫作第一代，第二次就是第二代，依此类推，可以将学习率设为 $\alpha=\frac{1}{1+\text{decay rate}*\text{epoch}-\text{num}}\alpha_0$（decay-rate 称为衰减率，epoch-num 为代数，α_0 为初始学习率），注意这个衰减率是另一个需要调整的超参数。

计算了几代，也就是遍历了几次，如果 α_0 为 0.2，衰减率 decay-rate 为 1，那么在第一代中，$\alpha=\frac{1}{1+1}\alpha_0=0.1$，这是再代入这个公式计算：

$$\alpha=\frac{1}{1+\text{decay rate}*\text{epoch}-\text{num}}\alpha_0$$

此时衰减率是 1 而代数是 1。可以自己多计算几个数据，要理解作为代数函数，根据上述公式，学习率呈递减趋势。如果想用学习率衰减，要做的是去尝试不同的值，包括超参数 α_0，以及超参数衰退率，找到合适的值，除了这个学习率衰减的公式，人们还会用其他的公式。

比如指数衰减，其中 α 相当于一个小于 1 的值，如 $\alpha=0.95^{\text{epoch}-\text{num}}\alpha_0$，所以学习率呈指数下降。

用到的其他公式有 $\alpha=\frac{k}{\sqrt{\text{epoch-num}}}\alpha_0$ 或者 $\alpha=\frac{k}{\sqrt{t}}\alpha_0$（$t$ 为 mini-batch 的数字）。

6.7 局部最优问题

在深度学习研究早期，人们总是担心优化算法会困在极差的局部最优中，不过随着深度学习理论不断发展，对局部最优的理解也发生了改变。

如果优化一些参数，W_1 和 W_2，则平面的高度就是损失函数。在图 6-9 中各处都分布着局部最优。梯度下降法或者某个算法可能困在一个局部最优中，而不会抵达全局最优。如果要做图计算一个数字，比如说这两个维度，则容易出现有多个不同局部最优的图。事实上，如果要创建一个神经网络，那么通常梯度为零的点并不是这个图中的局部最优点，成本函数的零梯度点通常是鞍点。

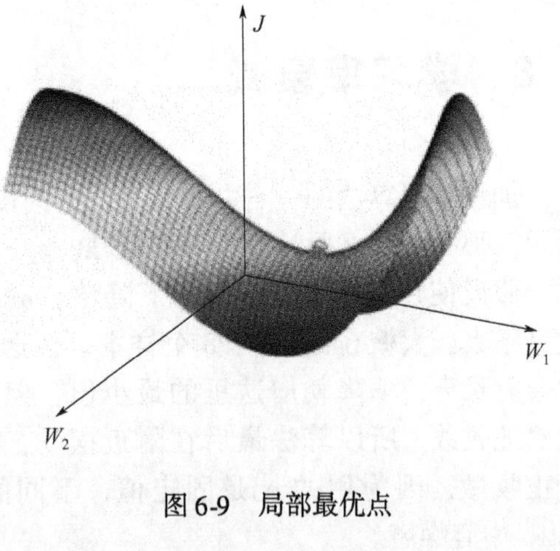

图 6-9　局部最优点

一个具有高维度空间的函数，如果梯度为 0，则它可能是凸函数，也可能是凹函数。如果在 2 万维空间中，那么想要得到局部最优，所有的 2 万个方向有可能会向上弯曲，另一些方向曲线向下弯，因此在高维度空间，更可能碰到鞍点，这里导数为 0 的点叫作鞍点。

结果是平稳段会减缓学习，平稳段是一块区域，其中导数长时间接近于 0，如果在此处，则梯度会从曲面自上向下下降，因为梯度等于或接近 0，故曲面很平坦，得花上很长时间慢慢抵达平稳段的这个点。在这些情况下，更成熟的优化算法，如 Adam 算法能够加快速度，尽早往下走出平稳段。

第 7 章　超参数调试、正则化

7.1　调试处理

训练深度最难的事情之一是要处理的参数，从学习速率 α 到动量梯度下降法的参数 β。如果使用 Momentum 或 Adam 优化算法的参数 β_1，β_2 和 ε，则还得选择层数，选择不同层中隐藏单元的数量以及学习率衰减，可能还需要选择 mini-batch 的大小。结果证实一些超参数比其他的更为重要，α 学习速率是需要调试的最重要的超参数。

除了 α，还有一些参数需要调试，例如 Momentum 参数 β，0.9 就是一个很好的默认值。调试 mini-batch 的大小确保最优算法运行有效。此外调试隐藏单元、层数有时会产生很大的影响。当应用 Adam 算法时，通常选定其分别为 0.9，0.999 和 10^{-8}。

该如何选择调试值呢？在早一代的机器学习算法中，如果有两个超参数，这里称为超参 1，超参 2，如图 7-1 所示。常见的做法是在网格中取样点，像这样，然后系统地研究这些数值。网格可以是 5×5，也可多可少，可以尝试这所有的 25 个点，然后选择哪个参数效果最好。当参数的数量相对较少时，这个方法很实用。

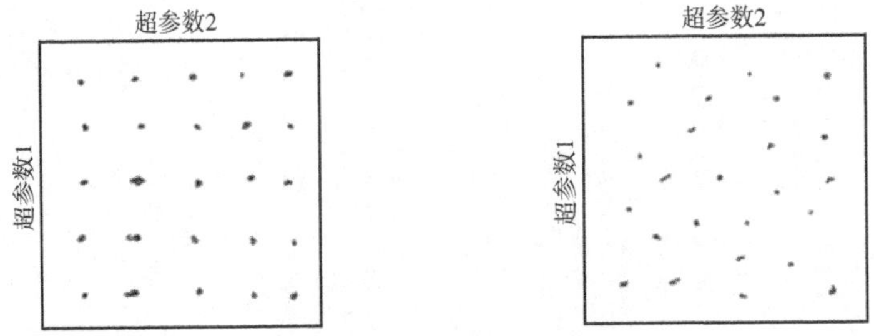

图 7-1　超参数调试

举个例子，假设超参数 1 是 α（学习速率），取一个极端的例子，假设超参数 2 是 Adam 算法中，分母中的 ε。在这种情况下，α 的取值很重要，而 ε 取值则无关紧要。如果在网格中取点，接着试验了 α 的 5 个取值，则会发现无论 ε 取何值，结果基本上都是一样的。

对比而言，如果随机取值，则会试验 25 个独立的 α，更有可能发现效果最好的那个。

当给超参数取值时，另一个惯例是采用由粗糙到精细的策略。比如在二维的例子中，进行了取值，也许会发现效果最好的某个点，也许这个点周围的其他一些点效果也很好，那在接下来要做的是放大这块小区域，然后在其中更密集地取值或随机取值，聚集更多的资源，如果怀疑这些超参数在这个区域的最优结果，那么在整个的方格中进行粗略搜索后，会知道接下来应该聚焦到更小的方格中。在更小的方格中，可以更密集地取点。所以这种从粗到细的搜索也经常使用。通过试验超参数的不同取值可以选择对训练集目标而言的最优值。

7.2　超参数的合适范围

已经学习了在超参数范围中，随机取值可以提升搜索效率。但随机取值并不是在有效范围内的随机均匀取值，而是选择合适的标尺，用于探究这些超参数，这很重要。

假设要选取隐藏单元的数量为 $n^{[l]}$，选取的取值范围是从 50 ~ 100 中某点，这种情况下，可以随机在其中取点，这是一个搜索特定超参数的很直观的方式。要选取的神经网络层数称为字母 L，也许会选择层数为 2 ~ 4 中的某个值，接着顺着 2，3，4 随机均匀取样才比较合理，还可以应用网格搜索，这是在几个在考虑范围内随机均匀取值，这些取值对某些超参数而言不适用。

假设搜索超参数 a（学习速率），假设最小是 0.0001，最大是 1。如果画一条从 0.0001 ~ 1 的数轴，沿其随机均匀取值，那 90% 的数值将会落在 0.1 ~ 1 之间，结果就是在 0.1 ~ 1 之间应用了 90% 的资源，而在 0.0001 ~ 0.1 之间只有 10% 的搜索资源，这看上去不合理。

反而用对数标尺搜索超参数的方式会更合理，因此这里不使用线性轴，分别依次取 0.0001，0.001，0.01，0.1，1，在对数轴上均匀随机取点，这样，在 0.0001 ~ 0.001 之间就会有更多的搜索资源可用，还有在 0.001 ~ 0.01 之间等。在 Python 中，可以使 r = -4 * np.random.rand()，然后 a 随机取值，$a = 10^r$，所以，第一行可以得出 $r \in [4, 0]$，那么 $\alpha \in [10^{-4}, 10^0]$，所以最左边的数字是 10^{-4}，最右边是 10^0。

更常见的情况是，如果在 10^a 和 10^b 之间取值，在此例中，这是 10^a（0.0001），则可以通过 0.0001 算出 a 的值，即 -4，在右边的值是 10^b，可以算出 b 的值 1，即 0。要做的就是在［a，b］区间随机均匀地给 r 取值，这个例子中 $r \in [-4, 0]$，然后可以设置 a 的值，基于随机取样的超参数 $a = 10^r$。

总结一下，在对数坐标下取值，取最小值的对数就得到 a 的值，取最大值的对数就得到 b 的值，所以现在在对数轴上的 $10^a \sim 10^b$ 区间取值，在 a，b 间随意均匀的选取 r 值，将超参数设置为 10^r，这就是在对数轴上取值的过程。

最后，另一个棘手的例子是给 β 取值，用于计算指数的加权平均值。假设认为 β 是 0.9 ~ 0.999 之间的某个值，也许这就是想搜索的范围。当计算指数的加权平均值时，取 0.9，就像在 10 个值中计算平均值，有点类似于计算 10 天的温度平均值，而取 0.999 就是在 1000 个值中取平均。

如果想在 0.9 ~ 0.999 区间搜索，那就不能用线性轴取值。不要随机均匀在此区间取值，所以考虑这个问题最好的方法就是要探究 $1-\beta$，此值在 0.001 ~ 0.1 区间内，所以会给 $1-\beta$ 取值，大概是从 0.001 ~ 0.1。

所以要做的就是在［-3，-1］里随机均匀地给 r 取值。设定了 $1-\beta = 10^r$，所以 $\beta = 1-10^r$，然后这就变成了在特定的选择范围内超参数随机取值。希望用这种方式得到想要的结果在 0.9 ~ 0.99 区间探究的资源和在 0.99 ~ 0.999 区间探究的一样多。

为什么用线性轴取值不是个好办法，这是因为当 β 接近 1 时，所得结果的灵敏度会变化，即使 β 有微小的变化。所以 β 在 0.9 ~ 0.9005 之间取值无关紧要，结果几乎不会变化。

但β值如果在0.999~0.9995之间，则会对算法产生巨大影响，在这两种情况下，是根据大概10个值取平均。但这里，它是指数的加权平均值，基于1000个值，现在是2000个值，因为这个公式$\frac{1}{1-\beta}$，当β接近1时，β就会对细微的变化变得很敏感。整个取值过程中需要更加密集地取值，在β接近1的区间内，或者说，当$1-\beta$接近于0时，可以更加有效地分布取样点，更有效率地探究可能的结果。

7.3　归一化网络的激活函数

深度学习的一个重要思想是它的一种算法，叫作batch归一化。batch归一化会使参数搜索问题变得很容易，使神经网络对超参数的选择更加稳定，超参数的范围会更加庞大，工作效果也更好，训练更加容易。

当训练一个模型，比如logistic回归时，归一化输入特征可以加快学习过程。计算了平均值，从训练集中减去平均值，计算了方差，接着根据方差归一化数据集。对应于之前学习的内容，这是如何把学习问题的轮廓从很长的东西变成更圆的东西，更易于算法优化。所以对logistic回归和神经网络的归一化输入特征值而言，这是有效的。

那么更深的模型呢？不仅输入了特征值x，而且这层有激活值$a^{[1]}$，这层有激活值$a^{[2]}$等。如果想训练这些参数，比如$w^{[3]}$，$b^{[3]}$，那归一化$a^{[2]}$的平均值和方差更好，以便使$w^{[3]}$，$b^{[3]}$的训练更有效率。在logistic回归的例子中，看到了如何归一化x_1，x_2，x_3，从而更有效地训练w和b。

所以问题来了，对任何一个隐藏层而言，能否归一化a值，在此例中，比如说$a^{[2]}$的值，但可以是任何隐藏层的，以更快的速度训练$w^{[3]}$，$b^{[3]}$，因为$a^{[2]}$是下一层的输入值，所以就会影响$w^{[3]}$，$b^{[3]}$的训练，这就是batch归一化的作用。真正归一化的不是$a^{[2]}$，而是$z^{[2]}$，实践中经常做的是归一化$z^{[2]}$，batch归一化是怎样使用的呢？

在神经网络中，已知一些中间值，假设有一些隐藏单元值，从$z^{(1)}$~$z^{(m)}$，这些来源于隐藏层，即$z^{[l](i)}$为隐藏层，i从1~m，要计算平均值，则取每个$z^{(i)}$值，使其规范化，减去均值再除以标准偏差，为了使数值稳定，通常将ε作为分母，以防出现$\sigma=0$的情况。

现在已把这些z值标准化，使其包含平均值0和标准单位方差，所以z的每一个分量都含有平均值0和方差1，但不想让隐藏单元总是含有平均值0和方差1，也许隐藏单元有了不同的分布会有意义，所以要做的就是计算$\tilde{z}^{(i)}$，$\tilde{z}^{(i)}=\gamma z_{\text{norm}}^{(i)}+\beta$，这里$\gamma$和$\beta$是模型的学习参数，所以使用梯度下降或一些其他类似梯度下降的算法，比如Momentum或者Adam去更新γ和β，正如更新神经网络的权重一样。

请注意γ和β的作用是可以随意设置$\tilde{z}^{(i)}$的平均值，事实上，如果$\gamma=\sqrt{\sigma^2+\varepsilon}$，$\gamma$等于这个分母项$\left(z_{\text{norm}}^{(i)}=\frac{z^{(i)}-\mu}{\sqrt{\sigma^2+\varepsilon}}\text{中的分母}\right)$，$\beta$等于$\mu$，则这里的这个值是$z_{\text{norm}}^{(i)}=\frac{z^{(i)}-\mu}{\sqrt{\sigma^2+\varepsilon}}$中的$\mu$，那么$\gamma z_{\text{norm}}^{(i)}+\beta$的作用在于它会精确转化这个方程，如果这些成立（$\gamma=\sqrt{\sigma^2+\varepsilon}$，$\beta=\mu$），那么$\tilde{z}^{(i)}=z^{(i)}$。

通过对 γ 和 β 合理设定，规范化过程，即这四个等式是计算恒等函数，则通过赋予 γ 和 β 其他值，可以构造含其他平均值和方差的隐藏单元值。所以在网络匹配这个单元的方式之前可能是用 $z^{(1)}$，$z^{(2)}$ 等，现在则会用 $\tilde{z}^{(i)}$ 取代 $z^{(i)}$，以方便神经网络中的后续计算。

batch 归一化的作用是它适用的归一化过程不只是输入层，甚至同样适用于神经网络中的深度隐藏层。应用 batch 归一化了一些隐藏单元值中的平均值和方差，不过训练输入和这些隐藏单元值的一个区别是不想隐藏单元值必须是平均值 0 和方差 1。

如果有 sigmoid 激活函数，则可以确保所有的 $z^{(i)}$ 值可以是想赋予的任意值，或者它的作用是保证隐藏的单元已使均值和方差标准化。均值和方差由两个参数控制，即 γ 和 β，学习算法可以设置为任何值，所以它真正的作用是使隐藏单元值的均值和方差标准化，即 $z^{(i)}$ 有固定的均值和方差，均值和方差可以是 0 和 1，也可以是其他值，它是由 γ 和 β 两参数控制的。

7.4　将 batch norm 拟合进神经网络

假设有一个如图 7-2 所示的神经网络，每个单元负责计算两件事。第一，它先计算 z，然后将其应用到激活函数中再计算 a，所以可以认为每个圆圈代表着两步的计算过程。同样的，对于下一层而言，那就是 $z_1^{[2]}$ 和 $a_1^{[2]}$ 等。所以如果没有应用 batch 归一化，则会把输入 X 拟合到第一隐藏层，然后首先计算 $z^{[1]}$，这是由 $w^{[1]}$ 和 $b^{[1]}$ 两个参数控制的。接着，通常而言，会把 $z^{[1]}$ 拟合到激活函数以计算 $a^{[1]}$。batch 归一化的做法是将 $z^{[1]}$ 值进行 batch 归一化，简称 BN，此过程将由 $\beta^{[1]}$ 和 $\gamma^{[1]}$ 两个参数控制，这一操作会给一个新的规范化的 $z^{[1]}$ 值（$\tilde{z}^{[1]}$），然后将其输入激活函数中得到 $a^{[1]}$，即 $a^{[1]}=g^{[1]}(\tilde{z}^{[1]})$。

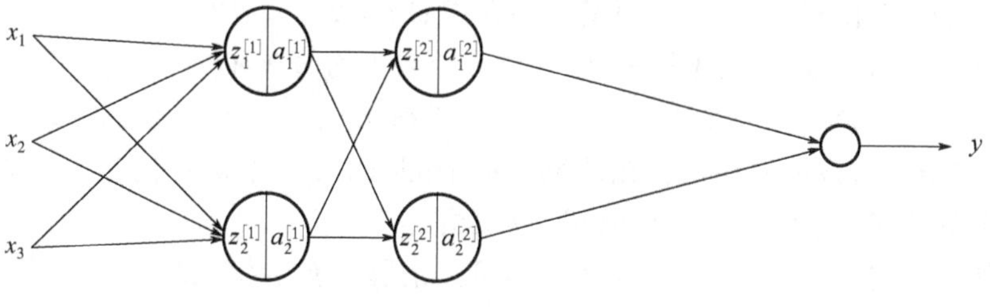

图 7-2　神经网络示意图

现在，已在第一层进行了计算，此时 batch 归一化发生在 z 的计算和 a 之间，接下来需要应用 $a^{[1]}$ 值来计算 $z^{[2]}$，此过程是由 $w^{[2]}$ 和 $b^{[2]}$ 控制的。与在第一层做的工作类似，将 $z^{[2]}$ 进行 batch 归一化，这是由下一层的 batch 归一化参数所管制的，即 $\beta^{[2]}$ 和 $\gamma^{[2]}$，现在得到 $\tilde{z}^{[2]}$，再通过激活函数计算出 $a^{[2]}$ 等。

要强调的是 batch 归一化是发生在计算 z 和 a 之间的。与其应用没有归一化的 z 值，不如用归一过的 $\tilde{z}$，这是第一层 $\tilde{z}^{[1]}$。第二层同理，与其应用没有规范过的 $z^{[2]}$ 值，不如用经过方差和均值归一化后的 $\tilde{z}^{[2]}$。所以，网络的参数就会是 $w^{[1]}$，$b^{[1]}$，$w^{[2]}$ 和 $b^{[2]}$ 等。但现在，想象参数 $w^{[1]}$，$b^{[1]}$ 到 $w^{[l]}$，$b^{[l]}$，将另一些参数加入到此新网络中 $\beta^{[1]}$，$\beta^{[2]}$，$\gamma^{[1]}$，

$\gamma^{[2]}$等。对于应用 batch 归一化的每一层而言。需要澄清的是，请注意这里的这些β（$\beta^{[1]}$，$\beta^{[2]}$等）和超参数β没有任何关系，后者是用于 Momentum 或计算各个指数的加权平均值。Adam 论文的作者在论文里用β代表超参数，batch 归一化论文的作者则使用β代表此参数（$\beta^{[1]}$，$\beta^{[2]}$等），但这是两个完全不同的β。

所以现在这个是算法的新参数，接下来可以使用想用的任何一种优化算法，比如使用梯度下降法来执行它。举个例子，对于给定层，会去计算 $d\beta^{[l]}$，接着更新参数β为$\beta^{[l]}=\beta^{[l]}-\alpha d\beta^{[l]}$。也可以使用 Adam 或 RMSprop 或 Momentum，以更新参数β和γ，并不是只应用梯度下降法。

batch 归一化使用深度学习编程框架，可写成一行代码，比如说，在 TensorFlow 框架中，可以用这个函数（tf. nn. batch_normalization）来实现 batch 归一化。在实践中，虽然不必自己操作所有这些具体的细节，但知道它是如何作用的，可以更好地理解代码的作用。在深度学习框架中，batch 归一化的过程，经常是类似一行代码的东西。

实践中，batch 归一化通常和训练集的 mini-batch 一起使用。应用 batch 归一化的方式就是用第一个 mini-batch（$X^{\{1\}}$），然后计算$z^{[1]}$，这和神经网络模型中所做的一样，应用参数$w^{[1]}$和$b^{[1]}$，使用这个 mini-batch（$X^{\{1\}}$）。继续第二个 mini-batch（$X^{\{2\}}$），接着 batch 归一化会减去均值，除以标准差，由$\beta^{[1]}$和$\gamma^{[1]}$重新缩放，这样就得到了$\tilde{z}^{[1]}$，而所有的这些都是在第一个 mini-batch 的基础上，再应用激活函数得到$a^{[1]}$。然后用$w^{[2]}$和$b^{[2]}$计算$z^{[2]}$等，所以所做的这一切都是为了在第一个 mini-batch（$X^{\{1\}}$）上进行一步梯度下降法。

类似的工作在第二个 mini-batch（$X^{\{2\}}$）上计算$z^{[1]}$，然后用 batch 归一化来计算$\tilde{z}^{[1]}$，所以 batch 归一化的此步中，用第二个 mini-batch（$X^{\{2\}}$）中的数据使$\tilde{z}^{[1]}$归一化，这里的 batch 归一化步骤也是如此，下面看看在第二个 mini-batch（$X^{\{2\}}$）中的例子，在 mini-batch 上计算$z^{[1]}$的均值和方差，重新缩放的β和γ得到$z^{[1]}$等。

然后在第三个 mini-batch（$X^{\{3\}}$）上同样这样做，继续训练。先前讲到每层的参数是$w^{[l]}$和$b^{[l]}$，还有$\beta^{[l]}$和$\gamma^{[l]}$，请注意计算z的方式如下：$z^{[l]}=w^{[l]}a^{[l-1]}+b^{[l]}$，但 batch 归一化做的是要看这个 mini-batch，先将$z^{[l]}$归一化，结果为均值 0 和标准方差，再由β和γ重缩放，但这意味着，无论$b^{[l]}$的值是多少，都是要被减去的，因为在 batch 归一化的过程中，要计算$z^{[l]}$的均值，再减去平均值，在此例中的 mini-batch 中增加任何常数，数值都不会改变，因为加上的任何常数都将会被均值减去所抵消。

所以，如果使用 batch 归一化，那么其实可以消除参数$b^{[l]}$，或者也可以暂时把它设置为 0，那么，参数变成$z^{[l]}=w^{[l]}a^{[l-1]}$，然后计算归一化的$z^{[l]}$，$\tilde{z}^{[l]}=\gamma^{[l]}z^{[L]}+\beta^{[l]}$，在最后会用参数$\beta^{[l]}$，以便决定$\tilde{z}^{[l]}$的取值。

因为 batch 归一化超过了此层$z^{[l]}$的均值，所以$b^{[l]}$这个参数没有意义，由$\beta^{[l]}$代替这个控制参数会影响转移或偏置条件。

最后，请记住$z^{[l]}$的维数，因为在这个例子中，维数会是（$n^{[l]}$，1），$b^{[l]}$的尺寸为（$n^{[l]}$，1），如果是一层隐藏单元的数量，那么$\beta^{[l]}$和$\gamma^{[l]}$的维度也是（$n^{[l]}$，1），因为这是隐藏层的数量，有$n^{[l]}$隐藏单元，所以$\beta^{[l]}$和$\gamma^{[l]}$用来将每个隐藏层的均值和方差缩放为网络想要的值。

总结一下关于如何用 batch 归一化来应用梯度下降法，假设在使用 mini-batch 梯度下降法，$t=1$ 到 batch 数量的 for 循环，会在 mini-batch $X^{\{t\}}$上应用正向 prop，每个隐藏层都应用正向 prop，用 batch 归一化代替 $z^{[l]}$ 为 $\tilde{z}^{[l]}$。接下来，它确保在这个 mini-batch 中，z 值有归一化的均值和方差，归一化均值和方差后是 $\tilde{z}^{[l]}$，然后，用反向 prop 计算 $\mathrm{d}w^{[l]}$ 和 $\mathrm{d}b^{[l]}$，及所有一层所有的参数，$\mathrm{d}\beta^{[l]}$ 和 $\mathrm{d}\gamma^{[l]}$。尽管严格来说，因为要去掉 b，所以这部分其实已经去掉了。最后，更新这些参数：$w^{[l]}=w^{[l]}-\alpha\mathrm{d}w^{[l]}$，和以前一样，$\beta^{[l]}=\beta^{[l]}-\alpha\mathrm{d}\beta^{[l]}$，对于 γ 也是如此，$\gamma^{[l]}=\gamma^{[l]}-\alpha\mathrm{d}\gamma^{[l]}$。如果已将梯度计算如下，则可以使用梯度下降法了。但也适用于有 Momentum、RMSprop、Adam 的梯度下降法。与其使用梯度下降法更新 mini-batch，还可以使用这些其他算法来更新，应用其他的一些优化算法来更新由 batch 归一化添加到算法中的 β 和 γ 参数。

7.5　batch 归一化分析

为什么 batch 归一化会起作用呢？

已经看到如何归一化输入特征值 x，使其均值为 0，方差 1，有一些从 0～1 而不是从 1～1000的特征值，通过归一化所有的输入特征值 x，以获得类似范围的值，可以加速学习。

batch 归一化有效的第二个原因是它可以使权重比你的网络更滞后或更深层，比如第十层的权重更能经受得住变化，相比于神经网络中前层的权重，举个例子，如图 7-3 所示。

如果训练集是图 7-3 的左图，则正面例子反面例子分别是○和 ×。在左边训练得很好的模块很难在右边也运行得很好。如果已经学习了 x 到 y 的映射，x 的分布改变了，那么需要重新训练学习算法。这种做法同样适用于真实函数由 x 到 y 映射保持不变。怎么应用于神经网络呢？试想一个像这样的深度网络学习了参数 $w^{[3]}$ 和 $b^{[3]}$，从第三隐藏层的角度来看，它从前层中取得一些值，接着它需要做些什么，使希望输出值 $\hat{y}$ 接近真实值 y，如图 7-4 所示。

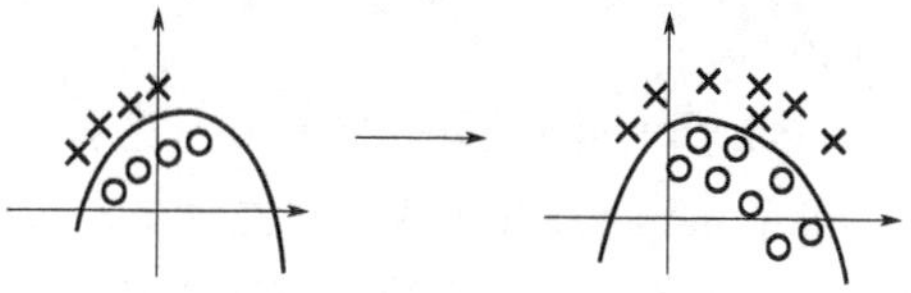

图 7-3　网络训练示例

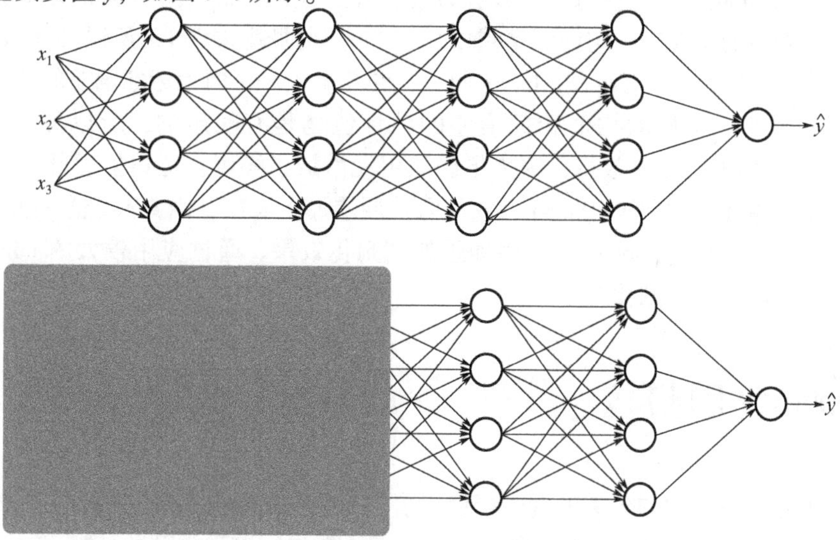

图 7-4　神经网络的问题

从第三隐藏层的角度来看，它得到一些值，称为 $a_1^{[2]}$，$a_2^{[2]}$，$a_3^{[2]}$，$a_4^{[2]}$，但这些值也可以是特征值 x_1，x_2，x_3，x_4，第三层隐藏层的工作是找到一种方式，使这些值映射到 $\hat{y}$，所以这些参数 $w^{[3]}$ 和 $b^{[3]}$，或 $w^{[4]}$ 和 $b^{[4]}$，或 $w^{[5]}$ 和 $b^{[5]}$，也许是学习这些参数，从左边映射到输出值 $\hat{y}$。网络的左边还有参数 $w^{[2]}$，$b^{[2]}$ 和 $w^{[1]}$，$b^{[1]}$，如果这些参数改变，则这些 $a^{[2]}$ 的值也会改变。所以从第三层隐藏层的角度来看，这些隐藏单元的值在不断地改变，它就有了问题。

batch 归一化做的是它减少了这些隐藏值分布变化的数量。如果是绘制这些隐藏的单元值的分布，那么也许这是重整值 z，这其实是 $z_1^{[2]}$，$z_2^{[2]}$，batch 归一化讲的是 $z_1^{[2]}$，$z_2^{[2]}$ 的值可以改变，它们的确会改变，当神经网络在之前层中更新参数，batch 归一化可以确保无论其怎样变化 $z_1^{[2]}$，$z_2^{[2]}$ 的均值和方差均保持不变，所以即使 $z_1^{[2]}$，$z_2^{[2]}$ 的值改变，至少它们的均值和方差也会是均值 0，方差 1，或不一定必须是均值 0，方差 1，而是由 $\boldsymbol{\beta}^{[2]}$ 和 $\gamma^{[2]}$ 决定的值。如果神经网络选择的话，则可强制其为均值 0，方差 1，或其他任何均值和方差。但它做的是它限制了在前层的参数更新，会影响数值分布的程度，第三层看到这种情况，因此得到学习。

batch 归一化减少了输入值改变的问题，它的确使这些值变得更稳定，神经网络的之后层就会有更坚实的基础。即使输入分布改变了一些，它也会改变得更少。它做的是当前层保持学习，当改变时，迫使后层适应的程度减小了，减弱了前层参数的作用与后层参数的作用之间的联系，使得网络每层都可以自己学习，稍独立于其他层，这有助于加速整个网络的学习。

batch 归一化还有一个作用，它有轻微的正则化效果，batch 归一化中非直观的一件事是，每个 mini-batch 中 $X^{\{t\}}$ 的值为 $z^{[t]}$，$z^{[l]}$，在 mini-batch 计算中，由均值和方差缩放的，因为在 mini-batch 上计算的均值和方差，而不是在整个数据集上，所以均值和方差有一些小的噪声，因为它只在的 mini-batch 上计算，比如 64 或 128 或 256 或更大的训练例子。均值和方差有一点小噪声，因为它只是由一小部分数据估计得出的。缩放过程从 $z^{[l]}$ 到 $\tilde{z}^{[l]}$ 过程也有一些噪声，因为它是用有些噪声的均值和方差计算得出的。

所以和 dropout 相似，它往每个隐藏层的激活值上增加了噪声，dropout 有增加噪声的方式，它使一个隐藏的单元以一定的概率乘以 0，以一定的概率乘以 1，所以 dropout 含几重噪声，因为它乘以 0 或 1。对比而言，batch 归一化含几重噪声，因为标准偏差的缩放和减去均值带来的额外噪声。这里的均值和标准差的估计值也是有噪声的，所以类似于 dropout，batch 归一化有轻微的正则化效果，因为给隐藏单元添加了噪声，这迫使后部单元不过分依赖任何一个隐藏单元，类似于 dropout，它给隐藏层增加了噪声，因此有轻微的正则化效果。可以将 batch 归一化和 dropout 一起使用加强的正则化效果。通过应用较大的 min-batch，减少了噪声，因此减少了正则化效果。

7.6 softmax 回归

到目前为止，讲到过的分类的例子都使用了二分类，这种分类只有两种可能的标记 0 或 1，如果有多种可能的类型呢？有一种 softmax 回归，能进行多种类型的分类。

如图 7-5 所示，把猫叫作类 1，狗为类 2，小鸡是类 3，如果不属于以上任何一类，则分到“以上均不符合”这一类，把它叫作类 0。用大写的 C 来表示输入会被分入的类别总个数。

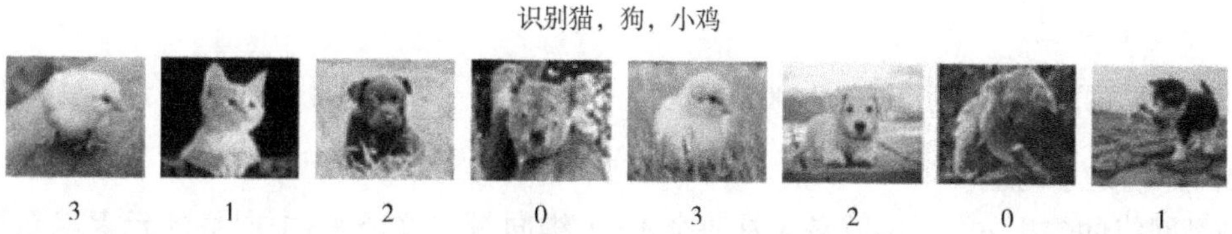

图 7-5　softmax 回归

在这个例子中，建立一个神经网络，其输出层有四个输出单元，输出层也就是 L 层的单元数量，要输出层单元的判断这四种类型中每个的概率有多大。在输入 X 的情况下，这个（最后输出的第二个方格 + 圆圈）会输出猫的概率。在输入 X 的情况下，这个会输出狗的概率（最后输出的第三个方格 + 圆圈）。在输入 X 的情况下，输出小鸡的概率（最后输出的第四个方格 + 圆圈），把小鸡缩写为 bc（baby chick）。因此这里的 $\hat{y}$ 将是一个 4×1 维向量，因为它必须输出四个数字，给你这四种概率，因为它们加起来应该等于 1，输出中的四个数字加起来应该等于 1。

让网络做到这一点的标准模型要用到 softmax 层，以及输出层来生成输出。在神经网络的最后一层，将会像往常一样计算各层的线性部分，$z^{[l]}$ 是最后一层的 z 变量，计算方法是 $z^{[l]}=W^{[l]}a^{[L-1]}+b^{[l]}$，算出了 z 之后，需要应用 softmax 激活函数，这个激活函数对于 softmax 层而言有些不同。首先，要计算一个临时变量，t 它等于 $\mathrm{e}^{z^{[l]}}$，这适用于每个元素，而这里的 $z^{[l]}$，在例子中，$z^{[l]}$ 是 4×1 的，四维向量 $t=\mathrm{e}^{z^{[l]}}$，这是对所有元素求幂，t 也是一个 4×1 维向量，然后输出的 $a^{[l]}$，就是向量 t，但是会归一化，使和为 1。因此 $a^{[l]}=\frac{\mathrm{e}^{z^{[l]}}}{\sum_{j=1}^{4}t_i}$，换句话说，$a^{[l]}$ 也是一个 4×1 维向量，而这个四维向量的第 i 个元素，把它写下来，$a_i^{[l]}=\frac{\mathrm{e}^{z^{[l]}}}{\sum_{j=1}^{4}t_i}$。

来看一个例子，假设算出了 $z^{[l]}$，$z^{[l]}$ 是一个四维向量，假设为 $z^{[l]}=\begin{bmatrix}5\\2\\-1\\3\end{bmatrix}$，用这个元素取幂方法来计算 t，所以 $t=\begin{bmatrix}\mathrm{e}^5\\\mathrm{e}^2\\\mathrm{e}^{-1}\\\mathrm{e}^3\end{bmatrix}$，$t=\begin{bmatrix}148.4\\7.4\\0.4\\20.1\end{bmatrix}$，从向量 t 得到向量 $a^{[l]}$ 就只需要将这些项目归一化，使总和为 1。如果把 t 的元素都加起来，即把这四个数字加起来，则得到 176.3，最终 $a^{[l]}=\frac{t}{176.3}$。

例如这里的第一个节点，它会输出 $\frac{\mathrm{e}^5}{176.3}=0.842$，这样说来，对于这张图片，如果这是

得到的 z 值 $\left(\begin{bmatrix}5\\2\\-1\\3\end{bmatrix}\right)$，它是类 0 的概率就是 84.2%。下一个节点输出 $\frac{e^2}{176.3}=0.042$，也就是 4.2% 的几率。下一个是 $\frac{e^{-1}}{176.3}=0.002$。最后一个是 $\frac{e^3}{176.3}=0.114$，也就是 11.4% 的概率属于类 3，也就是小鸡组。

神经网络的输出 $a^{[l]}$，也就是 $\hat{y}$ 是一个 4×1 维向量，这个 4×1 向量的元素就是算出来的这四个数字 $\left(\begin{bmatrix}0.842\\0.042\\0.002\\0.114\end{bmatrix}\right)$，所以这种算法通过向量 $z^{[l]}$ 计算出总和为 1 的四个概率。

总结一下从 $z^{[l]}$ 到 $a^{[l]}$ 的计算步骤，整个计算过程，从计算幂到得出临时变量 t，再归一化，可以将此概括为一个 softmax 激活函数。设 $a^{[l]}=g^{[l]}\ (z^{[l]})$，这一激活函数的与众不同之处在于，这个激活函数 g 需要输入一个 4×1 维向量，然后输出一个 4×1 维向量。激活函数都是接受单行数值输入，例如 sigmoid 和 ReLu 激活函数，输入一个实数，输出一个实数。softmax 激活函数的特殊之处在于，因为需要将所有可能的输出归一化，所以就需要输入一个向量，最后输出一个向量。

那么 softmax 分类器还可以代表其他的什么东西么？举几个例子，有两个输入 x_1，x_2，它们直接输入到 softmax 层，它有三四个或者更多的输出节点，输出 $\hat{y}$，一个没有隐藏层的神经网络计算 $z^{[1]}=W^{[1]}x+b^{[1]}$，而输出的出 $a^{[l]}a^{[l]}=y=g(z^{[1]})$，就是 $z^{[1]}$ 的 softmax 激活函数，如图 7-6 所示。

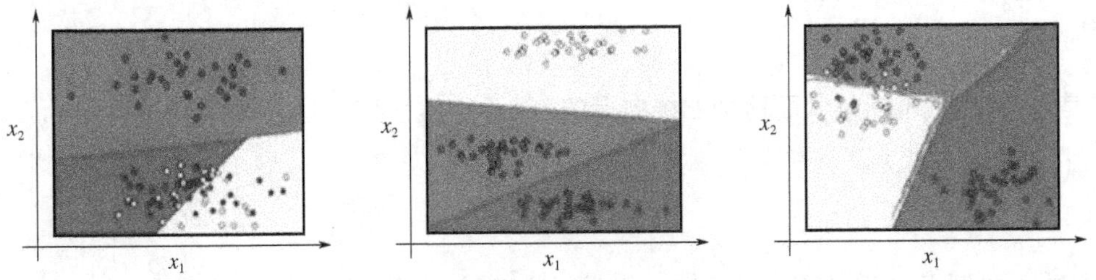

图 7-6　softmax 激活函数

这个例子中（图 7-6 的左图），原始输入只有 x_1 和 x_2，一个 $C=3$ 个输出分类的 softmax 层能够代表这种类型的决策边界，请注意这是几条线性决策边界，但这使得它能够将数据分到三个类别中，在这张图表中选择这张图中显示的训练集，用数据的三种输出标签来训练 softmax 分类器，图中的颜色显示了 softmax 分类器的输出的阈值，输入的着色是基于三种输出中概率最高的那种。因此可以看到这是 logistic 回归的一般形式，有类似线性的决策边界，但有超过两个分类，分类不只有 0 和 1，而是可以是 0，1 或 2。图 7-6 的中间图是另一个 softmax 分类器，可以代表的决策边界的例子，用有三个分类的数据集来训练，图 7-6 的右图也类似。

7.7 训练一个 softmax 分类器

举一个例子，输出层计算出的$z^{[l]}$如下：$z^{[l]}=\begin{bmatrix}5\\2\\-1\\3\end{bmatrix}$。有四个分类，$C=4$，$z^{[l]}$可以是$4\times1$维向量，计算临时变量$t$，$t=\begin{bmatrix}e^5\\e^2\\e^{-1}\\e^3\end{bmatrix}$，对元素进行幂运算，如果的输出层的激活函数$g^{[L]}(\ )$是softmax 激活函数，那么输出如下：

$$a^{[L]}=g^{[L]}(z^{[L]})=\begin{bmatrix}e^5/(e^5+e^2+e^{-1}+e^3)\\e^2/(e^5+e^2+e^{-1}+e^3)\\e^{-1}/(e^5+e^2+e^{-1}+e^3)\\e^3/(e^5+e^2+e^{-1}+e^3)\end{bmatrix}=\begin{bmatrix}0.842\\0.042\\0.002\\0.114\end{bmatrix}$$

简单来说就是用临时变量t将它归一化，使总和为1，于是这就变成了$a^{[L]}$，注意到向量z中，最大的元素是5，而最大的概率也就是第一种概率。

softmax 这个名称的来源是与所谓 hardmax 对比，hardmax 会把向量z变成向量$\begin{bmatrix}1\\0\\0\\0\end{bmatrix}$，hardmax 函数会观察$z$的元素，然后在$z$中最大元素的位置放上1，其他位置放上0，也就是最大的元素的输出为1，其他的输出都为0。与之相反，softmax 所做的从z到这些概率的映射更为温和，这就是 softmax 这一名称背后所包含的想法，与 hardmax 正好相反。

softmax 激活函数将 logistic 激活函数推广到C类，而不仅仅是两类，结果就是如果$C=2$，那么$C=2$的 softmax 实际上变回了 logistic 回归，大致的证明思路是如果$C=2$，并且应用了 softmax，那么输出层$a^{[L]}$将会输出两个数字。如果$C=2$，则也许输出0.842和0.158。这两个数字加起来要等于1，因为它们的和必须为1，其实它们是冗余的，也许不需要计算两个，而只需要计算其中一个，结果就是最终计算那个数字的方式又回到了 logistic 回归计算单个输出的方式。这算不上是一个证明，但可以从中得出结论，softmax 回归将 logistic 回归推广到了两种分类以上。

怎样训练带有 softmax 输出层的神经网络呢？先定义训练神经网络时会用到的损失函数。举个例子，查看训练集中某个样本的目标输出，真实标签是$\begin{bmatrix}0\\1\\0\\0\end{bmatrix}$，用之前讲到过的例子，表示这是一张猫的图片，因为它属于类1。现在假设神经网络输出的是$\hat{y}$，$\hat{y}$是一个包括总和为 1 的概率的向量，$\boldsymbol{y}=\begin{bmatrix}0.3\\0.2\\0.1\\0.4\end{bmatrix}$，总和为 1，这就是 $\boldsymbol{a}^{[l]}$，$\boldsymbol{a}^{[l]}=\boldsymbol{y}=\begin{bmatrix}0.3\\0.2\\0.1\\0.4\end{bmatrix}$。对于这个，样本神经网络的表现不佳，这实际上是一只猫，但却只分配到 20% 是猫的概率。

那么用什么损失函数来训练这个神经网络？在 softmax 分类中，一般用到的损失函数是 $L(\hat{y},\ \boldsymbol{y})=-\sum_{j=1}^{4}y_i\log\hat{y}_i$，使用单个样本来更好地理解整个过程。注意在这个样本中 $y_1=y_3=y_4=0$，因为这些都是 0，只有 $y_2=1$。如果看这个求和，则所有含有值为 0 的 y_j 的项都等于 0，最后只剩下 $-y^2t\log\hat{y}^2$，因为按照下标 j 全部加起来，所有的项都为 0，除了 $j=2$ 时，又因为 $y_2=1$，所以它就等于 $-\log\hat{y}^2$。

$$L(\hat{y},\ \boldsymbol{y})=-\sum_{j=1}^{4}y_i\log\hat{y}_i=-y_2\log\hat{y}_2=-\log\hat{y}_2$$

这就意味着，如果学习算法试图将它变小，因为梯度下降法是用来减少训练集的损失的，那么要使它变小的唯一方式就是使 $-\log\hat{y}^2$ 变小，要想做到这一点，就需要使 $\hat{y}^2$ 尽可能大。因为这些是概率，所以不可能比 1 大，但这的确也讲得通，因为在这个例子中 x 是猫的图片，就需要这项输出的概率尽可能地大（$\boldsymbol{y}=\begin{bmatrix}0.3\\0.2\\0.1\\0.4\end{bmatrix}$中第二个元素）。

损失函数所做的就是找到训练集中的真实类别，然后试图使该类别相应的概率尽可能地高，这其实就是最大似然估计的一种形式。这是单个训练样本的损失，那么整个训练集的损失 J 又如何呢？也就是设定参数的代价之类的，还有各种形式的偏差的代价，它的定义大致就是整个训练集损失的总和，把训练算法对所有训练样本的预测都加起来，即

$$J(w^{[1]},\ b^{[1]},\ \cdots\cdots)=\frac{1}{m}\sum_{i=1}^{m}L(\hat{y}^{(i)},\ y^{(i)})$$

因此要做的就是用梯度下降法，使这里的损失最小化。最后还有一个实现细节，注意因为 $C=4$，$\boldsymbol{y}$ 是一个 4×1 向量，$\hat{\boldsymbol{y}}$ 也是一个 4×1 向量，如果实现向量化，则矩阵大写 $\boldsymbol{Y}$ 就是 $[y^{(1)}y^{(2)}\cdots\cdots y^{(m)}]$，例如如果上面这个样本是你的第一个训练样本，那么矩阵 $\boldsymbol{Y}=\begin{bmatrix}0&0&1&\cdots\\1&0&0&\cdots\\0&0&0&\cdots\\0&1&0&\cdots\end{bmatrix}$，那么这个矩阵 $\boldsymbol{Y}$ 最终就是一个 $4\times m$ 维矩阵。类似的，$\hat{\boldsymbol{Y}}=[\hat{y}^{(1)}\hat{y}^{(2)}\cdots\cdots\hat{y}^{(m)}]$，这个其实就是 $\hat{\boldsymbol{y}}^{(1)}$（$\boldsymbol{a}^{[l](1)}=\boldsymbol{y}^{(1)}=\begin{bmatrix}0.3\\0.2\\0.1\\0.4\end{bmatrix}$），或是第一个训练样本的输出，那么 $\hat{\boldsymbol{Y}}=\begin{bmatrix}0.3&\cdots\\0.2&\cdots\\0.1&\cdots\\0.4&\cdots\end{bmatrix}$，$\hat{\boldsymbol{Y}}$ 本身也是一个 $4\times m$ 维矩阵。

最后来看一下在有 softmax 输出层时如何实现梯度下降法，这个输出层会计算 $z^{[l]}$，它是 $C\times1$ 维的，在这个例子中是 4×1，然后用 softmax 激活函数来得到 $\boldsymbol{a}^{[l]}$ 或者说 $\boldsymbol{y}$，然后又能由此计算出损失。已经讲了如何实现神经网络前向传播的步骤，来得到这些输出并计算损失，那么反向传播步骤或者梯度下降法又如何呢？其实初始化反向传播所需要的关键步骤或者说关键方程是这个表达式 $\mathrm{d}z^{[l]}=\hat{\boldsymbol{y}}-\boldsymbol{y}$，可以用 $\hat{\boldsymbol{y}}$ 这个 4×1 向量减去 $\boldsymbol{y}$ 这个 4×1 向量，可以看到这些都会是 4×1 向量，当有 4 个分类时，在一般情况下就是 $C\times1$，这符合对 dz 的一般定义，这是对 $z^{[l]}$ 损失函数的偏导数 $\left(\mathrm{d}z^{[l]}=\frac{\partial J}{\partial z^{[l]}}\right)$。有了这个就可以计算 $\mathrm{d}z^{[l]}$，然后开始反向传播的过程，计算整个神经网络中所需要的所有导数。

7.8　TensorFlow

有很多很棒的深度学习编程框架，其中一个是 TensorFlow，在这里会展示 TensorFlow 程序的基本结构，然后自己练习，学习更多细节。

先提一个问题，假设有一个损失函数 J 需要最小化，将使用这个高度简化的损失函数，$Jw=w^2-10w+25$，该函数其实就是 $(w-5)^2$，如果把这个二次方程展开就得到了上面的表达式，所以使它最小的 w 值是 5，但假设不知道这点，只有这个函数，怎样用 TensorFlow 将其最小化呢？

在 Jupyter notebook 中运行 Python。

```
import numpy as np import
tensorflow as tf #导入
TensorFlow
w = tf.Variable(0, dtype = tf.float32)
```

接下来定义参数 w，在 TensorFlow 中，要用`tf.Variable()`来定义参数，然后定义损失函数

```
cost = tf.add(tf.add(w* *2, tf.multiply( - 10., w)), 25)
```

然后再写

```
train = tf.train.GradientDescentOptimizer(0.01).minimize(cost) #
```

用 0.01 的学习率，目标是最小化损失

最后下面的几行是惯用表达式：

```
init = tf.global_ variables_ initializer()
session = tf.Sessions()#这样就开启了一个 TensorFlow session
session.run(init)#来初始化全局变量
```

让 TensorFlow 评估一个变量，要用到

```
session.run(w)
```

上面的这一行将 w 初始化为 0，并定义损失函数，定义 train 为学习算法，它用梯度下降法优化器使损失函数最小化，但实际上还没有运行学习算法，所以上面的这一行将 w 初始化为 0，并定义损失函数，定义 train 为学习算法，它用梯度下降法优化器使损失函数最小

化，但实际上还没有运行学习算法，所以 session.run(w)评估了 w,：print(session.run(w))

所以如果运行这个，则它评估 w 等于 0，因为什么都还没运行。session.run(train)所做的就是运行一步梯度下降法。

接下来在运行了一步梯度下降法后，再评估一下 w 的值，print(session.run(w))。

在一步梯度下降法之后，w 现在是 0.1，如图 7-7 所示。

```
In [3]: session.run(train)
        print(session.run(w))

        0.1
```

图 7-7　进行一步梯度下降法

现在运行梯度下降 1000 次迭代，如图 7-8 所示。

```
In [4]: for i in range(1000):
            session.run(train)
        print(session.run(w))

        4.99999
```

图 7-8　运行 1000 次迭代梯度下降

这是运行了梯度下降的 1000 次迭代，最后 w 变成了 4.99999，$(w-5)^2$ 最小化时 w 的最优值是 5，这个结果已经很接近了。

希望大家能够对 TensorFlow 程序的大致结构有了了解。这里要注意 w 是想要优化的参数，因此将它称为变量。注意需要做的就是定义一个损失函数，使用这些 add 和 multiply 之类的函数。TensorFlow 知道如何对 add 和 mutiply，还有其他函数求导，这就是为什么只需基本实现前向传播，它能弄明白如何做反向传播和梯度计算，因为它已经内置在 add、multiply 和二次方函数中。

一旦 w 被称为 TensorFlow 变量，二次方、乘法和加减运算都重载了。TensorFlow 还有一个特点，那就是这个例子将 w 的一个固定函数最小化了。当训练神经网络时，训练数据 x 会改变，那么如何把训练数据加入 TensorFlow 程序呢？

首先定义 x，把它想作扮演训练数据的角色，事实上训练数据有 x 和 y，但这个例子中只有 x，把 x 定义为 x = tf.placeholder(tf.float32, [3, 1])，让它成为[3, 1]数组。因为 cost 这个二次方程的前三项有固定的系数，即 $w^2+10w+25$，所以可以把这些数字 1，-10 和 25 变成数据，把 cost 替换成 cost = x[0][0] * w * * 2 + x[1][0] * w + x[2][0]，现在 x 变成了控制这个二次函数系数的数据，这个 placeholder 函数告诉 TensorFlow 稍后会为 x 提供数值。

然后再定义一个数组，coefficient = np.array([[1.], [-10.], [25.]])，这就是要接入 x 的数据。最后需要用某种方式把这个系数数组接入变量 x，做到这一点的句法是在训练这一步中，要提供给 x 的数值，在这里设置 feed_dict = {x: coefficients}。

现在如果想改变这个二次函数的系数，则假设把

coefficient = np.array([[1.], [-10.], [25.]])

改为

coefficient = np. array([[1.], [-20.], [100.]])

TensorFlow 中的 placeholder 是一个会赋值的变量，这种方式便于将训练数据加入损失方程，把数据加入损失方程用的是这个句法，当运行训练迭代时，用 `feed_dict` 来让 `x = coefficients`。如果运行 mini-batch 梯度下降，在每次迭代时需要插入不同的 mini-batch，那么每次迭代就用 `feed_dict` 来喂入训练集的不同子集，把不同的 mini-batch 喂入损失函数需要数据的地方。

TensorFlow 用一两行代码就能运用梯度优化器、Adam 优化器或者其他优化器。

这个 with 结构也会在很多 TensorFlow 程序中用到，它的意思基本上与左边的相同，但是 Python 中的 with 命令更方便清理，以防在执行这个内循环时出现错误或例外，所以也会在编程练习中看到这种写法。那么这个代码到底做了什么呢？让看以下等式：

```
cost =x[0][0]*w**2 +x[1][0]*w+x[2][0]#(w-5)**2
```

TensorFlow 程序的核心是计算损失函数，自动计算出导数，以及如何最小化损失，因此这个等式或者这行代码所做的就是让 TensorFlow 建立计算图，计算图所做的就是取 $x[0][0]$，取 w，然后将它二次方，再让 $x[0][0]$ 和 w^2 相乘，就得到了 $x[0][0]*w^2$，以此类推，最终整个建立起来计算 `cost =[0][0]*w**2 +x[1][0]*w+x[2][0]`，最后得到了损失函数。

TensorFlow 的优点在于通过用这个计算损失，计算图基本实现前向传播。TensorFlow 已经内置了所有必要的反向函数，它也能自动用反向函数来实现反向传播，即便函数非常复杂，再计算导数，这就是为什么不需要明确实现反向传播，这是编程框架能帮助程序变得高效的原因之一。在编程框架中可以用一行代码做很多事情，不想用梯度下降法，而是想用 Adam 优化器时，只要改变这行代码就能很快换掉它，换成更好的优化算法。

第3部分
卷积神经网络及应用

第 8 章　卷积神经网络

8.1　计算机视觉

计算机视觉是一个飞速发展的领域。深度学习与计算机视觉可以帮助汽车查明周围的行人和汽车，并帮助汽车避开它们。还使得人脸识别技术变得更加效率和精准，比如通过刷脸就能解锁手机或者门锁。机器学习甚至还催生了新的艺术类型。

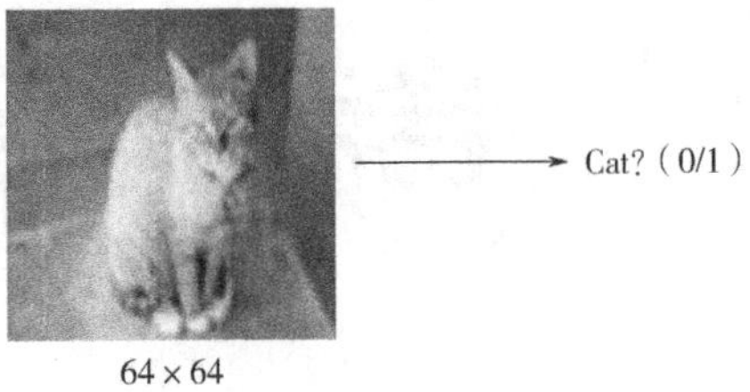

图 8-1　图片分类

本节将要学习的一些图片分类或者图片识别问题，比如给出图 8-1 所示的 64 × 64 的图片，让计算机去分辨出这是一只猫。

再举一个例子，在计算机视觉中有个问题叫作目标检测，如图 8-2 所示。比如在一个无人驾驶项目中，不一定非得识别出图片中的物体是车辆，但是需要计算出其他车辆的位置，以确保能够避开它们。所以在目标检测项目中，首先需要计算出图中有哪些物体，比如汽车，还有图片中的其他东西，再将它们模拟成一个个盒子，或用一些其他的技术识别出它们在图片中的位置。注意，在这个例子中，在一张图片中同时有多个车辆，每辆车相对来说都有一个确切的距离。

图 8-2　目标检测

还有一个更有趣的例子，就是利用神经网络实现图片风格迁移。比如说有一张图片，可以将这张图片转换为另外一种风格。图片风格迁移，就是假设有一张满意的图片和一张风格图片，如图 8-3 所示，右边这幅画是毕加索的画作，可以利用神经网络将它们融合到一起，描绘出一张新的图片。它的整体轮廓来自于左边，却是右边的风格，最后生成下面这张图片。这种神奇的算法创造出了新的艺术风格。

图 8-3　图片风格迁移

但在应用计算机视觉时要面临一个挑战，就是数据的输入可能会非常大。举个例子，在过去的课程中，一般操作的都是 64×64 的小图片，实际上，它的数据量是 64×64×3，因为每张图片都有三个颜色通道。如果计算一下的话，可得知数据量为 12288，所以特征向量 x 的维度为 12288，如图 8-4 所示。

64×64

图 8-4　不同大小分辨率的图片

如果操作更大的图片，比如一张 1000×1000 的图片，那么它足有 1 兆那么大，而且特征向量的维度达到了 1000×1000×3，因为有三个 RGB 通道，所以数字将会是 300 万。如果在尺寸很小的屏幕上观察，则可能察觉不出上面的图片只有 64×64 那么大，而下面一张是 1000×1000 的大图。

如果输入 300 万的数据量，这就意味着，特征向量 x 的维度高达 300 万。假如在第一隐藏层中有 1000 个隐藏单元，所有的权值组成了矩阵 $\boldsymbol{W}^{[1]}$。如果使用标准的全连接网络，则这个矩阵的大小将会是 1000×300 万。因为现在 x 的维度为 $3m$，所以 $3m$ 通常用来表示 300 万。这意味着矩阵 $\boldsymbol{W}^{[1]}$ 会有 30 亿个参数，这是个非常巨大的数字。在参数如此大量的情况下，要处理包含 30 亿参数的神经网络，难以获得足够的数据来防止神经网络发生过拟合和竞争需求。

但对于计算机视觉应用来说，肯定不能只处理小图片，还应该同时可以处理大图。为此，需要进行卷积计算，它是卷积神经网络中非常重要的一块。

8.2　边缘检测示例

卷积运算是卷积神经网络最基本的组成部分，使用边缘检测作为入门样例。下面讲解卷积是如何进行运算的。

举个例子，给出一张如图 8-5 所示图片，让电脑去搞清楚这张照片里有什么物体，可能做的第一件事是检测图片中的垂直边缘。比如说，在这张图片中的栏杆就对应垂直线，与此同时，这些行人的轮廓线某种程度上也是垂直线，这些线是垂直边缘检测器的输出。那么如何在图像中检测这些边缘？

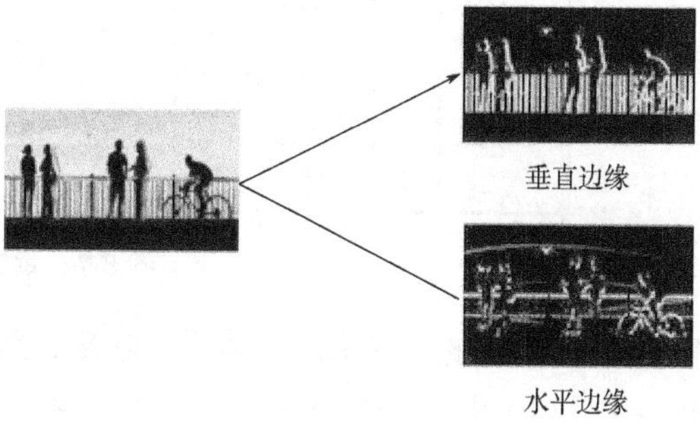

图 8-5　边缘检测

举一个例子，这是一个 6×6 的灰度图像。因为是灰度图像，所以它是 6×6×1 的矩阵，而不是 6×6×3 的，因为没有 RGB 三通道。为了检测图像中的垂直边缘，可以构造一个 3×3 矩阵。在卷积神经网络的术语中，它被称为过滤器。要构造一个 3×3 的过滤器，像这样 $\begin{bmatrix}1 & 0 & -1\\1 & 0 & -1\\1 & 0 & -1\end{bmatrix}$。在有些文章中它会被称为核，而不是过滤器。对这个 6×6 的图像进行卷积运算，卷积运算用“ * ”来表示，用 3 ×3 的过滤器对其进行卷积，如图 8-6 所示。

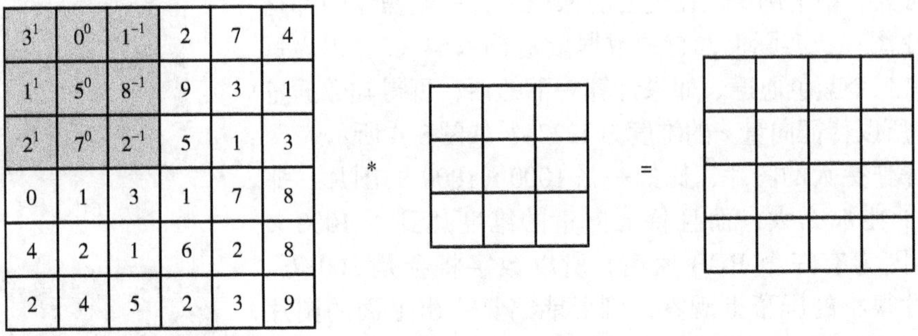

图 8-6　卷积运算

这个卷积运算的输出将会是一个 4 ×4 的矩阵，可以将它看成一个 4 ×4 的图像。如何计算得到这个 4 ×4 矩阵？计算第一个元素，即 4 ×4 左上角的那个元素，使用 3 ×3 的过滤器，将其覆盖在输入图像。然后进行元素乘法运算，所以 $\begin{bmatrix} 3*1 & 0*0 & -1*1 \\ 1*1 & 5*0 & -1*8 \\ 2*1 & 7*0 & -1*2 \end{bmatrix} = \begin{bmatrix} 3 & 0 & -1 \\ 1 & 0 & -8 \\ 2 & 0 & -2 \end{bmatrix}$，然后将该矩阵每个元素相加得到最左上角的元素，即 $3+1+2+0+0+0+(-1)+(-8)+(-2)=-5$。

把这 9 个数加起来得到 -5，这 9 个数可以按任何顺序相加，这里只是先写了第一列，然后第二列、第三列。

接下来，为了计算第二个元素是什么，把灰色的方块，向右移动一步，之后的灰色方块区域如图 8-7 所示。

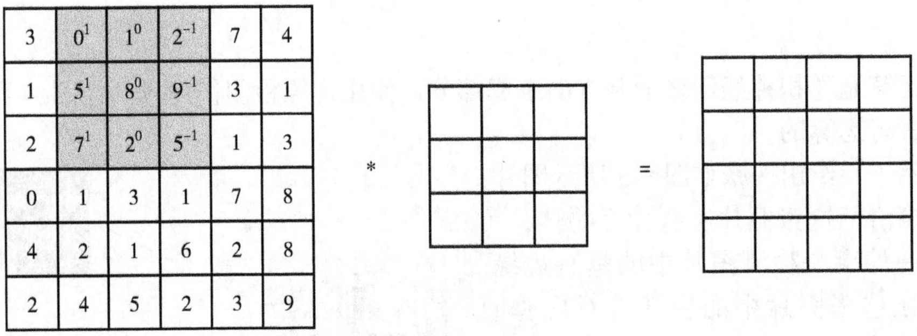

图 8-7　垂直边缘检测 1

继续做同样的元素乘法，然后加起来，所以是 $0\times1+5\times1+7\times1+1\times0+8\times0+2\times0+2\times(-1)+9\times(-1)+5\times(-1)=-4$。

接下来也是一样，继续右移一步，把 9 个数的点积加起来得到 0，如图 8-8 所示。

继续移得到 8，验证一下：$2\times1+9\times1+5\times1+7\times0+3\times0+1\times0+4\times(-1)+1\times(-1)+3\times(-1)=8$。

接下来计算得到下一行的元素，现在把灰色块下移，位置如图 8-9 所示。

重复进行元素乘法，然后加起来。通过这样做得到 -10，再将其右移得到 -2，接着是 2，3。以此类推，这样计算完矩阵中的其他元素，如图 8-10 所示。

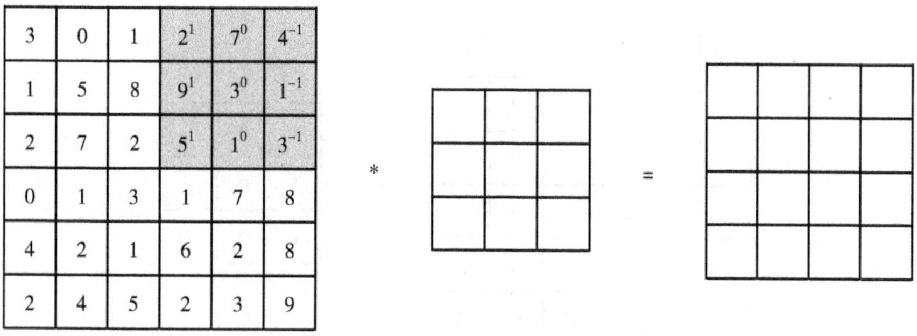

图 8-8　垂直边缘检测 2

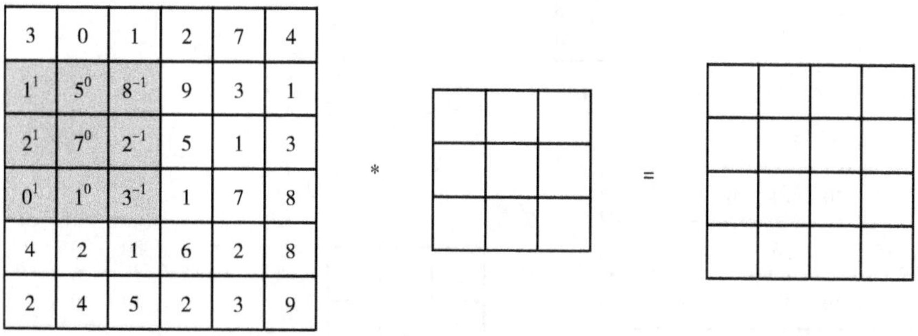

图 8-9　垂直边缘检测 3

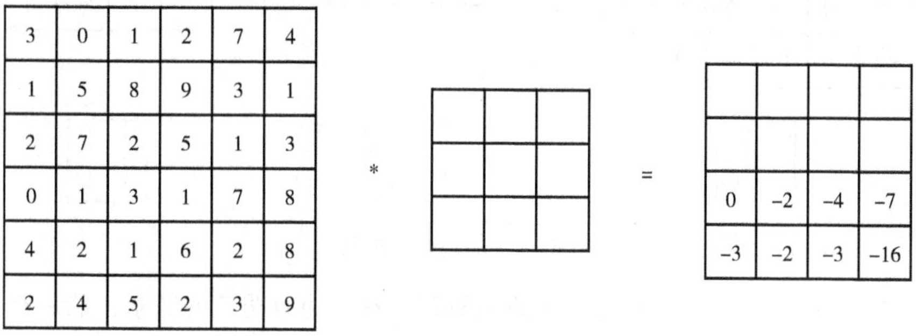

图 8-10　垂直边缘检测 4

因此 6×6 矩阵和 3×3 矩阵进行卷积运算得到 4×4 矩阵。这些图片和过滤器是不同维度的矩阵，左边矩阵容易被理解为一张图片，中间的被理解为过滤器，右边的图片可以理解为另一张图片。这个就是垂直边缘检测器。

如果要使用编程语言实现这个运算，那么不同的编程语言有不同的函数，而不是用“*”来表示卷积。在实践编程中，会使用一个叫 conv_forward 的函数。如果在 tensorflow 下，则这个函数叫 tf. conv2d。在 Keras 这个框架下用 Conv2D 实现卷积运算。所有的编程框架都有对应的一些函数来实现卷积运算。

为什么这个可以做垂直边缘检测呢？再举一个简单的例子，如图 8-11 所示。

一个简单的 6×6 图像如图 8-12 所示，左边的一半是 10，右边一半是 0。如果把它当成一个图片，左边那部分看起来是白色的，像素值 10 是比较亮的像素值，右边像素值比较暗，使用灰色来表示 0，它也可以被画成黑的。图片里有一个特别明显的垂直边缘在图像中间，这条垂直线是从黑到白的过渡线，或者从白色到深色。

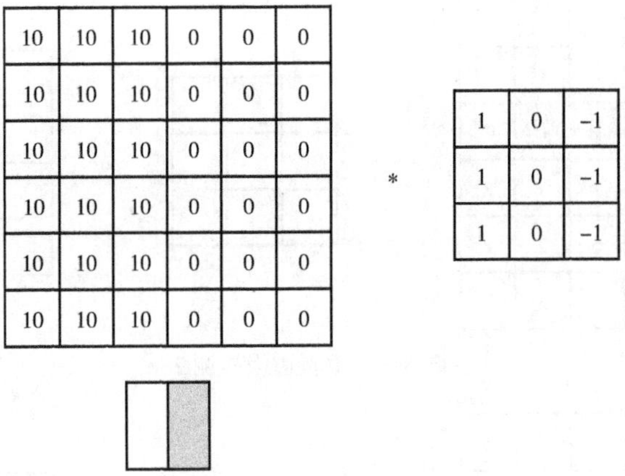

图 8-11　垂直边缘检测 5

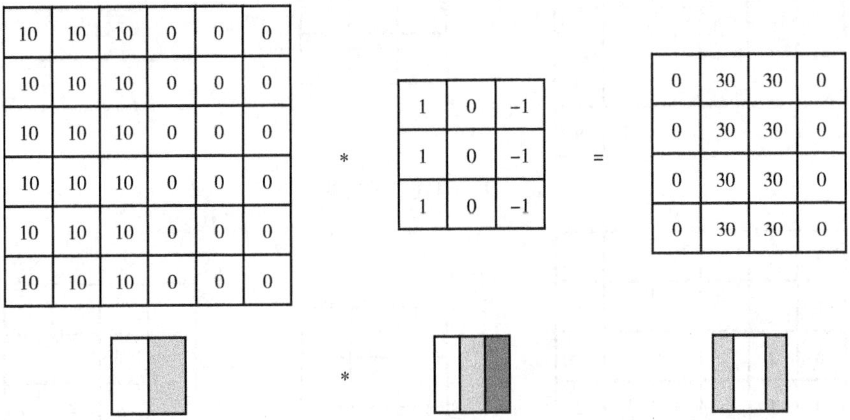

图 8-12　垂直边缘检测 6

所以，当用一个 3×3 过滤器进行卷积运算时，在左边有明亮的像素，然后有一个过渡，0 在中间，右边是深色的。卷积运算后，得到的是右边的矩阵。可以通过数学运算去验证。举例来说，最左上角的元素 0，就是由这个 3×3 块经过元素乘积运算再求和得到的，$10\times1+10\times1+10\times1+10\times0+10\times0+10\times0+10\times(-1)+10\times(-1)+10\times(-1)=0$。相反这个 30 是如图 8-13 所示得到的，$10\times1+10\times1+10\times1+10\times0+10\times0+10\times0+0\times(-1)+0\times(-1)+0\times(-1)=30$。

如果把最右边的矩阵当成图像，那么它是这个样子：在中间有段亮一点的区域，对应检查到这个 6×6 图像中间的垂直边缘。这里的维数似乎有点不正确，检测到的边缘太粗了。因为在这个例子中，图片太小了。如果使用一个 1000×1000 的图像，而不是 6×6 的图片，则会发现能够很好地检测出图像中的垂直边缘。

在这个例子中，在输出图像中间的亮处表示在图像中间有一个特别明显的垂直边缘。从垂直边缘检测中可以得到的启发是，因为使用 3×3 的矩阵（过滤器），所以垂直边缘是一个 3×3 的区域，左边是明亮的像素，中间的不需要考虑，右边是深色像素。在这个 6×6 图像的中间部分，明亮的像素在左边，深色的像素在右边，就被视为一个垂直边缘，卷积运算提供了一个方便的方法来发现图像中的垂直边缘。

8.3　边缘检测内容

还是上面的例子，这张 6×6 的图片，左边较亮，而右边较暗，将它与垂直边缘检测滤波器进行卷积。现在这幅图有什么变化呢？它的颜色被翻转了，变成了左边比较暗，而右边比较亮。现在亮度为 10 的点跑到了右边，亮度为 0 的点则跑到了左边。如果用它与相同的过滤器进行卷积，那么最后得到的图中间会是 -30，而不是 30。如果将矩阵转换为图片，则会是该矩阵下面图片的样子。现在中间的过渡部分被翻转了，之前的 30 翻转成了 -30，如图 8-13 所示表明是由暗向亮过渡，而不是由亮向暗过渡。

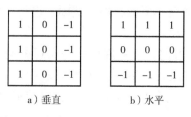

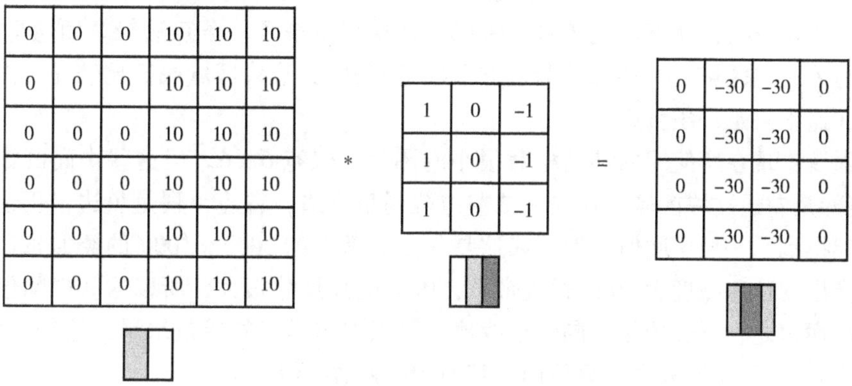

图 8-13　垂直边缘检测例子

如果不在乎这两者的区别，则可以取出矩阵的绝对值。但这个特定的过滤器确实可以区分这两种明暗变化的区别。

再看下更多的边缘检测的例子，已经使用过这个 3×3 的过滤器，它可以检测出垂直的边缘。所以猜测一下图 8-14 中右边这个过滤器的作用，它可能可以检测出水平的边缘。回忆一下，一个垂直边缘过滤器是一个 3×3 的区域，它的左边相对较亮，而右边相对较暗。相似的，右边这个水平边缘过滤器也是一个 3×3 的区域，它的上边相对较亮，而下方相对较暗。

1	0	-1
1	0	-1
1	0	-1

a）垂直

1	1	1
0	0	0
-1	-1	-1

b）水平

图 8-14　垂直边缘检测和水平边缘检测

这里还有个更复杂的例子，左上方和右下方都是亮度为 10 的点。如果将它绘成图片，则右上角是比较暗的地方，这边都是亮度为 0 的点，把这些比较暗的区域都加上阴影。而左上方和右下方都会相对较亮。如果将这幅图与水平边缘过滤器卷积，则会得到右边这个矩阵，如图 8-15 所示。

$$\begin{bmatrix} 10 & 10 & 10 & 0 & 0 & 0 \\ 10 & 10 & 10 & 0 & 0 & 0 \\ 10 & 10 & 10 & 0 & 0 & 0 \\ 0 & 0 & 0 & 10 & 10 & 10 \\ 0 & 0 & 0 & 10 & 10 & 10 \\ 0 & 0 & 0 & 10 & 10 & 10 \end{bmatrix} * \begin{bmatrix} 1 & 1 & 1 \\ 0 & 0 & 0 \\ -1 & -1 & -1 \end{bmatrix} = \begin{bmatrix} 0 & 0 & 0 & 0 \\ 30 & 10 & -10 & -30 \\ 30 & 10 & -10 & -30 \\ 0 & 0 & 0 & 0 \end{bmatrix}$$

图 8-15　水平边缘检测例子

再举个例子，这里的 30 代表了左边这块 3×3 的区域（左边矩阵绿色方框标记部分），这块区域上边比较亮，而下边比较暗，所以它在这里发现了一条正边缘。而这里的 -30 又代表了左边另一块区域（左边矩阵紫色方框标记部分），这块区域底部比较亮，而上边比较暗，所以在这里它是一条负边。

再次强调，现在所使用的都是相对很小的图片，仅有 6×6。但这些中间的数值，比如说 10 代表的是左边这块区域。这块区域左边两列是正边，右边一列是负边，正边和负边的值加在一起得到了一个中间值。但假如这是一个非常大的 1000×1000 的类似棋盘风格的大图，就不会出现这些亮度为 10 的过渡带了，因为图片尺寸很大，所以这些中间值就会变得非常小。总而言之，通过使用不同的过滤器，可以找出垂直的或是水平的边缘。但事实上，对于这个 3×3 的过滤器来说，只使用了其中的一种数字组合。

但在历史上，在计算机视觉的文献中，曾公平地争论过怎样的数字组合才是最好的，所以还可以使用这种 $\begin{bmatrix} 1 & 0 & -1 \\ 2 & 0 & -2 \\ 1 & 0 & -1 \end{bmatrix}$，叫作 Sobel 的过滤器，它的优点在于增加了中间一行元素的权重，这使得结果的鲁棒性会更高一些。

但计算机视觉的研究者们也会经常使用其他的数字组合，比如 $\begin{bmatrix} 3 & 0 & -3 \\ 10 & 0 & -10 \\ 3 & 0 & -3 \end{bmatrix}$，这叫作 Scharr 过滤器，它有着和之前完全不同的特性，实际上也是一种垂直边缘检测，如果将其翻转 90°，就能得到对应水平边缘检测。

随着深度学习的发展，学习的其中一件事就是当想去检测复杂图像的边缘时，不一定要使用那些研究者们所选择的这九个数字，但可以从中学习得到启发。把这矩阵中的九个数字当成九个参数，并且在之后还会学习使用反向传播算法，其目标就是去理解这九个参数。

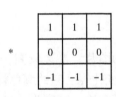

当使用图 8-16 左边这个 6×6 的图片，使其与 3×3 的过滤器进行卷积时，会得到一个出色的边缘检测。在下节课中将会看到，把这九个数字当成参数的过滤器，通过反向传播，可以学习这种 $\begin{bmatrix} 3 & 0 & -3 \\ 10 & 0 & -10 \\ 3 & 0 & -3 \end{bmatrix}$ 的过滤器，或者 Sobel 过滤器和 Scharr 过滤器。还有另一种过

滤器，这种过滤器对于数据的捕捉能力甚至可以胜过任何之前的过滤器。相比这种单纯的垂直边缘和水平边缘，它可以检测出 45°或 70°或 73°，甚至是任何角度的边缘。所以将矩阵的所有数字都设置为参数后，通过数据反馈，让神经网络自动去学习它们，会发现神经网络可以学习一些低级的特征，例如这些边缘的特征。不过构成这些计算的基础依然是卷积运算，这使得反向传播算法能够让神经网络学习任何它所需要的 3×3 的过滤器，并在整幅图片上应用它。左边矩阵的方框标记部分，去输出这些任何它所检测到的特征，不管是垂直的边缘，水平的边缘，还是其他奇怪角度的边缘，甚至是其他的连名字都没有的过滤器。这种将这九个数字当成参数的思想，已经成为计算机视觉中最为有效的思想之一。

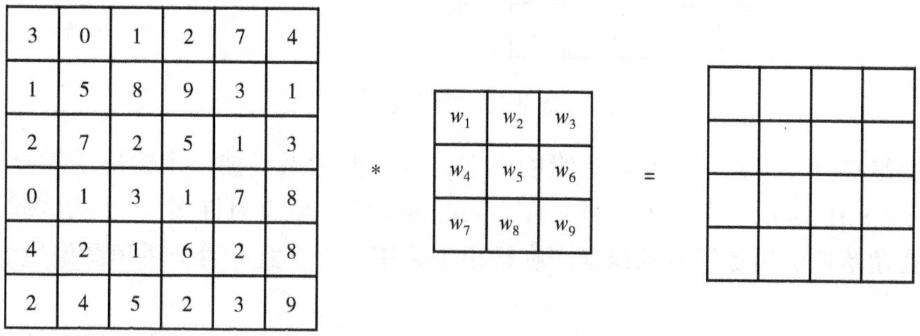

图 8-16　边缘检测

8.4　填充

为了构建深度神经网络，需要学会使用的一个基本的卷积操作就是填充（padding），如图 8-17 所示，它是如何工作的呢？

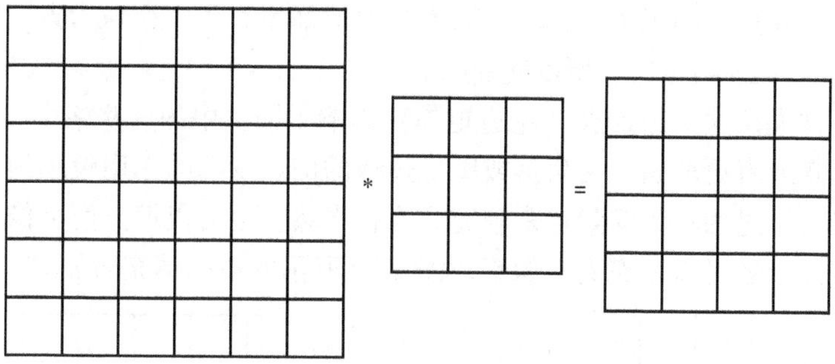

图 8-17　卷积

在之前的学习中，如果使用一个 3×3 的过滤器去卷积一个 6×6 的图像，那么最后会得到一个 4×4 的输出，也就是一个 4×4 矩阵。那是因为 3×3 过滤器在 6×6 矩阵中，只可能有 4×4 种可能的位置。这背后的数学解释是如果有一个 $n \times n$ 的图像，用 $f \times f$ 的过滤器做卷积，那么输出的维度就是 $(n-f+1)\times(n-f+1)$。在这个例子里是 $6-3+1=4$，因此得到了一个 4×4 的输出。

这样做会有两个缺点，第一个缺点是每次做卷积操作，图像就会缩小，从 6×6 缩小到

4×4，可能做了几次之后，图像就会变得很小，可能会缩小到只有 1×1 的大小，如图 8-18 所示。但人们并不想图像在每次识别边缘或其他特征时都缩小，这是第一个缺点。

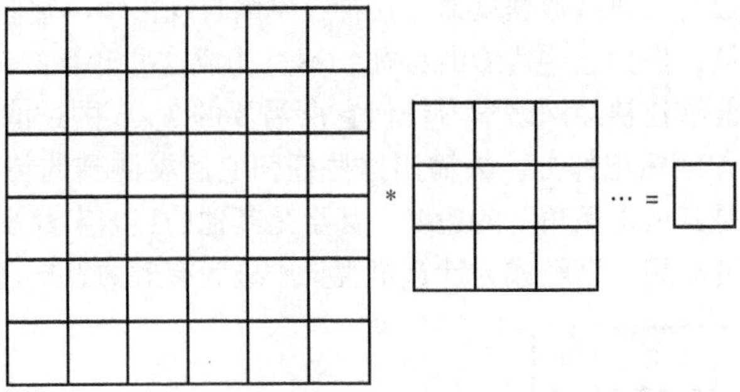

图 8-18　卷积运算

第二个缺点是，注意一下角落边缘的像素，这个像素点只被一个输出所触碰或者使用，因为它位于 3×3 区域的一角。但如果是在中间的像素点，则会有许多 3×3 的区域与之重叠。所以那些在角落或者边缘区域的像素点在输出中采用较少，意味着会丢掉图像边缘位置的许多信息。

为了解决这两个问题，一是输出缩小。当建立深度神经网络时，会知道为什么不希望每进行一步操作图像都会缩小。比如有 100 层深层的网络，如果图像每经过一层都缩小的话，那么经过 100 层网络后，就会得到一个很小的图像，所以这是一个问题。另一个问题是图像边缘的大部分信息都丢失了。

为了解决这些问题，可以在卷积操作之前填充这幅图像。在图 8-19 所示例子中，可以沿着图像边缘再填充一层像素。如果这样操作，那么 6×6 的图像就被填充成一个 8×8 的图像。再用 3×3 的图像对这个 8×8 的图像卷积，得到的输出就不是 4×4 的，而是 6×6 的图像，此时得到了一个尺寸和原始图像 6×6 一样大的图像。习惯上可以用 0 去填充，如果 p 是填充的数量，则在这个例子中，$p=1$，因为在周围都填充了一个像素点，输出也就变成了 $(n+2p-f+1) \times (n+2p-f+1)$，所以就变成了 $(6+2\times1-3+1) \times (6+2\times1-3+1)=6\times6$，和输入的图像一样大。这个像素点（左边矩阵）影响了输出中的这些格子（右边矩阵）。这样一来，丢失信息或者更准确来说角落或图像边缘的信息发挥的作用较小的这一缺点就被削弱了。刚才已经展示过用一个像素点来填充边缘，当然，也可以填充两个像素点，也就是说再填充一层。实际上还可以填充更多像素。图 8-20 所示的情况填充后 $p=2$。

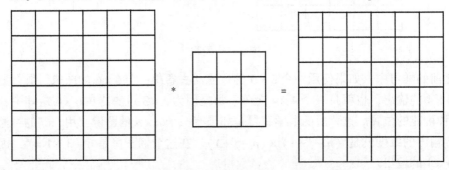

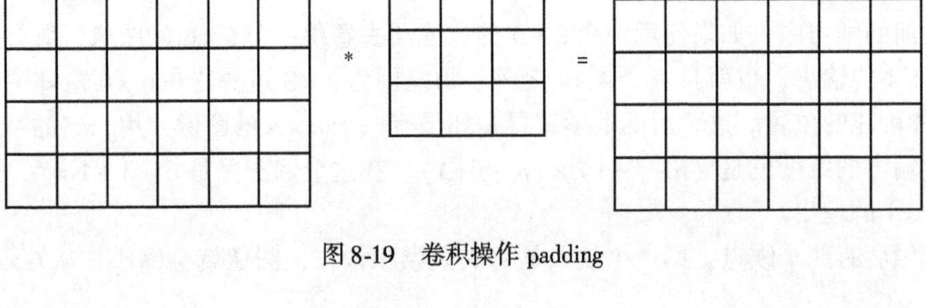

图 8-19　卷积操作 padding

至于选择填充多少像素，通常有两个选择，分别叫作 valid 卷积和 same 卷积。valid 卷积意味着不填充，这样的话，如果对一个 $n \times n$ 的图像，则用一个 $f \times f$ 的过滤器卷积，将会得到一个 $(n-f+1) \times (n-f+1)$ 维的输出。这类似于前面课程中展示的例子，有一个 6×6 的图像，通过一个 3×3 的过滤器，得到一个 4×4 的输出。

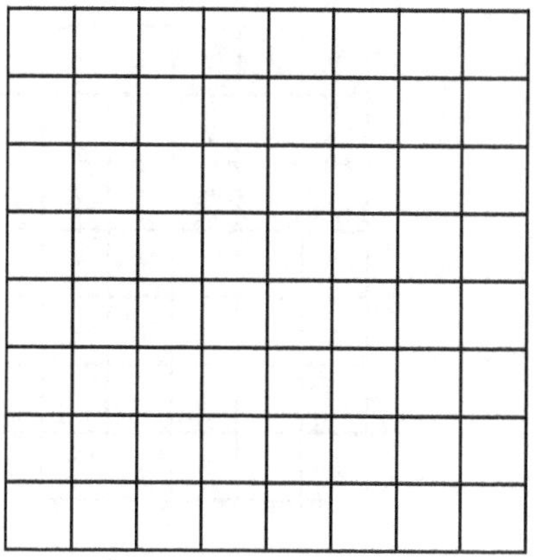

图 8-20　padding（填充）

另一个经常被用到的填充方法叫作 same 卷积，意味着填充后，输出大小和输入大小是一样的。根据这个公式 $n-f+1$，当填充 p 个像素点后，n 就变成了 $n+2p$，最后公式变为 $n+2p-f+1$。因此如果有一个 $n \times n$ 的图像，那么用 p 个像素填充边缘，输出的大小就是这样的 $(n+2p-f+1) \times (n+2p-f+1)$。如果想让 $n+2p-f+1=n$，使得输出和输入大小相等，可以使用这个等式求解 p，那么 $p=(f-1)/2$。所以当 f 是一个奇数的时候，只要选择相应的填充尺寸，就能确保得到和输入相同尺寸的输出。这也是为什么前面的例子，当过滤器是 3×3 时，和之前的例子一样，使得输出尺寸等于输入尺寸，所需要的填充是 $(3-1)/2$，也就是 1 个像素。另一个例子，当过滤器是 5×5 时，如果 $f=5$，然后代入那个式子，则会发现需要 2 层填充使得输出和输入一样大，这是过滤器 5×5 的情况。

计算机视觉中，f 通常是奇数，甚至可能都是这样。很少看到一个偶数的过滤器在计算机视觉里使用，一般有以下两个原因：

1）如果 f 是一个偶数，那么只能使用一些不对称填充。只有 f 是奇数的情况下，same 卷积才会有自然的填充，可以以同样的数量填充，而不是左边填充多一点，右边填充少一点，这样不对称的填充。

2）当有一个奇数维过滤器，比如 3×3 或者 5×5 时，它就有一个中心点。有时在计算机视觉里，如果有一个中心像素点会更方便，这便于指出过滤器的位置。

也许这些都不是为什么 f 通常是奇数的充分原因，但如果看卷积的文献，则会经常看到 3×3 的过滤器，也可能会看到一些 5×5，7×7 的过滤器。后面的课程也会谈到 1×1 的过滤器，以及什么时候它是有意义的。但是一般情况下，推荐使用奇数的过滤器。当然了，使用偶数 f 也可能会得到不错的表现，如果遵循计算机视觉的惯例，则通常建议使用奇数值的 f。

学习了如何使用 padding 卷积，可以指定卷积操作中的 padding，即可以指定 p 的值。也可以使用 valid 卷积，也就是 $p=0$。也可使用 same 卷积填充像素，使输出和输入大小相同。

8.5　卷积步长

卷积中的步幅是另一个构建卷积神经网络的基本操作，举一个例子，如图 8-21 所示。

2^{3}	3^{4}	7^{4}	4	6	2	9
6^{1}	6^{0}	9^{2}	8	7	4	3
3^{-1}	4^{0}	8^{3}	3	8	9	7
7	8	3	6	6	3	4
4	2	1	8	3	4	6
3	2	4	1	9	8	3
0	1	3	9	2	1	4

*

3	4	4
1	0	2
-1	0	3

=

图 8-21　卷积步长

如果想用 3×3 的过滤器卷积这个 7×7 的图像，那么和之前不同的是，这里把步幅设置成了 2。还和之前一样取左上方的 3×3 区域的元素的乘积，再加起来，最后结果为 91。

只是之前移动的步长是 1，现在移动的步长是 2，让过滤器跳过 2 个步长，注意一下左上角，这个点移动到其后两格的点，跳过了一个位置。然后还是将每个元素相乘并求和，则将会得到的结果是 100，如图 8-22 所示。

2	3	7	4	6^{3}	2^{4}	9^{4}
6	6	9	8	7^{1}	4^{0}	3^{2}
3	4	8	3	8^{-1}	9^{0}	7^{3}
7	8	3	6	6	3	4
4	2	1	8	3	4	6
3	2	4	1	9	8	3
0	1	3	9	2	1	4

*

3	4	4
1	0	2
-1	0	3

=

图 8-22　卷积移动步长

现在将灰色框移动两个步长，将会得到 83 的结果。当移动到下一行的时候，也是使用步长 2 而不是步长 1，将灰色框移动到如图 8-23 所示。

2	3	7	4	6	2	9
6	6	9	8	7	4	3
3^{3}	4^{4}	8^{4}	3	8	9	7
7^{1}	8^{0}	3^{2}	6	6	3	4
4^{-1}	2^{0}	1^{3}	8	3	4	6
3	2	4	1	9	8	3
0	1	3	9	2	1	4

*

3	4	4
1	0	2
-1	0	3

=

图 8-23　卷积步长移动运算

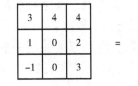

注意到这里跳过了一个位置，得到 69 的结果，然后继续移动两个步长，会得到 91，127，最后一行分别是 44，72，74，如图 8-24 所示。

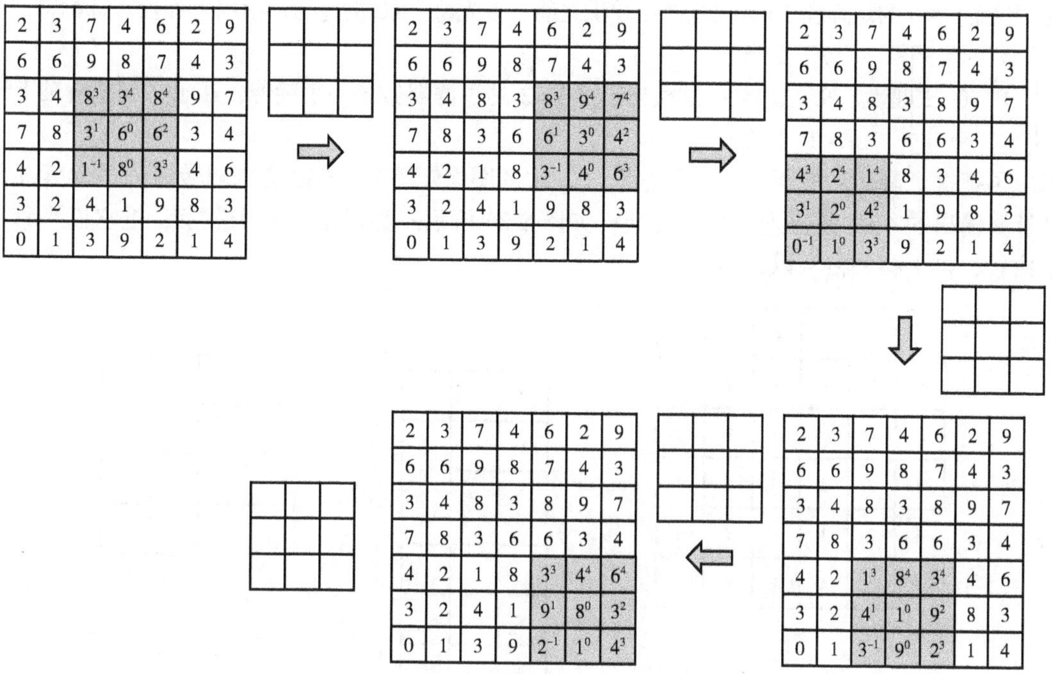

图 8-24　卷积步长运算

在这个例子中，用 3×3 的矩阵卷积一个 7×7 的矩阵，得到一个 3×3 的输出。输入和输出的维度是由下面的公式决定的。如果用一个 $f\times f$ 的过滤器卷积一个 $n\times n$ 的图像，填充 padding 为 p，步幅为 s，则在这个例子中 $s=2$，会得到一个输出，因为现在不是一次移动一个步子，而是一次移动 s 个步子，于是输出变为 $\frac{n+2p-f}{s}+1\times\frac{n+2p-f}{s}+1$。

在这个例子里，$n=7$，$p=0$，$f=3$，$s=2$，$\frac{7+0-3}{2}+1=3$，即 3×3 的输出。

现在只剩下最后一个细节，如果商不是一个整数怎么办？在这种情况下，向下取整。$\lfloor\ \ \rfloor$ 这是向下取整的符号，这也叫作对 z 进行地板除（floor），这意味着 z 向下取整到最近的整数。这个原则实现的方式是，只在灰色框完全包括在图像或填充完的图像内部时，才对它进行运算。如果有任意一个灰色框移动到了外面，那么就不要进行相乘操作，这是一个惯例。3×3 的过滤器必须完全处于图像中或者填充之后的图像区域内才输出相应结果，这就是惯例。因此正确计算输出维度的方法是向下取整，以免 $\frac{n+2p-f}{s}$ 不是整数。

总结一下维度情况：一个 $n\times n$ 的矩阵或者 $n\times n$ 的图像，与一个 $f\times f$ 的矩阵卷积，或者说 $f\times f$ 的过滤器。padding（填充）是 p，步幅为 s 时输出尺寸如图 8-25 所示。

$n\times n$ 图像　　$f\times f$ 滤波器

padding p　　stride s

$$\left\lfloor\frac{n+2p-f}{s}+1\right\rfloor \times \left\lfloor\frac{n+2p-f}{s}+1\right\rfloor$$

图 8-25　卷积步长公式总结

也可以自己选择一些 n，f，p 和 s 的值来验证这个输出尺寸的公式是对的。

在数学教科书，卷积的定义是做元素乘积求和，实际上还有一个步骤是首先要做的，也就是在把这个 6×6 的矩阵和 3×3 的过滤器卷积之前，首先将 3×3 的过滤器沿水平和垂直轴翻转，所以 $\begin{bmatrix}3 & 4 & 5\\1 & 0 & 2\\-1 & 9 & 7\end{bmatrix}$ 变为 $\begin{bmatrix}7 & 2 & 5\\9 & 0 & 4\\-1 & 1 & 3\end{bmatrix}$，这相当于将 3×3 的过滤器做了一个镜像，在水平和垂直轴上[⊖]，然后再把这个翻转后的矩阵复制到这里（左边的图像矩阵），要把这个翻转矩阵的元素相乘来计算输出的 4×4 矩阵左上角的元素，如图 8-26 所示。然后取这 9 个数字，把它们平移一个位置，再平移一格，以此类推。

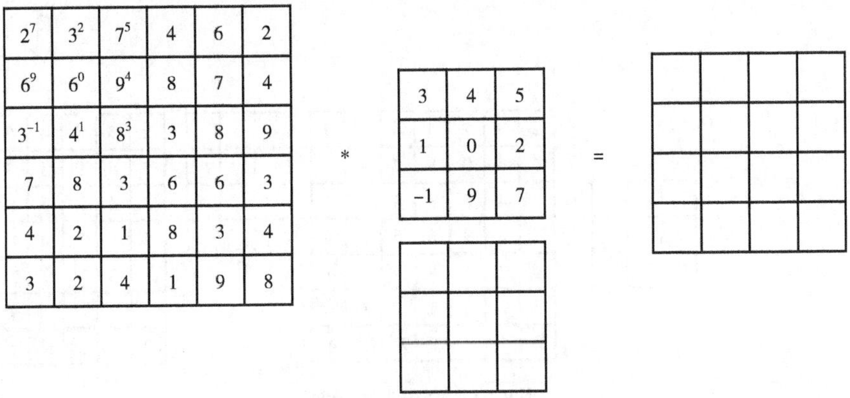

图 8-26　互相关和卷积说明

总结来说，按照机器学习的惯例，通常不进行翻转操作。从技术上说，这个操作可能叫作互相关更好。事实证明在信号处理中或某些数学分支中，卷积的定义包含翻转，使得卷积运算符拥有这个性质，即 $(A*B)*C=A*(B*C)$，这在数学中被称为结合律。这对于一些信号处理应用来说很好，但对于深度神经网络来说它并不重要，因此省略了这个双重镜像操作，就简化了代码，并使神经网络也能正常工作。

8.6　三维卷积

如何在三维上卷积？

举一个例子，假如不仅想检测灰度图像的特征，也想检测 RGB 彩色图像的特征。彩色图像如果是 $6\times6\times3$，这里的 3 指的是三个颜色通道，可以把它想象成三个 6×6 图像的堆叠。为了检测图像的边缘或者其他的特征，不是把它跟原来的 3×3 的过滤器做卷积，而是跟一个三维的过滤器，它的维度是 $3\times3\times3$，这样这个过滤器也有三层，对应红绿、蓝三个通道。

给这些起个名字（原图像），这里的第一个 6 代表图像高度，第二个 6 代表宽度，这个

⊖ 此处应该是先顺时针旋转 90°得到 $\begin{bmatrix}-1 & 1 & 3\\9 & 0 & 4\\7 & 2 & 5\end{bmatrix}$，再水平翻转得到 $\begin{bmatrix}7 & 2 & 5\\9 & 0 & 4\\-1 & 1 & 3\end{bmatrix}$。——编者注

3 代表通道的数目。同样这个过滤器也有高，宽和通道数，并且图像的通道数必须和过滤器的通道数匹配，所以这两个数必须相等。后续再去了解这个卷积操作是如何进行的。这个的输出会是一个 4 ×4 的图像，注意是 4 ×4 ×1，最后一个数不是 3 了，如图 8-27 所示。

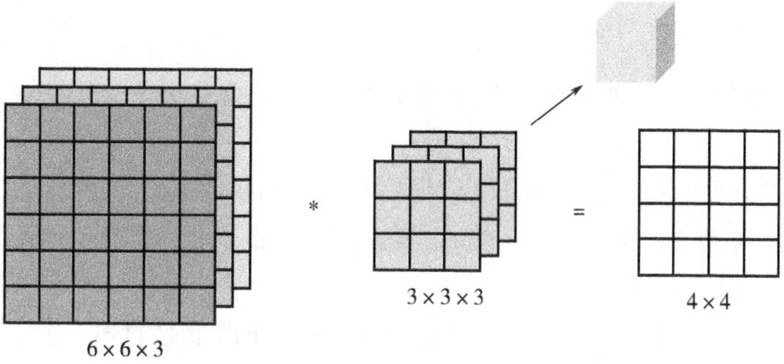

图 8-27　RGB 图像上的卷积 1

研究一下这背后的细节，首先换一张好看的图片。这个是 6 ×6 ×3 的图像和 3 ×3 ×3 的过滤器，最后一个数字通道数必须和过滤器中的通道数相匹配。为了简化这个 3 ×3 ×3 过滤器的图像，不把它画成三个矩阵的堆叠，而画成一个三维的立方体。

在计算这个卷积操作的输出时，把这个 3 ×3 ×3 的过滤器先放到最左上角的位置，这个 3 ×3 ×3 的过滤器有 27 个数，27 个参数就是 3 的立方。依次取这 27 个数，然后乘以相应的红绿蓝通道中的数字。先取红色通道的前 9 个数字，然后是绿色通道，再是蓝色通道，乘以左边黄色立方体覆盖的对应的 27 个数，然后把这些数都加起来，就得到了输出的第一个数字。如果要计算下一个输出，则把这个立方体滑动一个单位，再与对应的 27 个数相乘，把它们都加起来，就得到了下一个输出，以此类推，如图 8-28 所示。

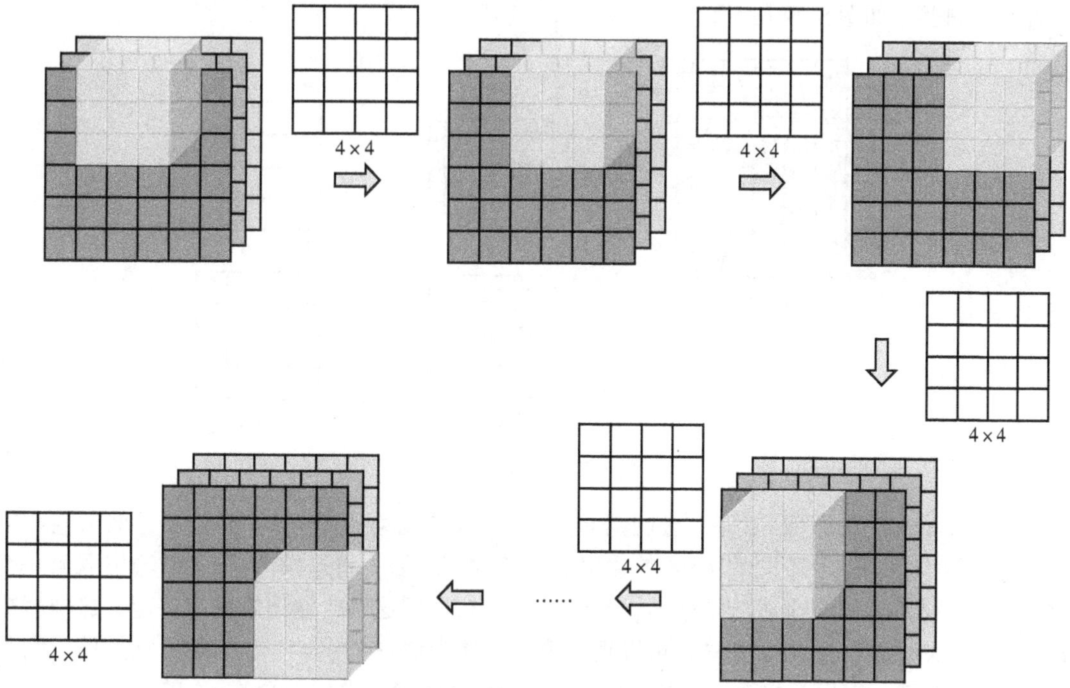

图 8-28　RGB 图像上的卷积 2

这个能干什么呢？举个例子，这个过滤器是 $3\times3\times3$ 的，如果只想检测图像红色通道的边缘，那么可以将第一个过滤器设为 $\begin{bmatrix}1 & 0 & -1\\1 & 0 & -1\\1 & 0 & -1\end{bmatrix}$，和前面一样，而绿色通道全为 0，$\begin{bmatrix}0 & 0 & 0\\0 & 0 & 0\\0 & 0 & 0\end{bmatrix}$，蓝色也全为 0。如果把这三个堆叠在一起形成一个 $3\times3\times3$ 的过滤器，那么这就是一个检测垂直边界的过滤器，而且只对红色通道有用。

如果不关心垂直边界在哪个颜色通道里，那么可以用一个这样的过滤器，$\begin{bmatrix}1 & 0 & -1\\1 & 0 & -1\\1 & 0 & -1\end{bmatrix}$，$\begin{bmatrix}1 & 0 & -1\\1 & 0 & -1\\1 & 0 & -1\end{bmatrix}$，$\begin{bmatrix}1 & 0 & -1\\1 & 0 & -1\\1 & 0 & -1\end{bmatrix}$，所有三个通道都是这样。所以通过设置第二个过滤器参数，就有了一个边界检测器，这里是 $3\times3\times3$ 的边界检测器，用来检测任意颜色通道的边界。参数的选择不同，可以得到不同的特征检测器，所有的都是 $3\times3\times3$ 的过滤器。

按照计算机视觉的惯例，当输入有特定的高宽和通道数时，过滤器可以有不同的高，不同的宽，但是必须要有一样的通道数。理论上，设置的过滤器只关注红色通道，或者只关注绿色或者蓝色通道也是可行的。再注意一下这个卷积立方体，一个 $6\times6\times3$ 的输入图像卷积上一个 $3\times3\times3$ 的过滤器，会得到一个 4×4 的二维输出。

如果不仅仅想要检测垂直边缘怎么办？如果想要同时检测垂直边缘和水平边缘，还有 45°倾斜的边缘，还有 70°倾斜的边缘怎么做？换句话说，如果想同时用多个过滤器怎么办？

这是之前的图片，让这个 $6\times6\times3$ 的图像和 $3\times3\times3$ 的过滤器卷积，得到 4×4 的输出。第一个可能是一个垂直边界检测器或者是学习检测其他的特征。第二个过滤器可以是一个水平边缘检测器，如图 8-29 所示。

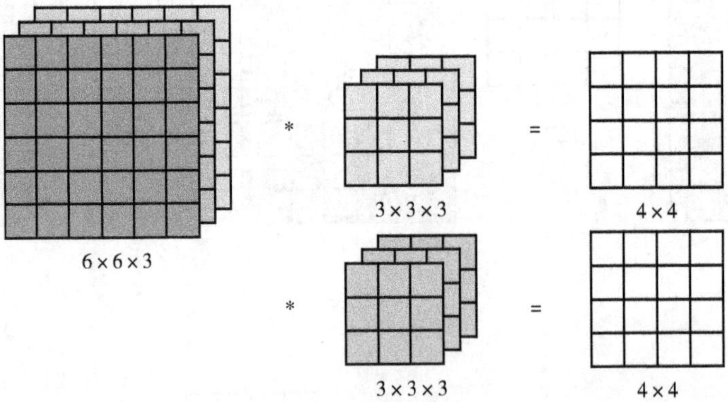

图 8-29　多重过滤器

这个 $6\times6\times3$ 的图像和第一个过滤器卷积，可以得到第一个 4×4 的输出，然后卷积第二个过滤器，得到一个不同的 4×4 的输出。做完卷积之后，将这两个 4×4 的输出取第一个放到前面，然后取第二个过滤器输出，放到后面。然后把这两个输出堆叠在一起，这样就得到了一个 $4\times4\times2$ 的输出立方体，可以把这个立方体当成一个 $4\times4\times2$ 的输出立方体。它用 $6\times6\times3$ 的图像，然后卷积上这两个不同的 3×3 的过滤器，得到两个 4×4 的输出，它们堆叠在一起，形成一个 $4\times4\times2$ 的立方体，这里的 2 来源于使用了两个不同的过滤器。

总结一下维度，如果有一个 $n\times n\times n_C$（通道数）的输入图像，那么在这个例子中就是 $6\times6\times3$，这里的 n_C 就是通道数目，然后卷积上一个 $f\times f\times n_C$，这个例子中是 $3\times3\times3$，按照惯例，前一个 n_C 和后一个 n_C 必须数值相同。然后就得到了 $(n-f+1)\times(n-f+1)\times n_C'$，这里 n_C' 其实就是下一层的通道数，即使用的过滤器个数，在这个例子中，就是 $4\times4\times2$。在这个假设中，用的步幅为 1，并且没有 padding。如果使用了不同的步幅或者 padding，那么这个 $n-f+1$ 数值会变化，和前面的学习内容一样。

这个对立方体卷积的概念有很大作用，可以用它的一小部分直接在三个通道的 RGB 图像上进行操作。更重要的是，它可以检测两个特征，比如垂直和水平边缘，或者 10 个或者 128 个或者几百个不同的特征，并且输出的通道数会等于要检测的特征数。在这里的符号用通道数（n_C）来表示最后一个维度，在文献里也把它叫作三维立方体的深度。

8.7 单层卷积网络

如何构建卷积神经网络的卷积层？举个例子，如图 8-30 所示。

假设使用第一个过滤器进行卷积，得到第一个 4×4 矩阵。使用第二个过滤器进行卷积得到另外一个 4×4 矩阵。最终各自形成一个卷积神经网络层，然后增加偏差，它是一个实数，通过 Python 的广播机制给这 16 个元素都加上同一偏差。然后应用非线性函数，为了方便说明，假设它是一个非线性激活函数 ReLu，输出结果是一个 4×4 矩阵。

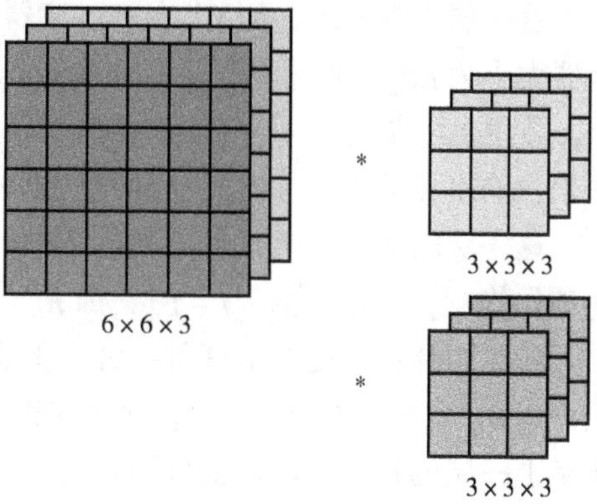

图 8-30　卷积层

对于第二个 4×4 矩阵，加上不同的偏差，它也是一个实数，16 个数字都加上同一个实数，然后应用非线性函数，也是一个非线性激活函数 ReLu，最终得到另一个 4×4 矩阵。然后重复之前的步骤，把这两个矩阵堆叠起来，最终得到一个 $4\times4\times2$ 的矩阵。通过计算，从 $6\times6\times3$ 的输入推导出一个 $4\times4\times2$ 矩阵，它是卷积神经网络的一层，把它映射到标准神经网络四个卷积层中的某一层或者一个非卷积神经网络中。

注意前向传播中的一个操作就是 $z^{[1]}=W^{[1]}a^{[0]}+b^{[1]}$，其中 $a^{[0]}=x$，执行非线性函数得到 $a^{[1]}$，即 $a^{[1]}=g(z^{[1]})$。这里的输入是 $a^{[0]}$，也就是 x，这些过滤器用变量 $W^{[1]}$ 表示。在卷积过程中，对这 27 个数进行操作，其实是 27×2，因为使用了两个过滤器，所以取这些数做乘法。实际执行了一个线性函数，得到一个 4×4 的矩阵。卷积操作的输出结果是一个 4×4 的矩阵，它的作用类似于 $W^{[1]}a^{[0]}$，也就是这两个 4×4 矩阵的输出结果，然后加上偏差。

这一部分就是应用激活函数 ReLu 之前的值，它的作用类似于 $z^{[1]}$，最后应用非线性函数，得到的这个 4×4×2 矩阵，成为神经网络的下一层，也就是激活层。

这就是 $a^{[0]}$ 到 $a^{[1]}$ 的演变过程，首先执行线性函数，然后所有元素相乘做卷积，具体做法是运用线性函数再加上偏差，然后应用激活函数 ReLu。这样就通过神经网络的一层把一个 6×6×3 的维度 $a^{[0]}$ 演化为一个 4×4×2 维度的 $a^{[1]}$，这就是卷积神经网络的一层。

示例中使用两个过滤器，也就是有两个特征，最终得到一个 4×4×2 的输出。但如果使用十个过滤器，而不是两个，那么最后会得到一个 4×4×10 维度的输出图像，因为选取了其中十个特征映射，而不仅仅是两个，将它们堆叠在一起，形成一个 4×4×10 的输出图像，也就是 $a^{[1]}$。

为了加深理解，来做一个练习。假设有十个过滤器而不是两个，神经网络的一层是 3×3×3，那么，这一层有多少个参数呢？来计算一下，每一层都是一个 3×3×3 的矩阵，因此每个过滤器有 27 个参数，也就是 27 个数。然后加上一个偏差，用参数 b 表示，现在参数增加到 28 个。现在有十个过滤器，加在一起是 28×10，也就是 280 个参数。

需要注意一点的地方是，不论输入图片有多大，1000×1000 也好，5000×5000 也好，参数始终都是 280 个。用这十个过滤器来提取特征，如垂直边缘，水平边缘和其他特征。即使这些图片很大，参数却很少，这就是卷积神经网络的一个特征，叫作“避免过拟合”。已经知道如何提取十个特征，可以应用到大图片中，而参数数量固定不变，此例中只有 28 个，相对较少。

这一层是卷积层，用 $f^{[l]}$ 表示过滤器大小，过滤器大小为 $f \times f$，上标 $[l]$ 表示 l 层中过滤器大小为 $f \times f$。通常情况下，上标 $[l]$ 用来标记 l 层。用 $p^{[l]}$ 来标记 padding 的数量，padding 数量也可指定为一个 valid 卷积，即无 padding。或是 same 卷积，即选定 padding，如此一来，输出和输入图片的高度和宽度就相同了。用 $s^{[l]}$ 标记步幅。

这一层的输入会是某个维度的数据，表示为 $n \times n \times n_C$，n_C 为某层上的颜色通道数。对此稍作修改，增加上标 $[l-1]$，即 $n^{[l-1]} \times n^{[l-1]} \times n_C^{[l-1]}$，因为它是上一层的激活值。此例中，所用图片的高度和宽度都一样，但它们也有可能不同，所以分别用上下标 H 和 W 来标记，即 $n_H^{[l-1]} \times n_W^{[l-1]} \times n_C^{[l-1]}$。那么在第 l 层，图片大小为 $n_H^{[l-1]} \times n_W^{[l-1]} \times n_C^{[l-1]}$，$l$ 层的输入就是上一层的输出，因此上标要用 $[l-1]$。神经网络这一层中会有输出，它本身会输出图像，其大小为 $n_H^{[l]} \times n_W^{[l]} \times n_C^{[l]}$，这就是输出图像的大小。

这个公式给出了输出图片的大小，至少给出了高度和宽度，$\frac{n+2p-f}{s}+1$（注意：$\frac{n+2p-f}{s}$直接用这个运算结果，也可以向下取整）。在这个新表达式中，l 层输出图像的高度，即 $n_H^{[l]} = \frac{n_H^{[l-1]} + 2p^{[l]} - f^{[l]}}{s^{[l]}} + 1$，同样可以计算出图像的宽度，用 W 替换参数 H，即 $n_W^{[l]} = \frac{n_W^{[l-1]} + 2p^{[l]} - f^{[l]}}{s^{[l]}} + 1$，公式一样，只要变化高度和宽度的参数便能计算输出图像的高度或宽度。这就是由 $n_H^{[l-1]}$ 推导 $n_H^{[l]}$ 以及 $n_W^{[l-1]}$ 推导 $n_W^{[l]}$ 的过程。

那么通道数量又是什么？这些数字从哪儿来的？输出图像具有深度，通过上一个示例，了解到它等于该层中过滤器的数量，如果有两个过滤器，则输出图像就是 4×4×2，它是二维的，如果有十个过滤器，则输出图像就是 4×4×10。输出图像中的通道数量就是神经网络中这一层所使用的过滤器的数量。如何确定过滤器的大小呢？卷积一个 $6\times6\times3$ 的图片需要一个 $3\times3\times3$ 的过滤器，因此过滤器中通道的数量必须与输入中通道的数量一致。所以，输出通道数量就是输入通道数量，过滤器维度等于 $f^{[l]}\times f^{[l]}\times n_C^{[l-1]}$。

应用偏差和非线性函数之后，这一层的输出等于它的激活值 $a^{[l]}$，也就是这个维度（输出维度）。$a^{[l]}$ 是一个三维体，即 $n_H^{[l]}\times n_W^{[l]}\times n_C^{[l]}$。当执行批量梯度下降或小批量梯度下降时，如果有 m 个例子，就是有 m 个激活值的集合，那么输出 $A^{[l]}=m\times n_H^{[l]}\times n_W^{[l]}\times n_C^{[l]}$。如果采用批量梯度下降，则变量的排列顺序首先是索引和训练示例，然后是其他三个变量。

该如何确定权重参数，即参数 W 呢？过滤器的维度已知，为 $f[l]\times f[l]\times n_C^{[l-1]}$，这只是一个过滤器的维度，即有多少个过滤器，$n_C^{[l]}$ 是过滤器的数量，权重也就是所有过滤器的集合再乘以过滤器的总数量，即 $f[l]\times f[l]\times n_C^{[l-1]}\times n_C^{[l]}$，损失数量 L 就是 l 层中过滤器的个数。

最后看偏差参数，每个过滤器都有一个偏差参数，它是一个实数。偏差包含了这些变量，它是该维度上的一个向量。后续课程会讲到，为了方便，偏差在代码中表示为一个 $1\times1\times1\times n_C^{[l]}$ 的四维向量或四维张量。

卷积有很多种标记方法，这是最常用的卷积符号。实际上在某些架构中，当检索这些图片时，会有一个变量或参数来标识计算通道数量和通道损失数量的先后顺序。只要保持一致，这两种卷积标准都可用。

8.8 简单卷积网络示例

假设有一张图片，对它做图片分类或图片识别，把这张图片输入定义为 x，然后辨别图片中有没有猫，用0或1表示，这是一个分类问题。构建适用于这项任务的卷积神经网络。针对这个示例，使用一张比较小的图片，大小是 $39\times39\times3$，这样设定可以使其中一些数字效果更好。所以 $n_H^{[0]}=n_W^{[0]}$，即高度和宽度都等于39，$n_C^{[0]}=3$，即0层的通道数为3。

假设第一层用一个 3×3 的过滤器来提取特征，那么 $f^{[1]}=3$，因为过滤器是 3×3 的矩阵。$s^{[1]}=1$，$p^{[1]}=0$，所以高度和宽度使用 valid 卷积。如果有十个过滤器，则神经网络下一层的激活值为 $37\times37\times10$。10表示用了十个过滤器，37是公式 $\frac{n+2p-f}{s}+1$ 的计算结果，也就是 $\frac{39+0-3}{1}+1=37$，所以输出是 37×37，它是一个 vaild 卷积，这是输出结果的大小。第一层标记为 $n_H^{[1]}=n_W^{[1]}=37$，$n_C^{[1]}=10$，$n_C^{[1]}$ 等于第一层中过滤器的个数，$37\times37\times10$ 是第一层激活值的维度。

假设还有另外一个卷积层，采用的过滤器是 5×5 的矩阵。在标记法中，神经网络下一层的 $f=5$，即 $f^{[2]}=5$；步幅为2，即 $s^{[2]}=2$；padding 为0，即 $p^{[2]}=0$；且有20个过滤器。所以其输出结果会是一张新图像，这次的输出结果为 $17\times17\times20$。因为步幅是2，所以维度缩小得很快，大小从 37×37 减小到 17×17，减小了一半还多。过滤器是20个，所以通道数也是20，$17\times17\times20$ 即激活值 $a^{[2]}$ 的维度。因此 $n_H^{[2]}=n_W^{[2]}=17$，$n_C^{[2]}=20$。

再构建最后一个卷积层，假设过滤器还是 5×5，步幅为2，即 $f^{[3]}=5$，$s^{[3]}=2$。最后输出为 $7\times7\times40$，假设使用了40个过滤器。padding 为0，40个过滤器，最后结果为 $7\times$

7 ×40。

到此，这张 39 ×39 ×3 的输入图像就处理完毕了，为图片提取了 7 ×7 ×40 个特征，计算出来就是 1960 个特征。然后对该卷积进行处理，可以将其平滑或展开成 1960 个单元。平滑处理后可以输出一个向量，其填充内容是逻辑（logistic）回归单元还是 softmax 回归单元，完全取决于是想识图片上有没有猫，还是想识别 K 种不同对象中的一种，用 $\hat{y}$ 表示最终神经网络的预测输出。明确一点，最后这一步是处理所有数字，即全部的 1960 个数字，把它们展开成一个很长的向量。为了预测最终的输出结果，把这个长向量填充到 softmax 回归函数中。

这是卷积神经网络的一个典型范例，设计卷积神经网络时，确定这些超参数比较费工夫。要决定过滤器的大小、步幅、padding 以及使用多少个过滤器。后续内容会针对选择参数的问题提供一些建议和指导。

随着神经网络计算深度不断加深，通常开始时的图像也要更大一些，初始值为 39 ×39，高度和宽度会在一段时间内保持一致，然后随着网络深度的加深而逐渐减小，从 39 到 37，再到 17，最后到 7。而通道数量在增加，从 3 到 10，再到 20，最后到 40。在许多其他卷积神经网络中，也可以看到这种趋势。

一个典型的卷积神经网络通常有三层，一个是卷积层，常常用 CONV 来标注。上一个例子用的就是 CONV。还有两种常见类型的层，一个是池化层，称之为 POOL。最后一个是全连接层，用 FC 表示。虽然仅用卷积层也有可能构建出很好的神经网络，但大部分神经网络架构师依然会添加池化层和全连接层。池化层和全连接层比卷积层更容易设计。

8.9 池化层

除了卷积层，卷积网络也经常使用池化层来缩减模型的大小，提高计算速度，同时提高所提取特征的鲁棒性，池化层如图 8-31 所示。

先举一个池化层的例子，再讨论池化层的必要性。假如输入是一个 4 ×4 矩阵，用到的池化类型是最大池化（max pooling）。执行最大池化的树池是一个 2 ×2 矩阵。执行过程非常简单，把 4 ×4 的输入拆分成不同的区域，用不同颜色来标记。对于 2 ×2 的输出，输出的每个元素都是其对应颜色区域中的最大元素值。

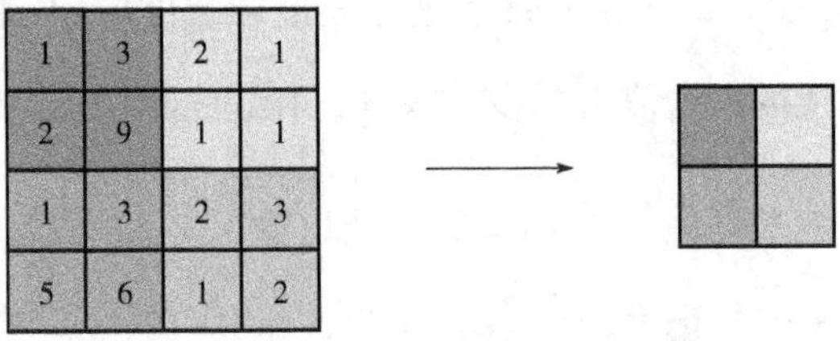

图 8-31　池化层

左上区域的最大值是 9，右上区域的最大元素值是 2，左下区域的最大值是 6，右下区域的最大值是 3。为了计算出右侧这四个元素值，需要对输入矩阵的 2 ×2 区域做最大值运算。这就像是应用了一个规模为 2 的过滤器，因为选用的是 2 ×2 区域，所以步幅是 2，这些就是最大池化的超参数。

使用的过滤器为 2 ×2，最后输出是 9。然后向右移动 2 个步幅，计算出最大值 2。接下来是第二行，向下移动 2 步得到最大值 6。最后向右移动 3 步，得到最大值 3。这是一个 2 ×

2 矩阵，即 $f=2$，步幅是 2，即 $s=2$，如图 8-32 所示。

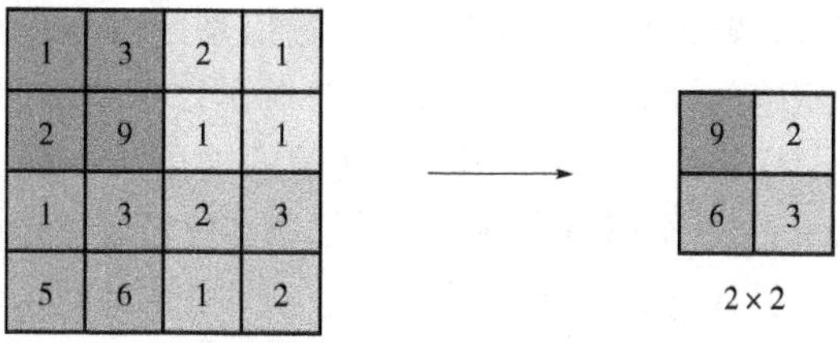

图 8-32　池化层：最大池化计算

这是对最大池化功能的直观理解，可以把这个 4×4 输入看作是某些特征的集合，也可以把这个 4×4 区域看作是神经网络中某一层的非激活值集合。数字大意味着可能探测到了某些特定的特征，左上象限具有的特征可能是一个垂直边缘，一只眼睛，或是 CAP 特征。显然左上象限中存在这个特征，这个特征可能是一只猫眼探测器。然而，右上象限并不存在这个特征。最大化操作的功能就是只要在任何一个象限内提取到某个特征，它都会保留在最大化的池化输出里。所以最大化运算的实际作用就是，如果在过滤器中提取到某个特征，那么保留其最大值。如果没有提取到这个特征，可能在右上象限中不存在这个特征，那么其中的最大值也还是很小，这就是最大池化的直观理解。

使用最大池化的主要原因是此方法在很多实验中效果都很好。其中一个特点就是它有一组超参数，但并没有参数需要学习。实际上，梯度下降一旦确定了 f 和 s，它就是一个固定运算，梯度下降无需改变任何值。一个有若干个超级参数的示例，输入是一个 5×5 的矩阵。采用最大池化法，它的过滤器参数为 3×3，即 $f=3$，步幅为 1，$s=1$，输出矩阵是 3×3。计算卷积层输出大小的公式同样适用于最大池化，即 $\frac{n+2p-f}{s}+1$，这个公式也可以计算最大池化的输出大小。

图 8-33 所示例子是计算 3×3 输出的每个元素，左上角这些元素是一个 3×3 区域，因为有 3 个过滤器，取最大值 9。然后移动一个元素，因为步幅是 1，所以灰色区域的最大值还是 9，继续向右移动，灰色区域的最大值是 5。接着移到下一行，因为步幅是 1，只向下移动一个格，所以该区域的最大值是 9，下个区域也是 9。再下一个区域的最大值是 5。最后这三个区域的最大值分别为 8，6 和 9。超参数 $f=3$，$s=1$，最终输出如图 8-33 所示。

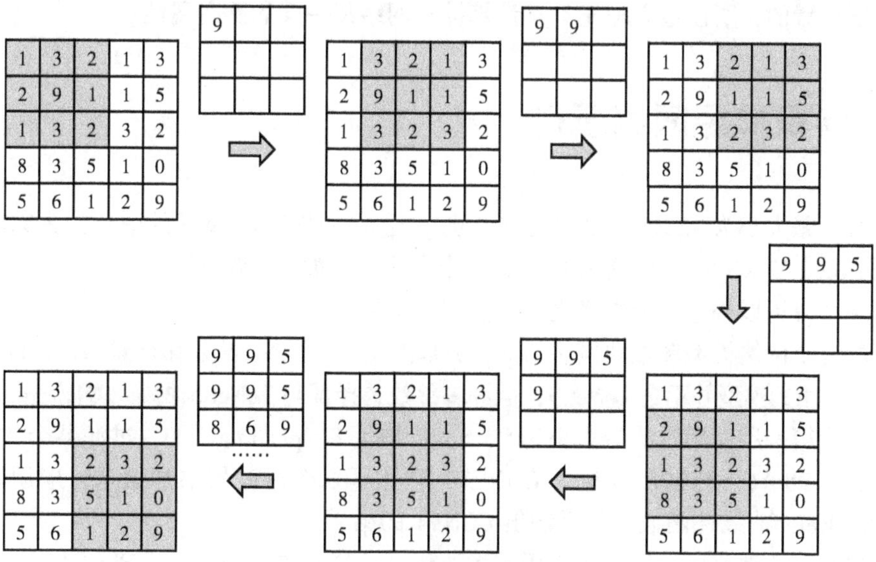

图 8-33　池化层的最大池化计算

以上就是一个二维输入的最大池化的演示，如果输入是三维的，那么输出也是三维的。例如，输入是5 ×5 ×2，那么输出是3 ×3 ×2。计算最大池化的方法就是分别对每个通道执行刚刚的计算过程。如图8-33 所示，第一个通道依然保持不变。对于第二个通道，在这个层做同样的计算，得到第二个通道的输出。一般来说，如果输入是 $5\times5\times n_c$，则输出就是 $3\times3\times n_c$，n_c 个通道中每个通道都单独执行最大池化计算，以上就是最大池化算法。

另外还有一种类型的池化，即平均池化，它不太常用。简单介绍一下，这种运算顾名思义，选取的不是每个过滤器的最大值，而是平均值。图8-34 的示例中，灰色区域的平均值是3.75，后面依次是1.25、4 和2。这个平均池化的超级参数 $f=2$，$s=2$，也可以选择其他超级参数。

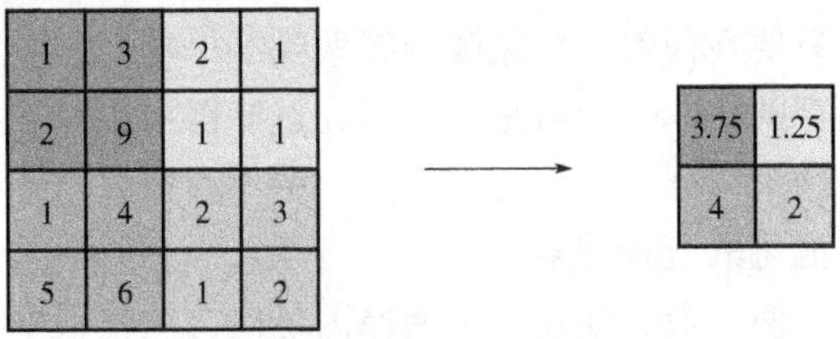

图8-34　池化层：平均池化

目前来说，最大池化比平均池化更常用。但也有例外，就是深度很深的神经网络，可以用平均池化来分解规模为 $7\times7\times1000$ 的网络的表示层，在整个空间内求平均值，得到 $1\times1\times1000$。但在神经网络中，最大池化要比平均池化用得更多。

总结一下，池化的超级参数包括过滤器大小 f 和步幅 s，常用的参数值为 $f=2$，$s=2$，应用频率非常高，其效果相当于高度和宽度缩减一半。也有使用 $f=3$，$s=2$ 的情况，至于其他超级参数就要看用的是最大池化还是平均池化。也可以根据自己意愿增加表示padding 的其他超级参数，但很少这么用。最大池化时，往往很少用到超参数padding，当然也有例外的情况。大部分情况下，最大池化很少用padding。目前 p 最常用的值是0，即 $p=0$。最大池化的输入就是 $n_H\times n_W\times n_C$，假设没有padding，则输出 $\lfloor\frac{n_H-f}{s}+1\rfloor\times\lfloor\frac{n_W-f}{s}+1\rfloor\times n_C$。输入通道与输出通道个数相同，因为对每个通道都做了池化。需要注意的一点是，池化过程中没有需要学习的参数。执行反向传播时，反向传播没有参数适用于最大池化，只有这些设置过的超参数，可能是手动设置的，也可能是通过交叉验证设置的，所以最大池化只是计算神经网络某一层的静态属性。

8.10　卷积神经网络示例

假设有一张大小为 $32\times32\times3$ 的输入图片，这是一张RGB 模式的图片，去完成手写体数字识别。$32\times32\times3$ 的RGB 图片中含有某个数字，比如7，需要识别它是0 ~9 这10 个数字中的哪一个，可以构建一个神经网络来实现这个功能。

采用的这个网络模型和经典网络LeNet-5 非常相似。LeNet-5 是多年前Yann LeCun 创建的，在这所采用的模型并不是LeNet-5，但许多参数选择都与LeNet-5 相似。输入是 $32\times32\times3$ 的矩阵，假设第一层使用过滤器大小为 5×5，步幅是1，padding 是0，过滤器个数为6，那么输出为 $28\times28\times6$。将这层标记为CONV1，它用了6 个过滤器增加偏差，应用非线性函数，可能是ReLu 非线性函数，最后输出CONV1 的结果。

然后构建一个池化层，这里选择用最大池化，参数 $f=2$，$s=2$，padding 为0。最大池化使用的过滤器为 2×2，步幅为 2，表示层的高度和宽度会减少一半。因此，28×28 变成了 14×14，通道数量保持不变，所以最终输出为 14×14×6，将该输出标记为 POOL1。

在卷积神经网络文献中，卷积有两种分类，这与所谓层的划分存在一致性。一类卷积是一个卷积层和一个池化层一起作为一层，这就是神经网络的 Layer1。另一类卷积是把卷积层作为一层，而池化层单独作为一层。在计算神经网络有多少层时，通常只统计具有权重和参数的层。因为池化层没有权重和参数，只有一些超参数。图 8-35 中，把 CONV1 和 POOL1 共同作为一个卷积，并标记为 Layer1。虽然在网络文章或研究报告中会看到卷积层和池化层各为一层的情况，但这只是两种不同的标记术语。一般在统计网络层数时，只计算具有权重的层，也就是把 CONV1 和 POOL1 作为 Layer1。这里用 CONV1 和 POOL1 来标记，两者都是神经网络 Layer1 的一部分，POOL1 也被划分在 Layer1 中，因为它没有权重，所以得到的输出是 14×14×6。

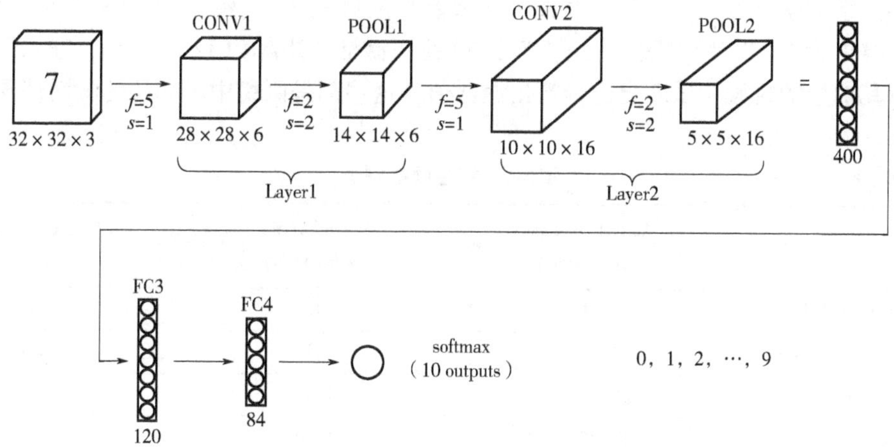

图 8-35　数字识别的神经网络模型

再为它构建一个卷积层，过滤器大小为 5×5，步幅为 1，这次用 10 个过滤器，最后输出一个 10×10×10 的矩阵，标记为 CONV2。

然后做最大池化，超参数 $f=2$，$s=2$。高度和宽度会减半，最后输出为 5×5×10，标记为 POOL2，这就是神经网络的第二个卷积层，即 Layer2。

如果对 Layer1 应用另一个卷积层，过滤器为 5×5，即 $f=5$，步幅是 1，padding 为 0，过滤器 16 个，则 CONV2 输出为 10×10×16。

继续执行做大池化计算，参数 $f=2$，$s=2$。对 10×10×16 输入执行最大池化计算，参数 $f=2$，$s=2$，高度和宽度减半，结果为 5×5×16，通道数和之前一样，标记为 POOL2。这是一个卷积，即 Layer2，因为它只有一个权重集和一个卷积层 CONV2。

5×5×16 矩阵包含 400 个元素，现在将 POOL2 平整化为一个大小为 400 的一维向量。把平整化结果想象成这样的一个神经元集合，然后利用这 400 个单元构建下一层。下一层含有 120 个单元，这就是第一个全连接层，标记为 FC3。这 400 个单元与 120 个单元紧密相连，这就是全连接层。它很像在第一和第二部分中讲过的单神经网络层，这是一个标准的神经网络。它的权重矩阵为 $\boldsymbol{W}^{[3]}$，维度为 120×400。这就是所谓的全连接，因为这 400 个单元与这 120 个单元的每一项连接，还有一个偏差参数。最后输出 120 个维度，因为有 120 个输出。然后对这个 120 个单元再添加一个全连接层，这层更小，假设它含有 84 个单元，标记为 FC4。最后，用这 84 个单元填充一个 softmax 单元。如果想通过手写数字识别来识别手写 0～9 这 10 个数字，那么这个 softmax 就会有 10 个输出。

此例中的卷积神经网络很典型，看上去它有很多超参数，后续会提供一些选择建议。常规做法是，尽量不要自己设置超参数，而是查看文献中别人采用了哪些超参数，选一个在别人任务中效果很好的架构，那么它也有可能适用于你自己的应用程序。

随着神经网络深度的加深，高度 n_H 和宽度 n_W 通常都会减少，从 32×32 到 28×28，到 14×14，到 10×10，再到 5×5。所以随着层数增加，高度和宽度都会减小，而通道数量会增加，从 3 到 6 到 16 不断增加，然后得到一个全连接层。在神经网络中，另一种常见模式就是一个或多个卷积后面跟随一个池化层，之后一个或多个卷积层后面再跟一个池化层，再是几个全连接层，最后是一个 softmax。这是神经网络的另一种常见模式。

神经网络的激活值形状、激活值大小和参数数量见表 8-1。输入为 32×32×3，这些数做乘法，结果为 3072，所以激活值 $a^{[0]}$ 有 3072 维，激活值矩阵为 32×32×3，输入层没有参数。计算其他层的时候，试着自己计算出激活值，这些都是网络中不同层的激活值形状和激活值大小。

表 8-1　神经网络例子

	Activation shape（激活形状）	Activation Size（激活大小）	#parameters（参数）
Input：（输入）	（32，32，3）	3072	0
CONV1（f=5，s=1）	（28，28，8）	6272	208
POOL1	（14，14，8）	1568	0
CONV2（f=5，s=1）	（10，10，16）	1600	416
POOL2	（5，5，16）	400	0
FC3	（120，1）	120	48001
FC4	（84，1）	84	10081
softmax	（10，1）	10	841

有几点要注意，第一，池化层和最大池化层没有参数；第二，卷积层的参数相对较少，前面的课程中提到过，其实许多参数都存在于神经网络的全连接层。观察可发现，随着神经网络的加深，激活值尺寸会逐渐变小，如果激活值尺寸下降太快，则也会影响神经网络性能。示例中，激活值尺寸在第一层为 6000，然后减少到 1600，慢慢减少到 84，最后输出 softmax 结果。许多卷积网络都具有这些属性，模式上也相似。

8.11　为什么使用卷积

与只用全连接层相比，卷积层的两个主要优势在于参数共享和稀疏连接。

假设有一张 32×32×3 维度的图片，用 6 个大小为 5×5 的过滤器，输出维度为 28×28×6。32×32×3=3072，28×28×6=4704。构建一个神经网络，其中一层含有 3072 个单元，下一层含有 4074 个单元，两层中的每个神经元彼此相连，然后计算权重矩阵，它等于 4074 × 3072≈1400 万，所以要训练的参数很多。以现在的技术，可以用 1400 多万个参数来训练网络，因为这张 32 × 32 × 3 的图片非常小，所以训练这么多参数没有问题。如果这是一张 1000 × 1000 的图片，则权重矩阵会变得非常大。这个卷积层的参数数量，每个过滤器都是 5 × 5，一个过滤器有 25 个参数，再加上偏差参数，那么每个过滤器就有 26 个参数，一共有 6 个过滤器，所以参数共计 156 个，参数数量还是很少。

卷积网络映射这么少参数有以下两个原因：

一是参数共享。观察发现，特征检测，如垂直边缘检测如果适用于图片的某个区域，那么它也可能适用于图片的其他区域。也就是说，如果用一个 3 × 3 的过滤器检测垂直边缘，那么图 8-36 的左上角区域，以及旁边的各个区域（左边矩阵中蓝色方框标记的部分）都可以使用这个 3 × 3 的过滤器。每个特征检测器以及输出都可以在输入图片的不同区域中使用同样的参数，以便提取垂直边缘或其他特征。它不仅适用于边缘特征这样的低阶特征，同样适用于高阶特征，例如提取脸上的眼睛，猫或者其他特征对象。即使减少参数个数，这 9 个参数同样能计算出 16 个输出。直观感觉是，一个特征检测器，如垂直边缘检测器用于检测图片左上角区域的特征，这个特征很可能也适用于图片的右下角区域。因此在计算图片左上角和右下角区域时，不需要添加其他特征检测器。假如有一个这样的数据集，其左上角和右下角可能有不同分布，也有可能稍有不同，但很相似，整张图片共享特征检测器，提取效果也很好。

$$
\begin{bmatrix}
10 & 10 & 10 & 0 & 0 & 0 \\
10 & 10 & 10 & 0 & 0 & 0 \\
10 & 10 & 10 & 0 & 0 & 0 \\
10 & 10 & 10 & 0 & 0 & 0 \\
10 & 10 & 10 & 0 & 0 & 0 \\
10 & 10 & 10 & 0 & 0 & 0
\end{bmatrix}
*
\begin{bmatrix}
1 & 0 & -1 \\
1 & 0 & -1 \\
1 & 0 & -1
\end{bmatrix}
=
\begin{bmatrix}
0 & 30 & 30 & 0 \\
0 & 30 & 30 & 0 \\
0 & 30 & 30 & 0 \\
0 & 30 & 30 & 0
\end{bmatrix}
$$

图 8-36　卷积网络：参数共享

二是使用稀疏连接。这个 0 是通过 3 × 3 的卷积计算得到的，它只依赖于这个 3 × 3 的输入的单元格，右边这个输出单元（元素 0）仅与 36 个输入特征中 9 个相连接。而且其他像素值都不会对输出产生任何影响，这就是稀疏连接的概念。

再举一个例子，假设这个输出（右边矩阵中圈出的元素 30）仅仅依赖于这 9 个特征（左边矩阵中方框标记的区域），看上去只有这 9 个输入特征与输出相连接，其他像素对输出没有任何影响。

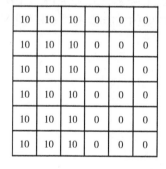

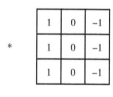

神经网络可以通过这两种机制减少参数，以便用更小的训练集来训练它，从而预防过度拟合。卷积神经网络善于捕捉平移不变。通过观察可以发现，向右移动两个像素，图 8-37 中的猫依然清晰可见，因为神经网络的卷积结构使得即使移动几个像素，这张图片依然具有非常相似的特征，应该属于同样的输出标记。实际上，使用同一个过滤器生成各层中，图片的所有像素值都希望网络通过自动学习变得更加健壮，以便更好地取得所期望的平移不变

属性。

这就是卷积或卷积网络在计算机视觉任务中表现良好的原因。

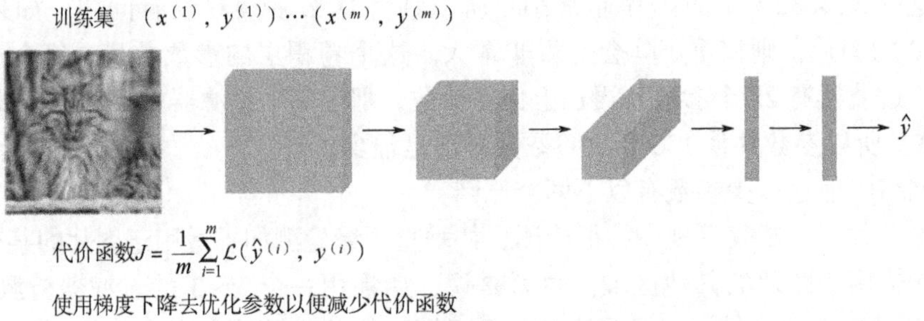
训练集 $(x^{(1)}, y^{(1)}) \cdots (x^{(m)}, y^{(m)})$
$\hat{y}$
代价函数$J = \frac{1}{m}\sum_{i=1}^{m}\mathcal{L}(\hat{y}^{(i)}, y^{(i)})$
使用梯度下降去优化参数以便减少代价函数

图 8-37　卷积网络：训练流程

最后，把这些层整合起来，看看如何训练这些网络。比如构建一个猫咪检测器，有标记训练集，x 表示一张图片，$\hat{y}$ 是二进制标记或某个重要标记。构建一个卷积神经网络，输入图片，增加卷积层和池化层，然后添加全连接层，最后输出一个 softmax，即 $\hat{y}$。卷积层和全连接层有不同的参数 w 和偏差 b，可以用任何参数集合来定义代价函数，并随机初始化其参数 w 和 b。代价函数 J 等于神经网络对整个训练集的预测的损失总和再除以 m（即 Cost $J = \frac{1}{m}\sum_{i=1}^{m} L(\hat{y}^{(i)}, y^{(i)})$）。在训练神经网络时，要做的就是使用梯度下降法，或其他算法，例如 Momentum 梯度下降法，用含 RMSProp 或其他因子的梯度下降来优化神经网络中所有参数，以减少代价函数 J 的值。通过上述操作，可以构建一个高效的猫咪检测器或其他检测器。

第 9 章　深度卷积网络：实例探究

9.1　经典网络

下面来学习几个经典的神经网络结构，分别是 LeNet-5、AlexNet 和 VGGNet。

首先看看 LeNet-5 的网络结构，假设有一张 32 × 32 × 1 的图片，LeNet-5 可以识别图中的手写数字，比如像手写数字 7，如图 9-1 所示。LeNet-5 是针对灰度图片训练的，所以图片的大小只有 32 × 32 × 1。实际上 LeNet-5 的结构和之前讲的一个范例非常相似，使用六个 5 × 5 的过滤器，步幅为 1，padding 为 0，输出结果为 28 × 28 × 6，图像尺寸从 32 × 32 缩小到 28 × 28。然后进行池化操作，在这篇论文写成的那个年代，人们更喜欢使用平均池化，而现在可能用最大池化更多一些。在这个例子中，使用平均池化，过滤器的宽度为 2，步幅为 2，图像的尺寸，高度和宽度都缩小了 2 倍，输出结果是一个 14 × 14 × 6 的图像。

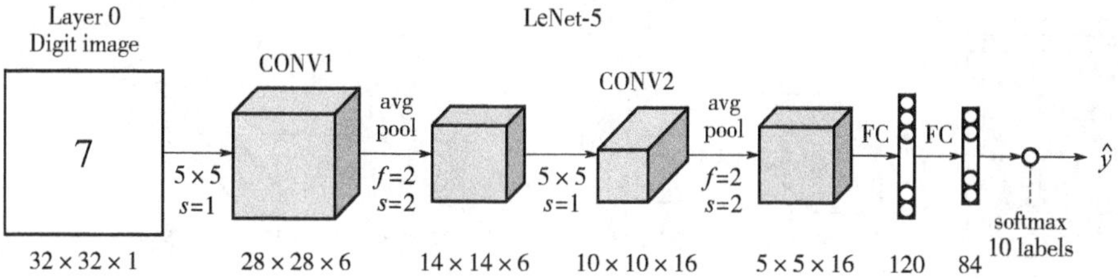

图 9-1　LeNet-5 神经网络结构

接下来是卷积层，用一组 16 个 5 × 5 的过滤器，新的输出结果有 16 个通道。LeNet-5 的论文是在 1998 年撰写的，当时人们并不使用 padding，而总是使用 valid 卷积，这就是为什么每进行一次卷积，图像的高度和宽度都会缩小，所以这个图像从 14 × 14 缩小到了 10 × 10。然后又是池化层，高度和宽度再缩小一半，输出一个 5 × 5 × 16 的图像。将所有数字相乘，乘积是 400。

下一层是全连接层，在全连接层中，有 400 个节点，每个节点有 120 个神经元，这里已经有了一个全连接层。但有时还会从这 400 个节点中抽取一部分节点构建另一个全连接层，就像这样，有两个全连接层。

最后一步就是利用这 84 个特征得到最后的输出，还可以在这里再加一个节点用来预测 $\hat{y}$ 的值，$\hat{y}$ 有十个可能的值，对应识别 0 ~ 9 这十个数字。在现在的版本中则使用 softmax 函数输出十种分类结果，而在当时，LeNet-5 网络在输出层使用了另外一种现在已经很少用到的分类器。

相比现代版本，这里得到的神经网络会小一些，只有约6万个参数。而现在，经常看到含有一千万到一亿个参数的神经网络，比这大1000倍的神经网络也不在少数。

不管怎样，从左往右看，随着网络越来越深，图像的高度和宽度在缩小，从最初的32×32缩小到28×28，再到14×14、10×10，最后只有5×5。与此同时，随着网络层次的加深，通道数量一直在增加，从1增加到6个，再到16个。

这个神经网络中还有一种模式至今仍然经常用到，就是一个或多个卷积层后面跟着一个池化层，然后又是若干个卷积层再接一个池化层，之后是全连接层，最后是输出，这种排列方式很常用。

读到这篇经典论文时，会发现过去人们使用 sigmoid 函数和 tanh 函数，而不是 ReLu 函数，这篇论文中使用的正是 sigmoid 函数和 tanh 函数。这种网络结构的特别之处还在于各网络层之间是有关联的。

比如说，一个 $n_H \times n_W \times n_C$ 的网络，有 n_C 个通道，使用尺寸为 $f \times f \times n_C$ 的过滤器，每个过滤器的通道数和它上一层的通道数相同。这是由于在当时，计算机的运行速度非常慢，为了减少计算量和参数，经典的 LeNet-5 网络使用了非常复杂的计算方式，每个过滤器都采用和输入模块一样的通道数量。论文中提到的这些复杂细节现在一般都不用了。

当时所进行的最后一步其实到现在也还没有真正完成，就是经典的 LeNet-5 网络在池化后进行了非线性函数处理，在这个例子中，池化层之后使用了 sigmoid 函数。

第二种神经网络是 AlexNet，如图9-2所示，是以论文的第一作者 Alex Krizhevsky 的名字命名的，另外两位合著者是 Ilya Sutskever 和 Geoffery Hinton。

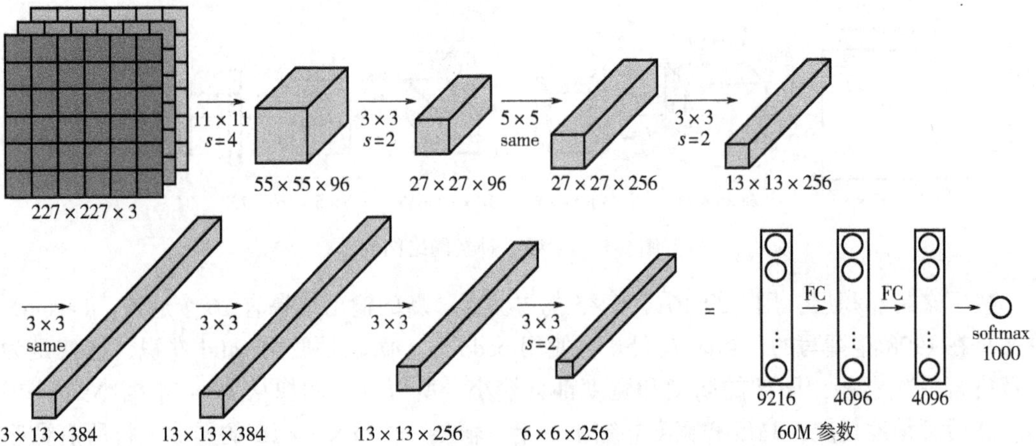

图9-2 AlexNet 神经网络结构

AlexNet 首先用一张227×227×3的图片作为输入，实际上原文中使用的图像是224×224×3，但是如果尝试去推导一下，则会发现227×227这个尺寸更好一些。第一层使用96个11×11的过滤器，步幅为4，因此尺寸缩小到55×55，缩小了4倍左右。然后用一个3×3的过滤器构建最大池化层，$f=3$，步幅 s 为2，卷积层尺寸缩小为27×27×96。接着再执行一个5×5的卷积，padding 之后，输出是27×27×256。然后进行最大池化，尺寸缩小到13×13。再执行一次 same 卷积，相同的 padding，得到的结果是13×13×384，384个过滤器。之后做一次 same 卷积，再做一次同样的操作，最后再进行一次最大池化，尺寸缩小到

6×6×256。6×6×256 等于 9216，将其展开为 9216 个单元，然后是一些全连接层。最后使用 softmax 函数输出识别的结果，看它究竟是 1000 个可能的对象中的哪一个。

实际上，这种神经网络与 LeNet 有很多相似之处，不过 AlexNet 要大得多。LeNet 或 LeNet-5 大约有 6 万个参数，而 AlexNet 包含约 6000 万个参数。当用于训练图像和数据集时，AlexNet 能够处理非常相似的基本构造模块，这些模块往往包含着大量的隐藏单元或数据，这一点 AlexNet 表现出色。AlexNet 比 LeNet 表现更为出色的另一个原因是它使用了 ReLu 激活函数。

在写这篇论文的时候，GPU 的处理速度还比较慢，所以 AlexNet 采用了非常复杂的方法在两个 GPU 上进行训练。大致原理是，这些层分别拆分到两个不同的 GPU 上，同时还专门有一个方法用于两个 GPU 进行交流。

论文还提到，经典的 AlexNet 结构还有另一种类型的层，叫作局部响应归一化（Local Response Normalization，LRN）层，这类层应用得并不多，所以并没有专门讲。局部响应归一层的基本思路是，假如这是网络的一块，比如是 13×13×256，LRN 要做的就是选取一个位置，比如说这样一个位置，从这个位置穿过整个通道，能得到 256 个数字，并进行归一化。进行局部响应归一化的动机是对于这张 13×13 的图像中的每个位置来说，可能并不需要太多的高激活神经元。但是后来，很多研究者发现 LRN 起不到太大作用，因为并不重要，而且现在并不用 LRN 来训练网络。

在 AlexNet 之前，深度学习已经在语音识别和其他几个领域获得了一些关注，但是通过这篇论文，计算机视觉群体开始重视深度学习，并确信深度学习可以应用于计算机视觉领域。此后，深度学习在计算机视觉及其他领域的影响力与日俱增。

AlexNet 网络结构看起来相对复杂，包含大量超参数，这些数字（55×55×96、27×27×96、27×27×256……）都是 Alex Krizhevsky 及其合著者给出的。

最后一个范例是 VGG，也叫作 VGG-16 网络。值得注意的一点是，VGG-16 网络没有那么多超参数，这是一种只需要专注于构建卷积层的简单网络。首先用 3×3，步幅为 1 的过滤器构建卷积层，padding 参数为 same 卷积中的参数。然后用一个2×2，步幅为 2 的过滤器构建最大池化层。因此 VGG 网络的一大优点是它确实简化了神经网络结构，如图 9-3 所示。

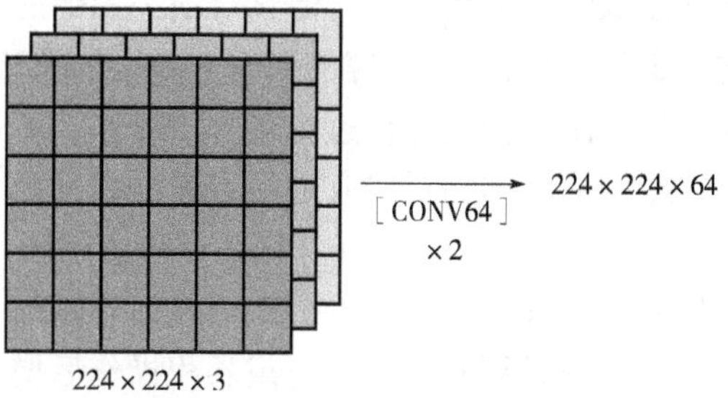

图 9-3　VGG 网络

假设要识别这个图像，在最开始的两层用 64 个 3×3 的过滤器对输入图像进行卷积，输出结果是 224×224×64，因为使用了 same 卷积，所以通道数量也一样。VGG-16 其实是一个很深的网络，如图 9-4 所示。

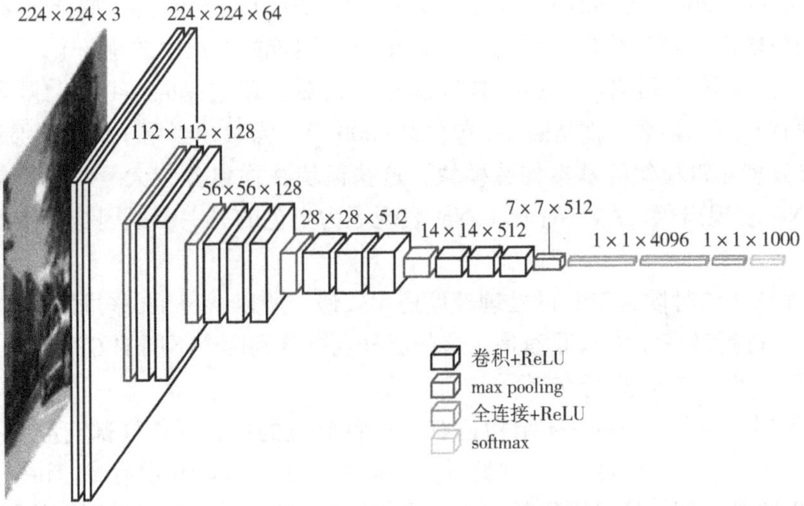

图 9-4　VGG-16 神经网络结构

假设这个图是输入图像，尺寸是 224 ×224 ×3，进行第一个卷积之后得到 224 ×224 ×64 的特征图，接着还有一层 224 ×224 ×64，得到这样两个厚度为 64 的卷积层，意味着用 64 个过滤器进行了两次卷积。正如在前面提到的，这里采用的都是大小为 3 ×3，步幅为 1 的过滤器，并且都是采用 same 卷积，这里用一串数字代表这些网络。

接下来创建一个池化层，池化层将输入图像进行压缩，从 224 ×224 ×64 缩小到 112 ×112 ×64。然后又是若干个卷积层，使用 129 个过滤器，以及一些 same 卷积，输出 112 ×112 ×128。之后进行池化，可以推导出池化后的结果是 56 ×56 ×128。接着再用 256 个相同的过滤器进行三次卷积操作，然后再池化，再卷积三次，再池化。如此进行几轮操作后，将最后得到的 7 ×7 ×512 的特征图进行全连接操作，得到 4096 个单元，进行 softmax 激活，输出从 1000 个对象中识别的结果。

顺便说一下，VGG-16 的这个数字 16 就是指在这个网络中包含 16 个卷积层和全连接层。这确实是个很大的网络，总共包含约 1. 38 亿个参数，即便以现在的标准来看都算是非常大的网络。但 VGG-16 的结构并不复杂，这点非常吸引人，而且这种网络结构很规整，都是几个卷积层后面跟着可以压缩图像大小的池化层，池化层缩小图像的高度和宽度。同时，卷积层的过滤器数量变化存在一定的规律，由 64 翻倍变成 128，再到 256 和 512。无论如何，每一步都进行翻倍，或者说在每一组卷积层进行过滤器翻倍操作，正是设计此种网络结构的另一个简单原则。这种相对一致的网络结构对研究者很有吸引力，而它的主要缺点是需要训练的特征数量非常巨大。

随着网络的加深，图像的高度和宽度都在以一定的规律不断缩小，每次池化后刚好缩小一半，而通道数量在不断增加，而且刚好也是在每组卷积操作后增加一倍。也就是说，图像缩小的比例和通道数增加的比例是有规律的。

9.2 残差网络

非常深的神经网络是很难训练的，因为存在梯度消失和梯度爆炸问题。跳跃连接可以从某一层网络层获取激活，然后迅速反馈给另外一层，甚至是神经网络的更深层。可以利用跳跃连接构建能够训练深度网络的 ResNets，有时深度可以超过 100 层。

RetNets 是由残差块构建的，首先解释一下什么是残差块，如图 9-5 所示。

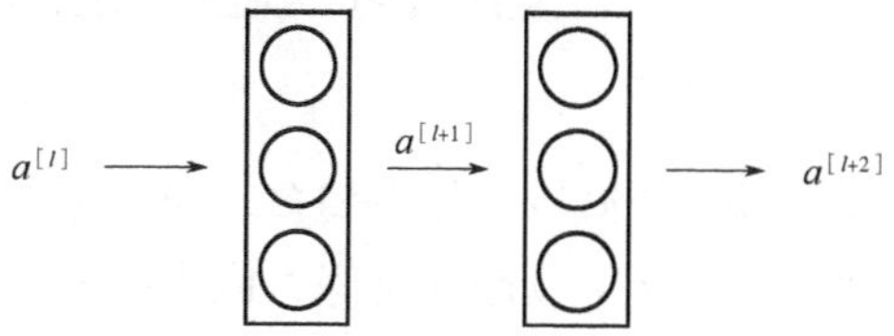

图 9-5 残差块

这是一个两层神经网络，在 L 层进行激活，得到 $a^{[l+1]}$，再次进行激活，两层之后得到 $a^{[l+2]}$。计算过程是从 $a^{[l]}$ 开始，首先进行线性激活，根据公式 $z^{[l+1]} = W^{[l+1]}a^{[l]} + b^{[l+1]}$，通过 $a^{[l]}$ 算出 $z^{[l+1]}$，即 $a^{[l]}$ 乘以权重矩阵，再加上偏差因子。然后通过 ReLu 非线性激活函数得到 $a^{[l+1]}$，$a^{[l+1]} = g(z^{[l+1]})$。接着再次进行线性激活，依据等式 $z^{[l+2]} = W^{[2+1]}a^{[l+1]} + b^{[l+2]}$，最后根据这个等式再次进行 ReLu 非线性激活，即 $a^{[l+2]} = g(z^{[l+2]})$，这里的 g 是指 ReLu 非线性函数，得到的结果就是 $a^{[l+2]}$。换句话说，信息流从 $a^{[l]}$ 到 $a^{[l+2]}$ 需要经过以上所有步骤，即这组网络层的主路径。

在残差网络中有一点变化，将 $a^{[l]}$ 直接向后，拷贝到神经网络的深层，在 ReLu 非线性激活函数前加上 $a^{[l]}$，这是一条捷径。$a^{[l]}$ 的信息直接到达神经网络的深层，不再沿着主路径传递，这就意味着去掉了最后这个等式 $a^{[l+2]} = g(z^{[l+2]})$，取而代之的是另一个 ReLu 非线性函数，仍然对 $z^{[l+2]}$ 进行 g 函数处理，但这次要加上 $a^{[l]}$，即 $a^{[l+2]} = g(z^{[l+2]} + a^{[l]})$，也就是加上的这个 $a^{[l]}$ 产生了一个残差块。

在图 9-6 中，也可以画一条捷径，直达第二层。实际上这条捷径是在进行 ReLu 非线性激活函数之前加上的，而这里的每一个节点都执行了线性函数和 ReLu 激活函数。所以 $a^{[l]}$ 插入的时机是在线性激活之后，ReLu 激活之前。除了捷径，还有另一个术语“跳跃连接”，就是指 $a^{[l]}$ 跳过一层或者好几层，从而将信息传递到神经网络的更深层。

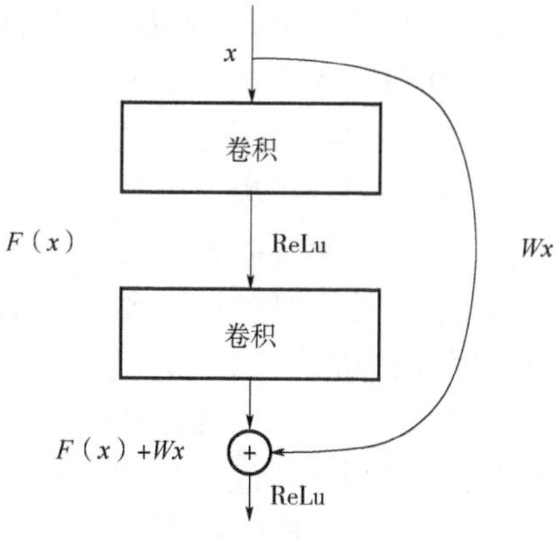

图 9-6 残差块捷径

RetNets 的发明者是何恺明（Kaiming He）、张翔宇（Xiangyu Zhang）、任少卿（Shaoqing Ren）和孙剑（Jian），他们发现使用残差块能够训练更深的神经网络。所以构建一个 RetNets 网络就是通过将很多这样的残差块堆积在一起，形成一个很深神经网络。普通网络变成 RetNets 的方法是加上所有跳跃连接，每两层增加一个捷径，构成一个残差块。如图 9-7 所示，五个残差块连接在一起构成一个残差网络。

使用标准优化算法训练一个普通网络，比如说梯度下降法，或者其他热门的优化算法时，如果没有残差，则没有这些捷径或者跳跃连接，凭经验会发现随着网络深度的加深，训

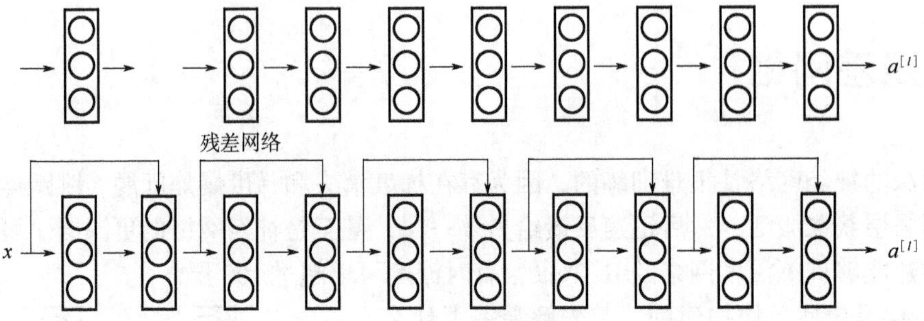

图 9-7 RetNets 网络

练错误会先减少，然后增多。而理论上，随着网络深度的加深，应该训练得越来越好才对。理论上网络深度越深越好，但实际上如果没有残差网络，则对于一个普通网络来说，深度越深意味着用优化算法越难训练，训练错误会越来越多。

但有了 RetNets 就不一样了，即使网络再深，训练的表现仍不错，比如说训练误差减少，就算是训练深达 100 层的网络也不例外。有人甚至在 1000 多层的神经网络中做过实验。但是对 x 的激活，或者这些中间的激活能够到达网络的更深层。这种方式确实有助于解决梯度消失和梯度爆炸问题，使得在训练更深网络的同时，又能保证良好的性能。也许从另外一个角度来看，随着网络越来深，网络连接会变得臃肿，但是 RetNets 确实在训练深度网络方面非常有效。

9.3 残差网络为什么有用

为什么 RetNets 能有如此好的表现？来看个例子，它解释了其中的原因，可以说明如何在构建更深层次 RetNets 网络的同时还不降低它们在训练集上的效率。通常来讲，网络在训练集上表现好，才能在 Hold-Out 交叉验证集或 dev 集和测试集上有好的表现，所以至少在训练集上训练好 RetNets 是第一步。

一个网络深度越深，它在训练集上训练的效率就会有所减弱，这也是有时候不希望加深网络的原因。而事实并非如此，至少在训练 RetNets 网络时并非完全如此，举个例子。

假设有一个大型神经网络，其输入为 X，输出激活值 $a^{[l]}$。假如想增加这个神经网络的深度，用 Big NN 表示，输出为 $a^{[l]}$。再给这个网络额外依次添加两层，最后输出为 $a^{[l+2]}$，可以把这两层看作一个 RetNets 块，即具有捷径连接的残差块。假设在整个网络中使用ReLu 激活函数，所以激活值都大于等于0，包括输入 X 的非零异常值。因为 ReLu 激活函数输出的数字要么是0，要么是正数。

$a^{[l+2]}$的值，即 $a^{[l+2]}=g(z^{[l+2]}+a^{[l]})$，添加项 $a^{[l]}$是刚添加的跳跃连接的输入。展开这个表达式 $a^{[l+2]}=g(\boldsymbol{W}^{[l+2]}a^{[l+1]}+b^{[l+2]}+a^{[l]})$，其中 $z^{[l+2]}=\boldsymbol{W}^{[l+2]}a^{[l+1]}+b^{[l+2]}$。注意一点，如果使用 L2 正则化或权重衰减，则它会压缩 $\boldsymbol{W}^{[l+2]}$的值。如果对 b 应用权重衰减则也可达到同样的效果，尽管实际应用中，有时会对 b 应用权重衰减，有时不会。这里的 W 是关键项，如果 $\boldsymbol{W}^{[l+2]}=0$，则为方便起见，假设 $b^{[l+2]}=0$，这几项就没有了，因为它们($\boldsymbol{W}^{[l+2]}a^{[l+1]}+b^{[l+2]}$)的值为0。最后 $a^{[l+2]}=g(a^{[l]})=a^{[l]}$，因为假定使用

ReLu 激活函数，并且所有激活值都是非负的，$g(a^{[l]})$ 是应用于非负数的 ReLu 函数，所以 $a^{[l+2]}=a^{[l]}$。

结果表明，残差块学习这个恒等式函数并不难，跳跃连接使得容易得出 $a^{[l+2]}=a^{[l]}$，如图 9-8 所示。这意味着，即使给神经网络增加了这两层，它的效率也并不逊色于更简单的神经网络，因为学习恒等函数对它来说很简单。尽管它多了两层，也只是把 $a^{[l]}$ 的值赋值给 $a^{[l+2]}$，所以给大型神经网络增加两层，不论是把残差块添加到神经网络的中间还是末端位置，都不会影响网络的表现。

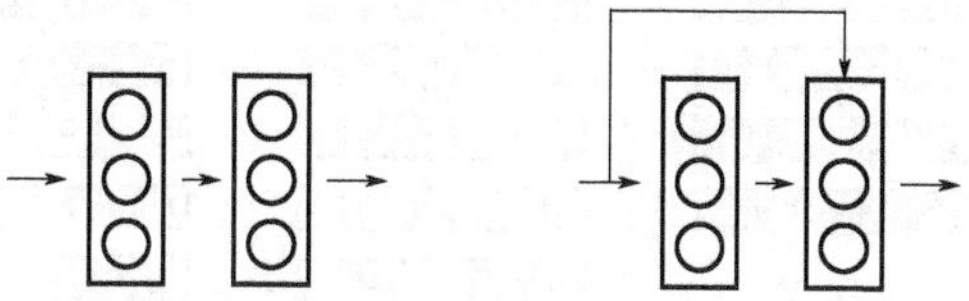

图 9-8　RetNets 残差网络

当然，目标不仅仅是保持网络的效率，还要提升它的效率。如果这些隐藏层单元学到一些有用信息，那么它可能比学习恒等函数表现得更好。而这些不含有残差块或跳跃连接的深度普通网络情况就不一样了，当网络不断加深时，就算是选用学习恒等函数的参数都很困难，所以很多层最后的表现不但没有更好，反而更糟。

残差网络起作用的主要原因就是这些残差块学习恒等函数非常容易，能确定网络性能不会受到影响，很多时候甚至可以提高效率，或者说至少不会降低网络的效率，因此创建类似残差网络可以提升网络性能。

除此之外，关于残差网络，另一个值得探讨的是假设 $z^{[l+2]}$ 与 $a^{[l]}$ 具有相同维度，RetNets使用了许多 same 卷积，所以这个 $a^{[l]}$ 的维度等于这个输出层的维度。之所以能实现跳跃连接是因为 same 卷积保留了维度，因此很容易得出这个捷径连接，并输出这两个相同维度的向量。

假设输入和输出有不同维度，比如输入的维度是 128，$a^{[l+2]}$ 的维度是 256，再增加一个矩阵，这里标记为 W_s，W_s 是一个 256×128 维度的矩阵，所以 $W_s a^{[l]}$ 的维度是 256，这个新增项是 256 维度的向量。不需要对 W_s 做任何操作，它是网络通过学习得到的矩阵或参数，它是一个固定矩阵，padding 值为 0，用 0 填充 $a^{[l]}$，其维度为 256，所以这几个表达式都可以。

最后，看一下 RetNets 的图片识别。这些图片是从何恺明等人论文中截取的，这是一个普通网络，给它输入一张图片，它有多个卷积层，最后输出了一个 softmax。

如何把它转化为 RetNets 呢？只需要添加跳跃连接，如图 9-9 所示。这里只讨论几个细节，这个网络有很多层 3×3 卷积，而且它们大多都是 same 卷积，这就是添加等维特征向量的原因。所以这些都是卷积层，而不是全连接层，因为它们是 same 卷积，维度得以保留，所以这也解释了添加项 $z^{[l+2]}+a^{[l]}$（维度相同所以能够相加）。

RetNets 类似于其他很多网络，也会有很多卷积层，其中偶尔会有池化层或类池化层的层。不论这些层是什么类型，都需要调整矩阵 W_s 的维度。普通网络和 RetNets 网络常用的结构是：卷积层-卷积层-卷积层-池化层-卷积层-卷积层-卷积层-池化层……依此重复。直到最后，有一个通过 softmax 进行预测的全连接层。

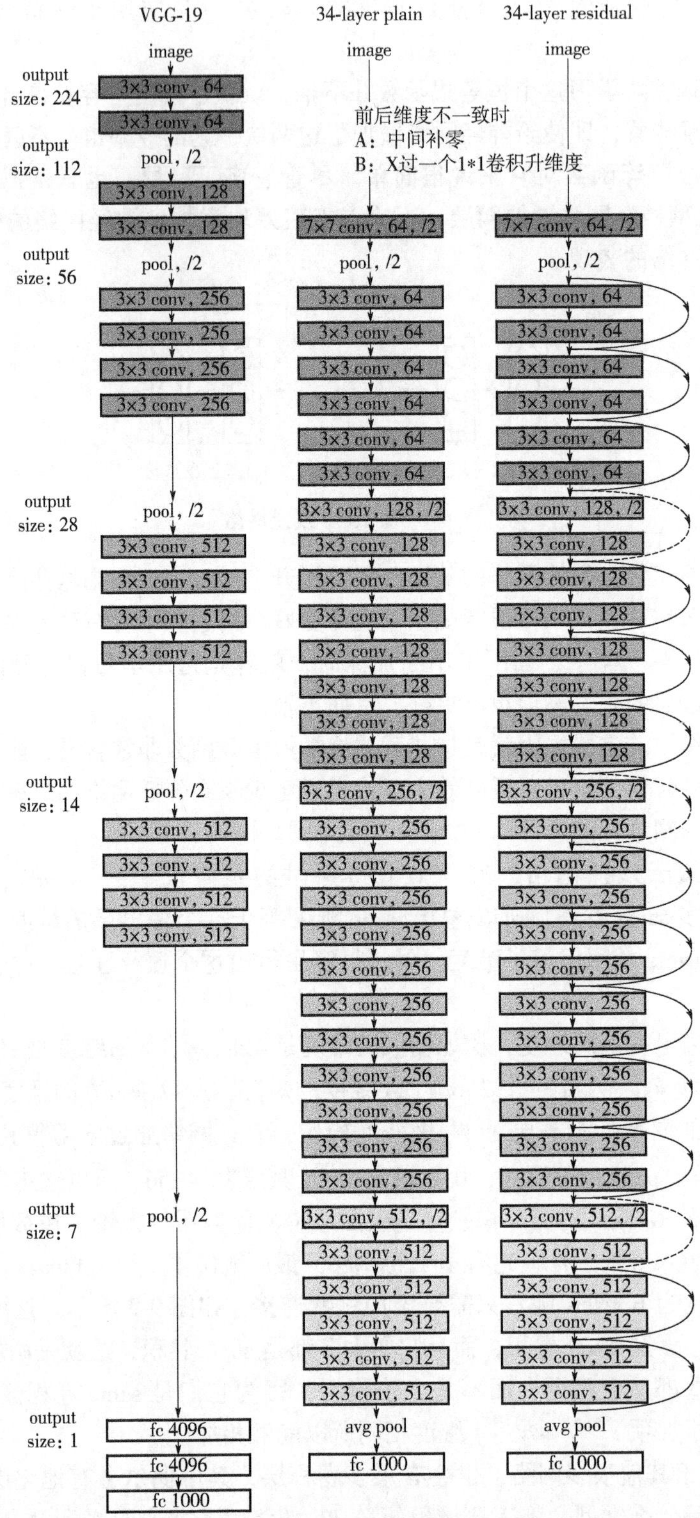

图 9-9　VGG-19 与残差神经网络模型

9.4　网络中的 1×1 卷积

在架构设计方面，其中一个比较有帮助的想法是使用 1 ×1 卷积。1 ×1 的卷积能做什么呢？

如图 9-10 所示，过滤器为 1 ×1，这里是数字 2，输入一张 6 ×6 ×1 的图片，然后对它做卷积，过滤器大小为 1 ×1 ×1，结果相当于把这个图片乘以数字 2，所以前三个单元格分别是 2、4、6 等。用 1 ×1 的过滤器进行卷积，似乎用处不大，只是对输入矩阵乘以某个数字。但这仅仅是对于 6 ×6 ×1 的一个通道图片来说，1 ×1 卷积效果不佳。

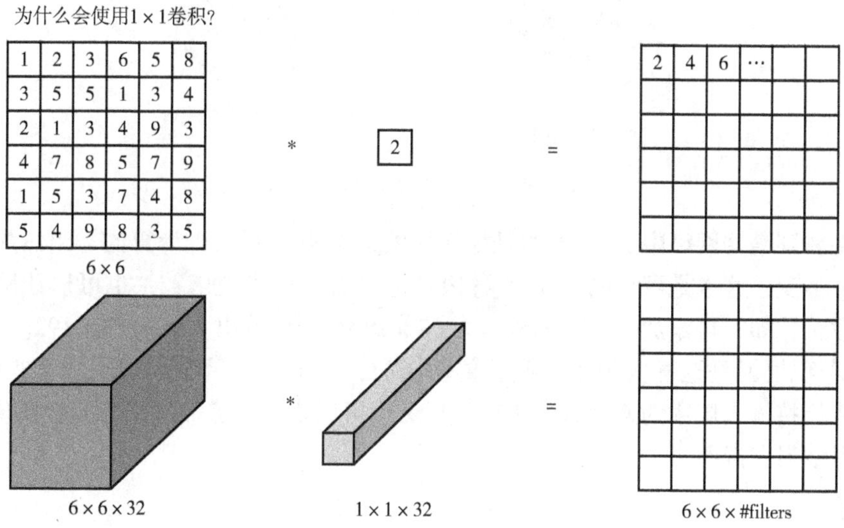

图 9-10　1 ×1 过滤器卷积

如果是一张 6 ×6 ×32 的图片，那么使用 1 ×1 过滤器进行卷积效果更好。具体来说，1 ×1卷积所实现的功能是遍历这 36 个单元格，计算左图中 32 个数字和过滤器中 32 个数字的元素积之和，然后应用 ReLu 非线性函数。

以其中一个单元为例，它是这个输入层上的某个切片，用这 36 个数字乘以这个输入层上的 1 ×1 切片，得到一个实数，像这样把它画在输出中。这个 1 ×1 ×32 过滤器中的 32 个数字可以这样理解，一个神经元的输入是 32 个数字（输入图片中左下角位置 32 个通道中的数字），即相同高度和宽度上某一切片上的 32 个数字，这 32 个数字具有不同通道，乘以 32 个权重（将过滤器中的 32 个数理解为权重），然后应用 ReLu 非线性函数，在这里输出相应的结果。

一般来说，如果过滤器不止一个，而是多个，就好像有多个输入单元，那么其输入内容为一个切片上的所有数字，输出结果是 6 ×6 过滤器数量。所以 1 ×1 卷积可以从根本上理解为对这 32 个不同的位置都应用一个全连接层，全连接层的作用是输入 32 个数字（过滤器数量标记为 $n^{[l+1]}$，在这 36 个单元上重复此过程），输出结果是 6 ×6 ×#filters（过滤器数量），以便在输入层上实施计算。

这种方法通常称为 1 ×1 卷积，有时也被称为 Network in Network，在林敏、陈强和颜水成的论文中有详细描述。虽然论文中关于架构的详细内容并没有得到广泛应用，但是 1 ×1 卷积或 Network in Network 这种理念却很有影响力，很多神经网络架构都受到它的影响，包括后续要讲的 Inception 网络。

举个 1 ×1 卷积的例子，假设这是一个 28 ×28 ×192 的输入层，可以使用池化层压缩它的高度和宽度。但如果通道数量很大，那么该如何把它压缩为 28 ×28 ×32 维度的层呢？可以用 32 个大小为 1 ×1 的过滤器，严格来讲每个过滤器大小都是 1 ×1 ×192 维，因为过滤器中通道数量必须与输入层中通道的数量保持一致。但是使用了 32 个过滤器，输出层为 28 ×28 ×32，这就是压缩通道数 n_C 的方法，对于池化层只是压缩了这些层的高度和宽度，如图 9-11 所示。

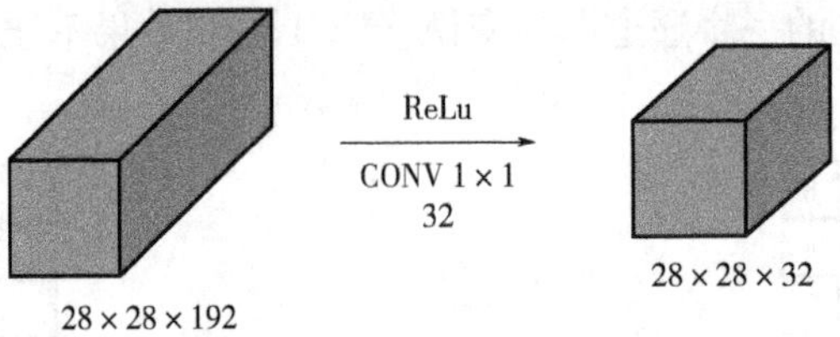

图 9-11　1 ×1 卷积压缩通道数

之后将看到某些网络中 1 ×1 卷积是如何压缩通道数量并减少计算的。当然如果想保持通道数 192 不变，这也是可行的，1 ×1 卷积只是添加了非线性函数，也可以让网络学习更复杂的函数，比如，再添加一层，其输入为 28 ×28 ×192，输出为 28 ×28 ×192。

1 ×1 卷积层就是这样实现了一些重要功能的，它给神经网络添加了一个非线性函数，从而减少或保持输入层中的通道数量不变，当然也可以增加通道数量。后面会发现这对构建 Inception 网络很有帮助。

9.5　谷歌 Inception 网络

构建卷积层时，要决定过滤器的大小究竟是 1 ×1，3 ×3 还是 5 ×5，或者要不要添加池化层。而 Inception 网络的作用就是代替人工来决定，虽然网络架构因此变得更加复杂，但网络表现却非常好，来了解一下其中的原理。

例如，这是 28 ×28 ×192 维度的输入层，Inception 网络或 Inception 层的作用就是代替人工来确定卷积层中的过滤器类型，或者确定是否需要创建卷积层或池化层。

如果使用 1 ×1 卷积，则输出结果会是 28 ×28 ×#（某个值），假设输出为 28 ×28 ×64，并且这里只有一个层，如图 9-12 所示。

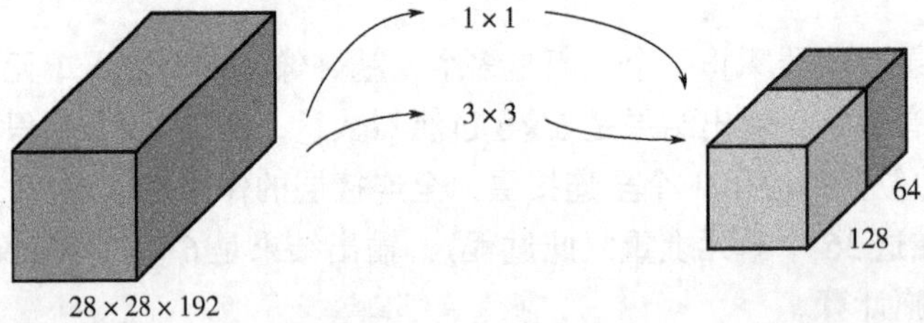

图 9-12　1 ×1 卷积

如果使用 3 ×3 的过滤器，那么输出是 28 ×28 ×128。然后把第二个值堆积到第一个值上，为了匹配维度，应用 same 卷积，输出维度依然是 28 ×28，和输入维度相同，即高度和宽度相同，如图 9-13 所示。

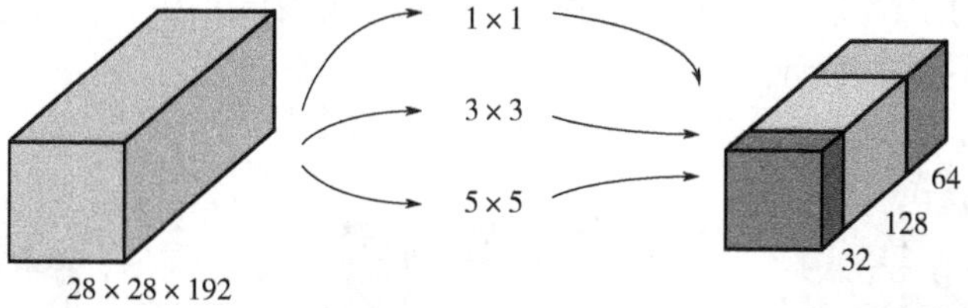

图 9-13　3 ×3 卷积

如果希望提升网络的表现，用 5 ×5 过滤器或许会更好吗？不妨试一下输出变成 28 ×28 ×32，再次使用 same 卷积，保持维度不变，如图 9-14 所示。

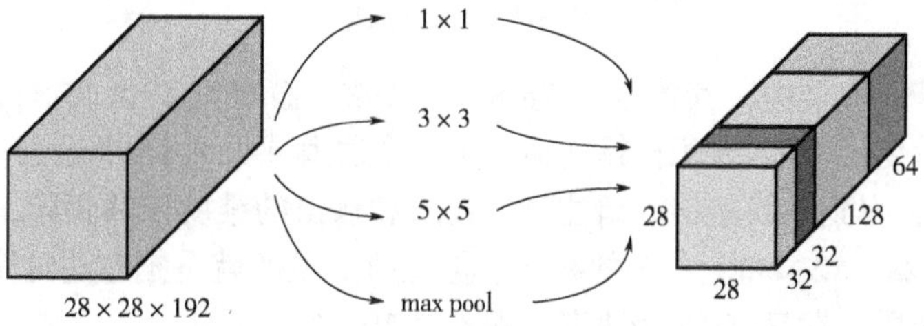

图 9-14　5 ×5 卷积或池化操作

或许可以不要卷积层，那就用池化操作，得到一些不同的输出结果，把它也堆积起来，这里的池化输出是 28 ×28 ×32。为了匹配所有维度，需要对最大池化使用 padding，它是一种特殊的池化形式，因为如果输入的高度和宽度为 28 ×28，则输出的相应维度也是 28 ×28。然后再进行池化，padding 不变，步幅为 1。

有了这样的 Inception 模块，就可以输入某个量，因为它累加了所有数字，这里的最终输出为 32 +32 +128 +64 =256。Inception 模块的输入为 28 ×28 ×192，输出为 28 ×28 ×256。这就是 Inception 网络的核心节课。基本思想是 Inception 网络不需要人为决定使用哪个过滤器或者是否需要池化，而是由网络自行确定这些参数，用户可以给网络添加这些参数的所有可能值，然后把这些输出连接起来，让网络自己学习它需要什么样的参数，采用哪些过滤器组合。

这个 Inception 层有一个问题，就是计算这个 5 ×5 过滤器在该模块中的计算成本，如图 9-15 所示。

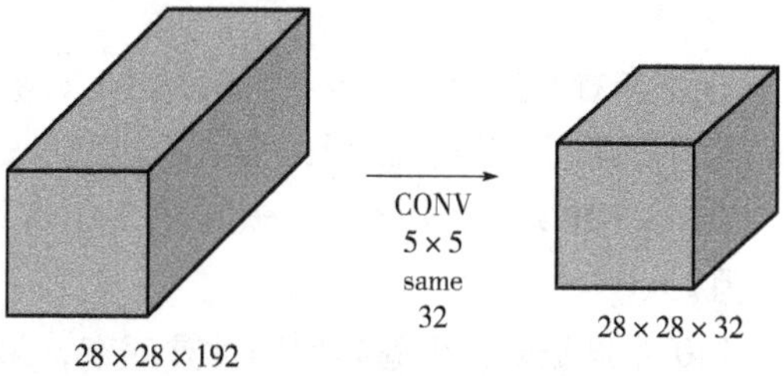

图 9-15　计算成本问题

把重点集中在 5 ×5 的过滤器，这是一个 28 ×28 ×192 的输入块，执行一个 5 ×5 卷积，它有 32 个过滤器，输出为 28 ×28 ×32。这里用一个灰色块来计算这个 28 ×28 ×32 输出的计算成本，它有 32 个过滤器，因为输出有 32 个通道，每个过滤器大小为 5 ×5 ×192，输出大小为 28 ×28 ×32，所以要计算 28 ×28 ×32个数字，如图 9-16 所示。对于输出中的每个数字来说，都需要执行 5 ×5 ×192 次乘法运算，所以乘法运算的总次数为每个输出值所需要执行的乘法运算次数（5 ×5 ×192）乘以输出值个数（28 ×28 ×32），把这些数相乘结果等于 1. 2 亿（120422400）。即使在现在，用计算机执行 1. 2 亿次乘法运算，成本也是相当高的。后面会介绍 1 ×1 卷积的应用，也就是上节课所学的。为了降低计算成本，用计算成本除以因子 10，结果它从 1. 2 亿减小到原来的十分之一，如图 9-16 所示。

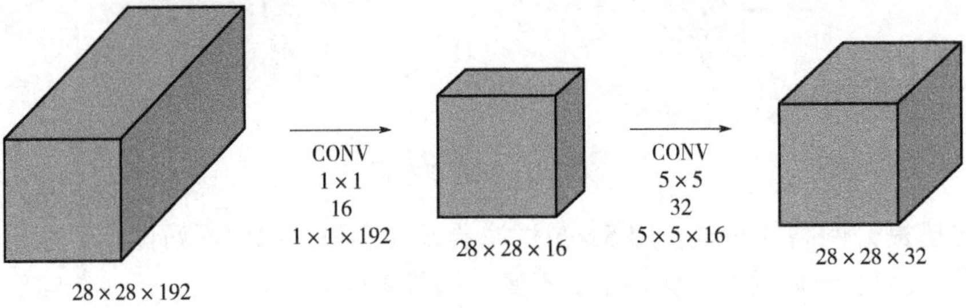

图 9-16　计算成本

这里还有另外一种架构，其输入为 28 ×28 ×192，输出为 28 ×28 ×32。其结果是这样的，对于输入层，使用 1 ×1 卷积把输入值从 192 个通道减少到 16 个通道。然后对这个较小层运行 5 ×5 卷积，得到最终输出。请注意，输入和输出的维度依然相同，输入是 28 ×28 ×192，输出是 28 ×28 ×32，和上一个的相同。但此时要做的就是把左边这个大的输入层压缩成这个较小的中间层，它只有 16 个通道，而不是 192 个。

有时候这被称为瓶颈层，瓶颈通常是某个对象最小的部分，假如有这样一个玻璃瓶，瓶颈就是这个瓶子最小的部分。同理瓶颈层也是网络中最小的部分，先缩小网络表示，然后再扩大它，如图 9-17 所示。

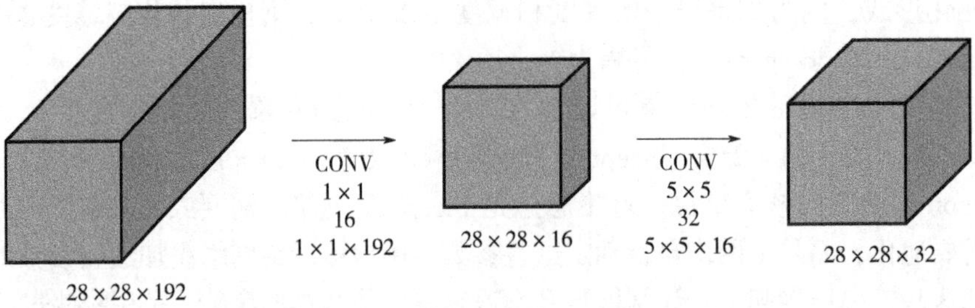

图 9-17　不同过滤器卷积层和计算成本

接下来看看这个计算成本，应用 1 ×1 卷积，过滤器个数为 16，每个过滤器大小为 1 ×1 ×192，这两个维度相匹配（输入通道数与过滤器通道数），28 ×28 ×16 这个层的计算成本是输出 28 ×28 ×192 中每个元素都做 192 次乘法，用 1 ×1 ×192 来表示，相乘结果约等于 240 万。

240 万只是第一个卷积层的计算成本，第二个卷积层的计算成本又是多少呢？这是它的输出，28 ×28 ×32，对每个输出值应用一个 5 ×5 ×16 维度的过滤器，计算结果为 1000 万。

所以需要乘法运算的总次数是这两层的计算成本之和，也就是 1204 万，与上一个的值做比较，计算成本从 1. 2 亿下降到了原来的十分之一，即 1204 万。所需要的加法运算与乘法运算的次数近似相等，所以只统计了乘法运算的次数。

总结一下，在构建神经网络层的时候，不想决定池化层是使用 1×1，3×3 还是 5×5 的过滤器，那么 Inception 模块就是最好的选择。可以应用各种类型的过滤器，只需要把输出连接起来。关于计算成本问题，学习了如何通过使用 1×1 卷积来构建瓶颈层，从而大大降低计算成本。事实证明，只要合理构建瓶颈层，便既可以显著缩小表示层规模，又不会降低网络性能，从而节省了计算。

Inception 模块会将之前层的激活或者输出作为它的输入，作为前提，这是一个 28×28×192 的输入，和之前课程中的一样。分析过的例子是先通过一个 1×1 的层，再通过一个 5×5 的层，1×1 的层可能有 16 个通道，而 5×5 的层输出为 28×28×32，共 32 个通道。

为了在这个 3×3 的卷积层中节省运算量，也可以做相同的操作，这样的话 3×3 的层将会输出 28×28×128。或许还想将其直接通过一个 1×1 的卷积层，这时就不必在后面再跟一个 1×1 的层了，这样的话过程就只有一步，假设这个层的输出是 28×28×64。最后是池化层，如图 9-18 所示。

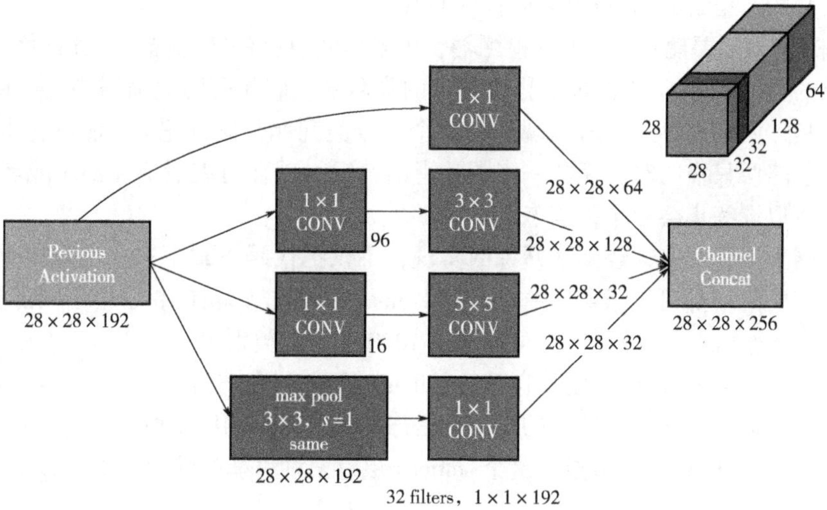

图 9-18 Inception 例子

为了能在最后将这些输出都连接起来，会使用 same 类型的 padding 来池化，使得输出的高和宽依然是 28×28，这样才能将它与其他输出连接起来。但注意，如果进行了最大池化，那么即便用了 same padding，3×3 的过滤器，stride 为 1，其输出也将会是 28×28×192，其通道数或者说深度与这里的输入（通道数）相同。所以看起来它会有很多通道，实际要做的就是再加上一个 1×1 的卷积层，将通道的数量缩小，缩小到 28×28×32。也就是使用 32 个维度为 1×1×192 的过滤器，所以输出的通道数缩小为 32。这样就避免了最后输出时，池化层占据所有的通道。

最后，将这些方块全都连接起来。在这过程中，把得到的各个层的通道都加起来，最后得到一个 28×28×256 的输出。通道连接实际就是之前课程中看到过的，把所有方块连接在一起的操作。这就是一个 Inception 模块，而 Inception 网络所做的就是将这些模块都组合到一起。还有，这个特别的 Inception 网络是由 Google 公司的作者所研发的，所以它也被叫作 GoogleLeNet，这个名字是为了向 LeNet 网络致敬。

9.6 迁移学习

如果要做一个计算机视觉的应用，相比于从头训练权重，或者说从随机初始化权重开始，那么下载别人已经训练好网络结构的权重，通常能够进展得更快，用这个作为预训练，然后转换到感兴趣的任务上。计算机视觉的研究社区非常喜欢把许多数据集上传到网上，比如 ImageNet，或者 MS COCO，或者 Pascal 类型的数据集，这些都是不同数据集的名字，它们都是由大家上传到网络的，并且有大量的计算机视觉研究者已经用这些数据集训练过他们的算法了。有时候这些训练过程需要花费好几周，并且需要很多的 GPU，其他人已经做过了，并且经历了非常痛苦的寻最优过程，这就意味着你可以下载花费了别人好几周甚至几个月而做出来的开源的权重参数，把它当作一个很好的初始化用在你自己的神经网络上。用迁移学习把公共的数据集的知识迁移到自己的问题上。

举个例子，假如要建立一个猫咪检测器，用来检测自己的宠物猫。比如网络上的 Tigger，是一个常见的猫的名字，Misty 也是比较常见的猫名字。假如有两只猫叫 Tigger 和 Misty，还有一种情况是，两者都不是。所以现在有一个三分类问题，图片里是 Tigger 还是 Misty，或者都不是，忽略两只猫同时出现在一张图片里的情况。现在可能没有 Tigger 或者 Misty 的大量的图片，所以训练集会很小，该怎么办呢？

建议从网上下载一些神经网络开源的实现，不仅把代码下载下来，也把权重下载下来，有许多训练好的网络都可以下载。举个例子，ImageNet 数据集有 1000 个不同的类别，因此这个网络会有一个 softmax 单元，它可以输出 1000 个可能类别之一。

可以去掉这个 softmax 层，创建自己的 softmax 单元，用来输出 Tigger、Misty 和 neither 三个类别。就网络而言，建议把所有的层看作是冻结的，冻结网络中所有层的参数，只需要训练与自己的 softmax 层有关的参数。这个 softmax 层有三种可能的输出，即 Tigger、Misty 或者都不是。

使用其他人预训练的权重，很可能得到很好的性能，即使只有一个小的数据集。幸运的是，大多数深度学习框架都支持这种操作，事实上，取决于用的框架，它也许会有 trainableParameter = 0 这样的参数，对于这些前面的层，可能会设置这个参数。为了不训练这些权重，有时也会有 freeze = 1 这样的参数。不同的深度学习编程框架有不同的方式，允许指定是否训练特定层的权重。在这个例子中，只需要训练 softmax 层的权重，可以把前面这些层的权重都冻结。

另一个技巧也许对一些情况有用，由于前面的层都冻结了，所以相当于一个固定的函数，不需要改变它，也不训练它，取输入图像 X，然后把它映射到这层（softmax 的前一层）的激活函数。所以这个能加速训练的技巧就是如果先计算这一层的特征或者激活值，然后把它们存到硬盘里。所做的就是用这个固定的函数，在这个神经网络的前半部分（softmax 层之前的所有层视为一个固定映射），取任意输入图像 X，然后计算它的某个特征向量，这样训练的就是一个很浅的 softmax 模型，用这个特征向量来做预测。对计算有用的一步就是对训练集中所有样本的这一层的激活值进行预计算，然后存储到硬盘里，在此之上训练 softmax 分类器。所以，存储到硬盘或者说预计算方法的优点就是不需要每次遍历训练集再重新计算这个激活值。

如果任务只有一个很小的数据集，则可以这样做。要有一个更大的训练集怎么办呢？根据经验，如果有一个更大的标定的数据集，那么也许有大量的 Tigger 和 Misty 的照片，还有两者都不是的这种情况，应该冻结更少的层，比如只把这些层冻结，然后训练后面的层。如果输出层的类别不同，那么需要构建自己的输出单元，Tigger、Misty 或者两者都不是三个类别。有很多方式可以实现，可以取后面几层的权重，用作初始化，然后从这里开始梯度下降。

或者可以直接去掉这几层，换成自己的隐藏单元和自己的 softmax 输出层，这些方法值得一试。但是有一个规律，如果有越来越多的数据，则需要冻结的层数越少，能够训练的层数就越多。这个理念就是如果有一个更大的数据集，那么不要单单训练一个 softmax 单元，而是考虑训练中等大小的网络，包含最终要用的网络的后面几层。

最后，如果有大量数据，应该做的就是用开源的网络和它的权重，把所有的权重当作初始化，然后训练整个网络。再次注意，如果是一个 1000 节点的 softmax，而只有三个输出，则需要重新定义 softmax 输出层来输出想要的标签。

如果标定的数据很多，即 Tigger、Misty 或者两者都不是的图片越多，那么可以训练的层越多。极端情况下，使用下载的权重只作为初始化，用它们来代替随机初始化，然后可以用梯度下降训练，更新网络所有层的所有权重。

这就是卷积网络训练中的迁移学习，事实上，网上的公开数据集非常庞大，并且下载的是其他人已经训练好几周的权重，已经从数据中学习了很多。可以预料到的是，对于很多计算机视觉的应用，如果下载其他人的开源的权重，并用作要研究问题的初始化，则能够做得更好。

9.7　数据增强

大部分的计算机视觉任务使用很多的数据，所以数据增强是经常使用的一种用来提高计算机视觉系统表现的技巧。计算机视觉是一个相当复杂的工作，需要输入图像的像素值，然后弄清楚图片中有什么，似乎这需要学习一个复杂方程来做这件事。在实践中，更多的数据对大多数计算机视觉任务都有所帮助，不像其他领域，有时候得到充足的数据，但是效果并不好。然而，计算机视觉的主要问题是没有办法得到充足的数据。对大多数机器学习应用这不是问题，但是对计算机视觉，数据就远远不够。所以这就意味着当训练计算机视觉模型时，数据增强会有所帮助，这是可行的，无论是使用迁移学习，还是从使用别人的预训练模型开始，或者从源代码开始训练模型。计算机视觉中常见的数据增强的方法如图 9-19 所示。

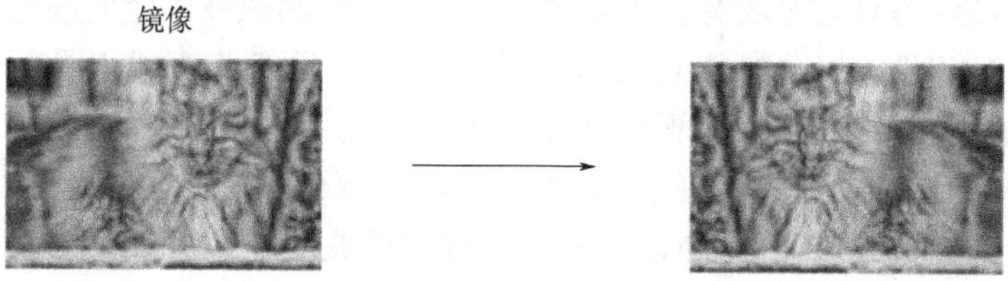

图 9-19　镜像

或许最简单的数据增强方法就是垂直镜像对称。假如训练集中有这张图片，然后将其翻转得到右边的图像。对大多数计算机视觉任务，左边的图片是猫，然后镜像对称仍然是猫，镜像操作保留了图像中想识别的物体的前提下，这是个很实用的数据增强技巧。

另一个经常使用的技巧是随机裁剪，给定一个数据集，如图 9-20 所示，然后开始随机裁剪，可能裁剪编号 1、编号 2，或者编号 3，可以得到不同的图片放在数据集中，训练集中有不同的裁剪。随机裁剪并不是一个完美的数据增强的方法，可能随机裁剪的那一部分（编号 4）看起来不像猫。但在实践中，这个方法还是很实用的，随机裁剪构成了很大一部分的真实图片。

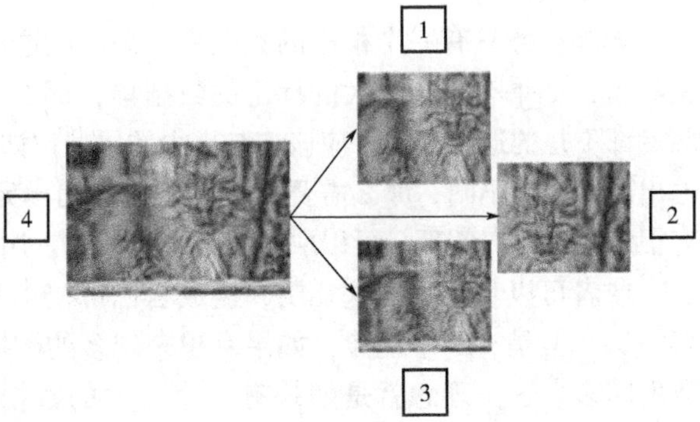

图 9-20　随机裁剪

镜像对称和随机裁剪是经常被使用的。当然，理论上也可以使用旋转、剪切（shearing 此处并非是裁剪的含义，图像仅水平或垂直坐标发生变化）图像，可以对图像进行这样的扭曲变形，引入很多形式的局部弯曲等。当然使用这些方法并没有坏处，尽管在实践中，因为太复杂所以使用的很少。

第二种经常使用的方法是彩色转换，有这样一张图片，如图 9-21 所示然后给 R、G 和 B 三个通道上加上不同的失真值。

在这个例子中（编号 1），要给红色、蓝色通道加值，给绿色通道减值。红色和蓝色会产生紫色，使整张图片看起来偏紫，这样训练集中就有失真的图片。为了突出效果，这里图片的颜色改变得比较夸张。在实践中，对 R、G 和 B 的变化是基于某些分布的，这样的改变也可能很小。这么做的目的就是使用不同的 R、G 和 B 值，使用这些值来改变颜色。在第二个例子中（编号 2），少用了一点红色，而用了更多的绿色和蓝色色调，这就使得图片偏黄一点。在编号 3 中使用了更多的蓝色，仅仅一点红色。在实践中，R、G 和 B 的值是根据某种概率分布来决定的。这么做的理由是可能阳光会有一点偏黄，或者是灯光照明有一点偏黄，这些可以轻易改变图像的颜色，但是对猫的识别，或者是结课的识别，以及标签 y，还是保持不变的。颜色失真或者是颜色变换方法，这样会使得建立的学习算法对照片的颜色更改更具鲁棒性。

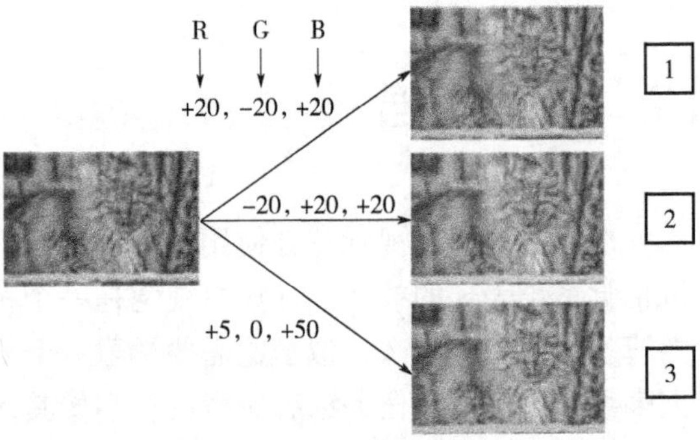

图 9-21　彩色转换

对 R、G 和 B 有不同的采样方式，其中一种影响颜色失真的算法是 PCA，即主成分分析。但具体颜色改变的细节在 AlexNet 的论文中有时候被称作 PCA 颜色增强，PCA 颜色增强的大概含义是如果图片呈现紫色，即主要含有红色和蓝色，绿色很少，则 PCA 颜色增强算法就会对红色和蓝色增减很多，绿色变化相对少一点，从而使总体的颜色保持一致。可以阅读 AlexNet 论文中的细节，也能找到 PCA 颜色增强的开源实现方法，然后直接使用它。

假如有存储好的数据，训练数据存在硬盘上。如果是一个小的训练数据，则可以做任何事情，这些数据集已经足够。但是如果有特别大的训练数据，则接下来这些就是人们经常使用的方法。可以用 CPU 线程来实现这些失真变形，可以是随机裁剪、颜色变化，或者是镜像。但是对每张图片得到对应的某一种变形失真形式，图片（编号 1）对其进行镜像变换，以及使用颜色失真，这张图最后会发生颜色变化（编号 2），从而得到不同颜色的猫。

与此同时，CPU 线程持续加载数据，然后实现任意失真变形，从而构成批数据或者最小批数据，这些数据持续的传输给其他线程或者其他的进程，然后开始训练，可以在 CPU 或者 GPU 上实现一个大型网络的训练。

常用的实现数据增强的方法是使用一个线程或者是多线程，这些可以用来加载数据，实现变形失真，然后传给其他的线程或者其他进程来训练编号 2 和编号 1，从而实现并行。

这就是数据增强，与训练深度神经网络的其他部分类似，在数据增强过程中也有一些超参数，比如颜色变化了多少，以及随机裁剪的时候使用的参数。与计算机视觉其他部分类似，一个好的开始可能是使用别人的开源实现，了解如何实现数据增强。如果想获得更多的不变特性，而其他人的开源实现并没有实现这个，则也可以去调整这些参数。因此，可以使用数据增强使得计算机视觉应用效果更好。

第 10 章　目标检测

10.1　目标定位

这一章学习的主要内容是对象检测，它是计算机视觉领域中一个新兴的应用方向，相比前两年，它的性能越来越好。在构建对象检测之前，先了解一下对象定位，明白它的定义。

图片分类任务就是算法遍历图片，判断图 10-1 中的对象是不是汽车，这就是图片分类。这节要学习构建神经网络的另一个问题，即定位分类问题。这意味着不仅要用算法判断图片中是不是一辆汽车，还要在图片中标记出它的位置，用方框把汽车圈起来，这就是定位分类问题。其中定位的意思是判断汽车在图片中的具体位置。后续将讲解当图片中有多个对象时，应该如何检测它们，并确定出位置。比如，一个自动驾驶程序不但要检测其他车辆，还要检测其他对象，如行人、摩托车等，稍后再详细讲。

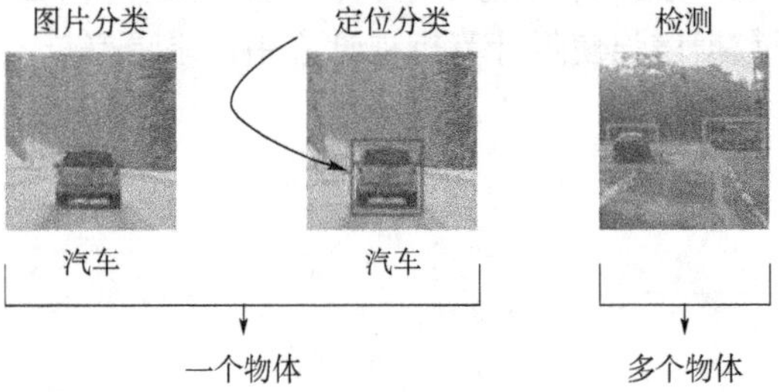

图 10-1　图片分类和定位检测

本章要研究的分类定位问题通常只有一个较大的对象位于图片中间位置，要对它进行识别和定位。而在对象检测问题中，图片可以含有多个对象，甚至单张图片中会有多个不同分类的对象。因此，图片分类的思路可以帮助学习分类定位，而对象定位的思路又有助于学习对象检测，下面先从分类和定位开始讲起。

例如，输入一张图片到多层卷积神经网络。这就是卷积神经网络，它会输出一个特征向量，并反馈给 softmax 单元来预测图片类型。

比如构建汽车自动驾驶系统，如图 10-2 所示，那么对象可能包括行人、汽车、摩托车和背景。当图片中不含有前三种对象，也就是说图片中没有行人、汽车和摩托车时，输出结果会是背景对象，这四个分类就是 softmax 函数可能输出的结果。

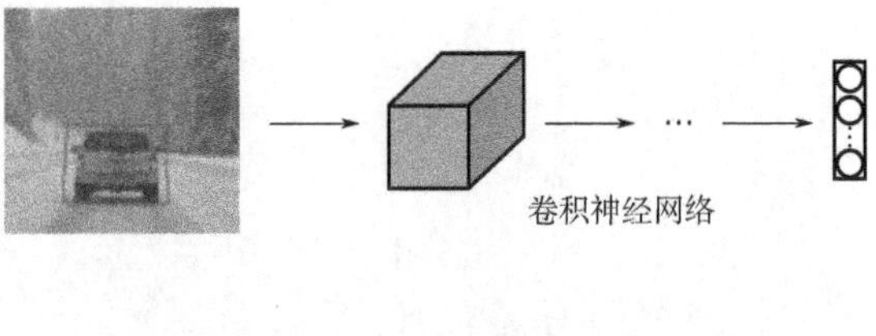

图 10-2　汽车自动驾驶系统

这就是标准的分类过程，如果还想定位图片中汽车的位置，那么该怎么做呢？可以让神经网络多输出几个单元，并输出一个边界框。具体说就是让神经网络再多输出四个数字，标记为 b_x，b_y，b_h 和 b_w，这四个数字是被检测对象的边界框的参数化表示。

先规定将使用的符号表示，图片左上角的坐标为（0，0），右下角坐标为（1，1）。要确定边界框的具体位置，需要指定红色方框的中心点，这个点表示为（b_x，b_y），边界框的高度为 b_h，宽度为 b_w。因此训练集不仅包含神经网络要预测的对象分类标签，还要包含表示边界框的这四个数字，接着采用监督学习算法，输出一个分类标签，还有四个参数值，从而给出检测对象的边框位置。此例中，b_x 的理想值是 0.5，因为它表示汽车位于图片水平方向的中间位置；b_y 大约是 0.7，表示汽车位于距离图片底部 $\frac{3}{10}$ 的位置；b_h 约为 0.3，即方框的高度是图片高度的 0.3 倍；b_w 约为 0.4，即方框的宽度是图片宽度的 0.4 倍。

那么如何为监督学习任务定义目标标签 y？

这有四个分类，神经网络输出的是这四个数字和一个分类标签，或分类标签出现的概率。目标标签 $\boldsymbol{y}$ 的定义为 $\boldsymbol{y}=\begin{bmatrix} p_c \\ b_x \\ b_y \\ b_h \\ b_w \\ c_1 \\ c_2 \\ c_3 \end{bmatrix}$。

它是一个向量，第一个组件 p_c 表示是否含有对象，如果对象属于前三类（行人、汽车、摩托车），则 $p_c=1$，如果是背景，则图片中没有要检测的对象，$p_c=0$。可以这样理解 p_c，它表示被检测对象属于某一分类的概率，背景分类除外。

如果检测到对象，则输出被检测对象的边界框参数 b_x、b_y、b_h 和 b_w。最后，如果存在某个对象，那么 $p_c=1$，同时输出 c_1、c_2 和 c_3，表示该对象属于 1～3 类中的哪一类，是行人、汽车还是摩托车。鉴于这里要处理的问题，假设图片中只含有一个对象，所以针对这个分类定位问题，图片最多只会出现其中一个对象。

对于一张训练集图片，标记为 x，即图 10-3 中的汽车图片。而在 y 当中，第一个元素 $p_c=1$，因为图中有一辆车，b_x、b_y、b_h 和 b_w 会指明边界框的位置，所以标签训练集需要标签的边界框。图片中是一辆车，所以结果属于分类 2，因为定位目标不是行人或摩托车，而是汽车，所以 $c_1=0$，$c_2=1$，$c_3=0$，c_1、c_2 和 c_3 中最多只有一个等于 1。

图 10-3　训练集图片：汽车、背景

这是图片中只有一个检测对象的情况，如果图片中没有检测对象呢？如果训练样本是这样一张图片呢？

这种情况下，$p_c=0$，y 的其他参数将变得毫无意义。因为图片中不存在检测对象，所以不用考虑网络输出中边界框的大小，也不用考虑图片中的对象是属于 c_1、c_2 和 c_3 中的哪一类。针对给定的被标记的训练样本，不论图片中是否含有定位对象，构建输入图片 x 和分类标签 y 的具体过程都是如此。这些数据最终定义了训练集。

最后，这个神经网络的损失函数，其参数为类别 y 和网络输出 $\hat{y}$，如果采用二次方误差策略，则 $L(\hat{y}, y)=(\hat{y}_1-y_1)^2+(\hat{y}_2-y_2)^2+\cdots+(\hat{y}_8-y_8)^2$，损失值等于每个元素相应差值的二次方和。

如果图片中存在定位对象，那么 $y_1=1$，所以 $y_1=p_c$，同样地，如果图片中存在定位对象，则 $p_c=1$，损失值就是不同元素的二次方和。

另一种情况是，$y_1=0$，也就是 $p_c=0$，损失值是$(\hat{y}_1-y_1)^2$，因为对于这种情况，不用考虑其他元素，只需要关注神经网络输出 p_c 的准确度。

当 $y_1=1$ 时，也就是第一种情况（有汽车的图片），二次方误差策略可以减少这 8 个元素预测值和实际输出结果之间差值的二次方。如果 $y_1=0$，则 $\boldsymbol{y}$ 矩阵中的后 7 个元素都不用考虑，只需要考虑神经网络评估 y_1（即 p_c）的准确度。

为了便于理解对象定位的细节，这里用二次方误差简化了描述过程。实际应用中，可以不对 c_1、c_2、c_3 和 softmax 激活函数应用对数损失函数，并输出其中一个元素值，通常做法是对边界框坐标应用二次方差或类似方法，对 p_c 应用逻辑回归函数，甚至采用二次方预测误差也是可以的。

以上就是利用神经网络解决对象分类和定位问题的详细过程，结果证明，利用神经网络输出批量实数来识别图片中的对象是一个非常有用的算法。

10.2 特征点检测

上一节学习了如何利用神经网络进行对象定位，即通过输出四个参数值 b_x、b_y、b_h 和 b_w 给出图片中对象的边界框。更概括地说，神经网络可以通过输出图片上特征点的（x，y）坐标来实现对目标特征的识别。

假设构建一个人脸识别应用，希望算法可以给出眼角的具体位置。眼角坐标为（x，y），可以让神经网络的最后一层多输出两个数字 l_x 和 l_y 作为眼角的坐标值。如果想知道两只眼睛的四个眼角的具体位置，那么从左到右，依次用四个特征点来表示这四个眼角。对神经网络稍做些修改，输出第一个特征点（l_{1x}，l_{1y}），第二个特征点（l_{2x}，l_{2y}），依此类推，这四个脸部特征点的位置就可以通过神经网络输出了。

也许除了这四个特征点，还想得到更多的特征点输出值，即更多关于眼睛的特征点。还可以根据嘴部的关键点输出值来确定嘴的形状，从而判断人物是在微笑还是皱眉，也可以提取鼻子周围的关键特征点。为便于说明，可以设定特征点的个数，假设脸部有 64 个特征点，有些点甚至可以帮助定义脸部轮廓或下颌轮廓。选定特征点个数，并生成包含这些特征点的标签训练集，然后利用神经网络输出脸部关键特征点的位置。

具体做法是准备一个卷积网络和一些特征集，将人脸图片输入卷积网络，输出 1 或 0，1 表示有人脸，0 表示没有人脸，然后输出（l_{1x}，l_{1y}）……直到（l_{64x}，l_{64y}）。这里用 l 代表一个特征，一共有 129 个输出单元。因为有 64 个特征，$64 \times 2 = 128$，所以最终输出 $128 + 1 = 129$ 个单元，由此实现对图片的人脸检测和定位。这只是一个识别脸部表情的基本构造模块，如果了解过 Snapchat 或其他娱乐类应用，那么就会对 AR（增强现实）过滤器多少有些了解，Snapchat 过滤器实现了在脸上画皇冠和其他一些特殊效果。检测脸部特征也是计算机图形效果的一个关键构造模块，比如实现脸部扭曲，头戴皇冠等。为了构建这样的网络，需要准备一个标签训练集，也就是图片 x 和标签 y 的集合，这些点都是人为标注的，如图 10-4 所示。

图 10-4　特征点检测

最后一个例子，关于人体姿态检测，还可以定义一些关键特征点，如胸部的中点，左肩，左肘，腰等。然后通过神经网络标注人物姿态的关键特征点，再输出这些标注过的特征点，就相当于输出了人物的姿态动作。要实现这个功能，需要设定这些关键特征点，从胸部中心点（l_{1x}，l_{1y}）一直往下，直到（l_{32x}，l_{32y}）。

一旦了解如何用二维坐标系定义人物姿态，操作起来就相当简单了，批量添加输出单元，用来输出要识别的各个特征点的（x，y）坐标值。要明确一点，特征点 1 的特性在所有图片中必须保持一致，就好比特征点 1 始终是右眼的外眼角，特征点 2 是右眼的内眼角，特征点 3 是左眼内眼角，特征点 4 是左眼外眼角等。所以标签在所有图片中必须保持一致，假如标记了一个足够大的数据集，那么神经网络便可以输出上述所有特征点，可以利用它们实现其他效果，比如判断人物的动作姿态，识别图片中的人物表情等。

10.3　目标检测

学过了对象定位和特征点检测，本节将构建一个对象检测算法。学习如何通过卷积网络进行对象检测，采用的是基于滑动窗口的目标检测算法。

假如构建一个汽车检测算法，如图 10-5 所示，步骤是首先创建一个标签训练集，也就是 x 和 y 表示适当剪切的汽车图片样本，编号 1 的图片中 x 是一个正样本，因为它是一辆汽车图片，这几张图片（编号 2、3）中也有汽车，但这两张图片（编号 4、5）中没有汽车。出于对这个训练集的期望，一开始可以使用适当剪切的图片，就是整张图片 x 几乎都被汽车占据，可以照一张照片，然后剪切掉汽车以外的部分，使汽车居于中间位置，并基本占据整张图片。有了这个标签训练集，就可以开始训练卷积网络了，输入这些适当剪切过的图片（编号 6），卷积网络输出 y，0 或 1 表示图片中有汽车或没有汽车。训练完这个卷积网络，就可以用它来实现滑动窗口目标检测，具体步骤如下。

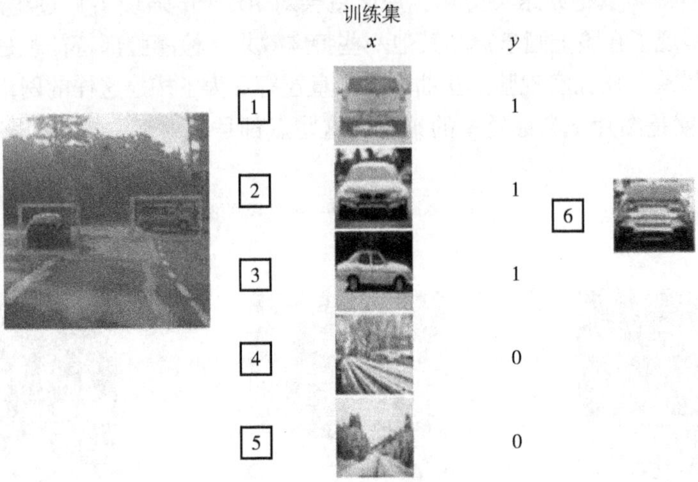

图 10-5　汽车检测

假设这图 10-6 所示为一张测试图片，首先选定一个特定大小的窗口，比如图片下方这个窗口，将这个小方块输入卷积神经网络，卷积网络开始进行预测，即判断方框内有没有汽车。

图 10-6　滑动窗口检测（一）

滑动窗口目标检测算法接下来会继续处理第二个图像，即方框稍向右滑动之后的区域，并输入给卷积网络。因此输入给卷积网络的只有方框内的区域，再次运行卷积网络，然后处理第三个图像，依次重复操作，直到这个窗口滑过图像的每一个角落，如图 10-7 所示。

图 10-7　滑动窗口目标检测（一）

为了滑动得更快，这里选用的步幅比较大，思路是以固定步幅移动窗口，遍历图像的每个区域，把这些剪切后的小图像输入卷积网络，对每个位置按 0 或 1 进行分类，这就是所谓的图像滑动窗口操作。

重复上述操作，不过这次选择一个更大的窗口，截取更大的区域，并输入给卷积神经网络处理，可以根据卷积网络对输入大小调整这个区域，然后输入给卷积网络，输出 0 或 1，如图 10-8 所示。

图 10-8　滑动窗口检测（二）

再以某个固定步幅滑动窗口，重复以上操作，遍历整个图像，输出结果。

然后第三次重复操作，这次选用更大的窗口。如果这样做，那么不论汽车在图片的什么位置，总有一个窗口可以检测到它，如图 10-9 所示。

图 10-9　滑动窗口检测（三）

比如，将这个窗口（编号 1）输入卷积网络，希望卷积网络对该输入区域的输出结果为 1，说明网络检测到图上有辆车。

这种算法叫作滑动窗口目标检测，它是以某个步幅滑动这些方框窗口遍历整张图片，对这些方形区域进行分类，判断里面有没有汽车，如图 10-10 所示。

图 10-10　滑动窗口目标检测（二）

滑动窗口目标检测算法也有很明显的缺点，就是计算成本，因为需要在图片中剪切出太多小方块，卷积网络要一个个地处理。如果选用的步幅很大，则会减少输入卷积网络的窗口个数，粗糙间隔尺寸可能会影响性能。反之，如果采用小粒度或小步幅，则传递给卷积网络的小窗口会特别多，这意味着超高的计算成本。

所以在神经网络兴起之前，人们通常采用更简单的分类器进行对象检测，比如通过采用手工处理工程特征的简单的线性分类器来执行对象检测。至于误差，因为每个分类器的计算成本都很低，它只是一个线性函数，所以滑动窗口目标检测算法表现良好，是个不错的算法。然而，卷积网络运行单个分类人物的成本却高得多，像这样滑动窗口太慢。除非采用超细粒度或极小步幅，否则无法准确定位图片中的对象。

10.4 滑动窗口的卷积实现

上节学习了如何通过卷积网络实现滑动窗口对象检测算法，但效率很低。这节将学习如何在卷积层上应用这个算法。

构建滑动窗口的卷积应用，首先要知道如何把神经网络的全连接层转化成卷积层。

假设对象检测算法输入一个 14×14×3 的图像，图像很小。过滤器大小为 5×5，数量是 16，14×14×3 的图像在过滤器处理之后映射为 10×10×16，如图 10-11 所示。然后通过参数为 2×2 的最大池化操作，图像减小到 5×5×16。添加一个连接 400 个单元的全连接层，接着再添加一个全连接层，最后通过 softmax 单元输出 y。为了跟下图区分开，这里用四个数字来表示 y，它们分别对应 softmax 单元所输出的四个分类出现的概率。这四个分类可以是行人、汽车、摩托车和背景或其他对象。

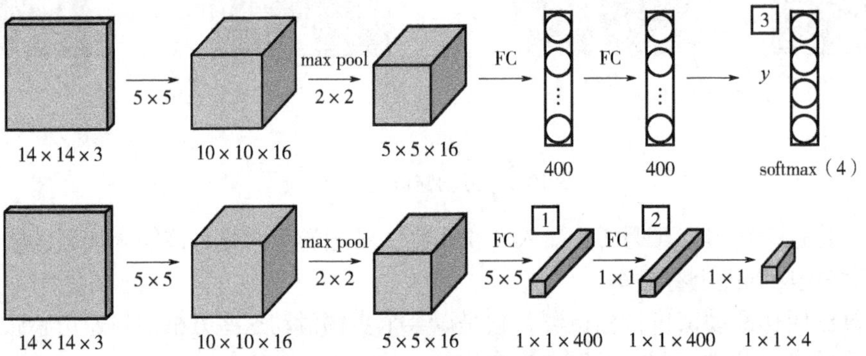

图 10-11　全连接层转化成卷积层

如何把这些全连接层转化为卷积层？画一个这样的卷积网络，它的前几层和之前的一样，而对于下一层，也就是这个全连接层，可以用 5×5 的过滤器来实现，数量是 400 个（编号 1）。输入图像大小为 5×5×16，用 5×5 的过滤器对它进行卷积操作，过滤器实际上是 5×5×16，因为在卷积过程中，过滤器会遍历这 16 个通道，所以这两处的通道数量必须保持一致，输出结果为 1×1。如果应用 400 个这样的 5×5×16 过滤器，则输出维度就是1×1×400，不再把它看作一个含有 400 个节点的集合，而是一个 1×1×400 的输出层。从数学角度看，它和全连接层是一样的，因为这 400 个节点中每个节点都有一个 5×5×16 维度的过滤器，所以每个值都是上一层这些 5×5×16 激活值经过某个任意线性函数的输出结果。

再添加另外一个卷积层（编号 2），这里用的是 1×1 卷积，假设有 400 个 1×1 的过滤器。在这 400 个过滤器的作用下，下一层的维度是 1×1×400，它其实就是上个网络中的这一全连接层。最后经由 1×1 过滤器的处理，得到一个 softmax 激活值，通过卷积网络，最终得到这个 1×1×4 的输出层，而不是这四个数字（编号 3）。以上就是用卷积层代替全连接层的过程，结果这几个单元集变成了 1×1×400 和 1×1×4 的维度。

参考文献：SERMANET，PIERRE，etal."OverFeat：Integrated Recognition，Localization and Detection using Convolutional Networks." *Eprint Arxiv*（2013）.

那么如何通过卷积实现滑动窗口对象检测算法？可以借鉴这篇关于 OverFeat 的论文，它的作者包括 Pierre Sermanet，David Eigen，张翔，Michael Mathieu，Rob Fergus，Yann LeCun。

假设向滑动窗口卷积网络输入 14×14×3 的图片，如图 10-12 所示。和前面一样，神经网络最后的输出层，即 softmax 单元的输出是 1×1×4。所以，对于 1×1×400 的这个输出层，只画了它 1×1 的那一面，这里显示的都是平面图，而不是 3D 图像。

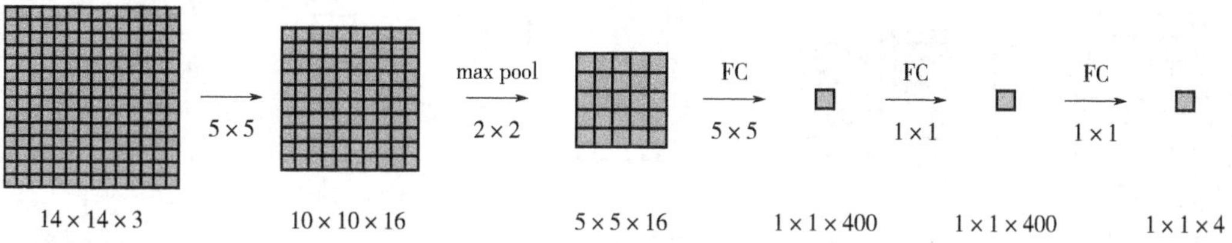

图 10-12 卷积实现滑动窗口对象检测

假设输入给卷积网络的图片大小是 14×14×3，测试集图片是 16×16×3，如图 10-13 所示。现在给这个输入图片加上浅色条块，在最初的滑动窗口算法中，会把这片深色区域输入卷积网络生成 0 或 1 分类。接着滑动窗口，步幅为两个像素，向右滑动两个像素，将这个右上角区域输入给卷积网络，运行整个卷积网络，得到另外一个标签 0 或 1。继续将这个左下角输入给卷积网络，卷积后得到另一个标签，最后对右下方的右下角进行一次卷积操作。在这个 16×16×3 的小图像上滑动窗口，卷积网络运行了四次，于是输出了四个标签。

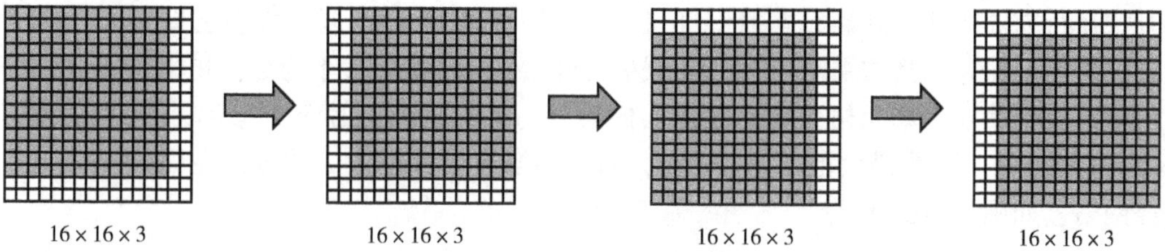

图 10-13 滑动窗口检测

结果发现，这四次卷积操作中很多计算都是重复的，如图 10-14 所示。所以执行滑动窗口的卷积时使得卷积网络在这四次前向传播过程中共享很多计算，尤其是在这一步操作中（编号 1)，卷积网络运行同样的参数，使得相同的 5×5×16 过滤器进行卷积操作，得到 12×12×16 的输出层。然后执行同样的最大池化（编号 2)，输出结果为 6×6×16。应用 400 个 5×5 的过滤器（编号 3)，得到一个 2×2×400 的输出层，现在输出层为 2×2×400，而不是 1×1×400。应用 1×1 过滤器（编号 4）得到另一个 2×2×400 的输出层。再做一次全连接的操作（编号 5)，最终得到 2×2×4 的输出层，而不是 1×1×4。最终，在输出层这四个子方块中，左上角方块是图像左上部分 14×14 的输出，右上角方块是图像右上部分的对应输出，左下角方块是输入层左下角，也就是这个 14×14 区域经过卷积网络处理后的结果，同样，右下角方块是卷积网络处理输入层右下角 14×14 区域的结果，如图 10-15 所示。

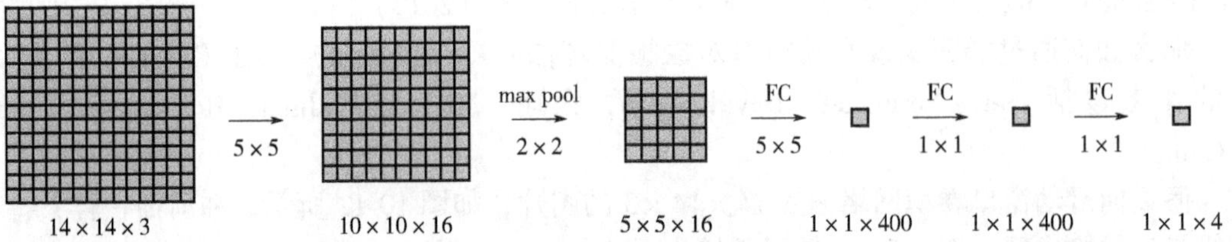

图 10-14 卷积实现滑动窗口检测

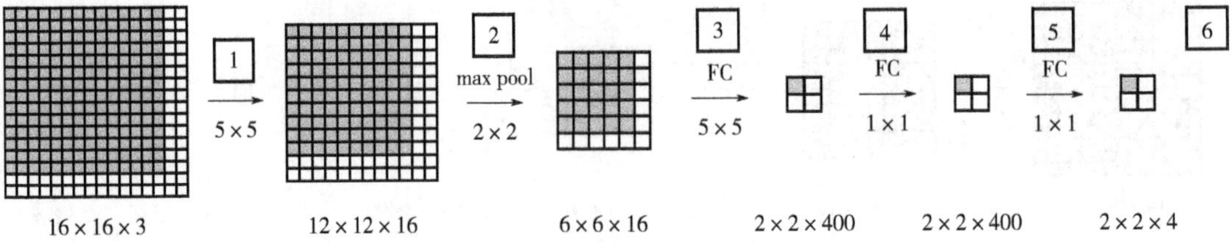

图 10-15 滑动窗口检测时的卷积计算

具体的计算步骤，以绿色方块为例，假设剪切出区域编号 1，传递给卷积网络，第一层的激活值就是区域编号 2，最大池化后的下一层的激活值是区域编号 3，这块区域对应着后面几层输出的右上角方块（编号 4，5，6）。

所以该卷积操作的原理是不需要把输入图像分割成四个子集，分别执行前向传播，而是把它们作为一张图片输入给卷积网络进行计算，其中的公共区域可以共享很多计算，就像这里的四个 14 × 14 的方块一样。

一个更大的图片样本是，假如对一个 28 × 28 × 3 的图片应用滑动窗口操作，如果以同样的方式运行前向传播，则最后得到 8 × 8 × 4 的结果。以 14 × 14 区域滑动窗口，首先在这个区域应用滑动窗口，其结果对应输出层的左上角部分。接着以大小为 2 的步幅不断地向右移动窗口，直到第 8 个单元格，得到输出层的第一行。然后向图片下方移动，最终输出这个 8 × 8 × 4 的结果。因为最大池化参数为 2，所以相当于以大小为 2 的步幅在原始图片上应用神经网络，如图 10-16 所示。

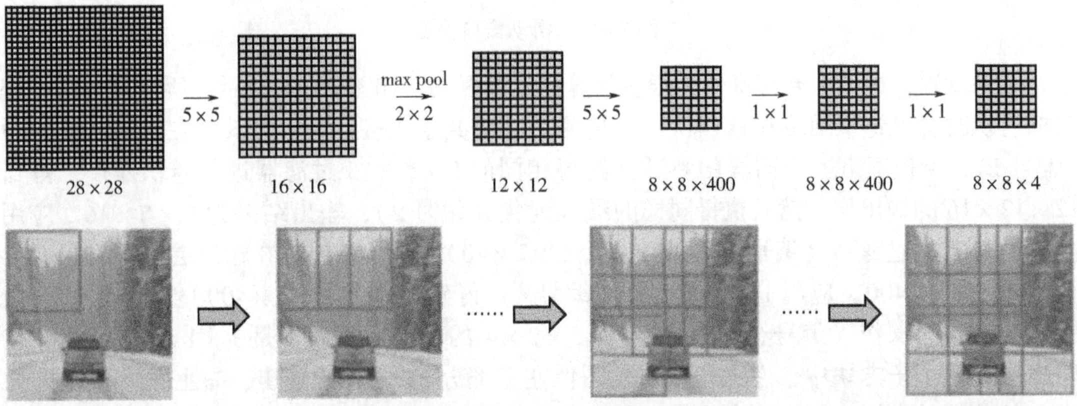

图 10-16 卷积应用滑动窗口

总结一下滑动窗口的实现过程，在图片上剪切出一块区域，假设它的大小是 14 × 14，把它输入到卷积网络。继续输入下一块区域，大小同样是 14×14，重复操作，直到某个区域识别到汽车。

但是不能依靠连续的卷积操作来识别图片中的汽车，比如，可以对大小为 28×28 的整张图片进行卷积操作，一次得到所有预测值，如果足够幸运，则神经网络便可以识别出汽车的位置。在卷积层上应用滑动窗口算法提高了整个算法的效率，不过这种算法仍然存在一个缺点，就是边界框的位置可能不够准确。

10.5　Bounding Box 预测

在上一节学了滑动窗口算法的卷积实现，这个算法效率更高，但仍然存在问题，不能输出最精准的边界框。那么如何得到更精准的边界框呢？

在滑动窗口算法中，取这些离散的位置集合，然后在它们上运行分类器，在这种情况下，这些边界框没有一个能完美匹配汽车位置，也许这个框（编号 1）是最匹配的。还有看起来最完美的边界框甚至不是方形，而是稍微有点长方形（灰色方框所示），长宽比有点向水平方向延伸，如图 10-17 所示有没有办法让这个算法输出更精准的边界框呢？

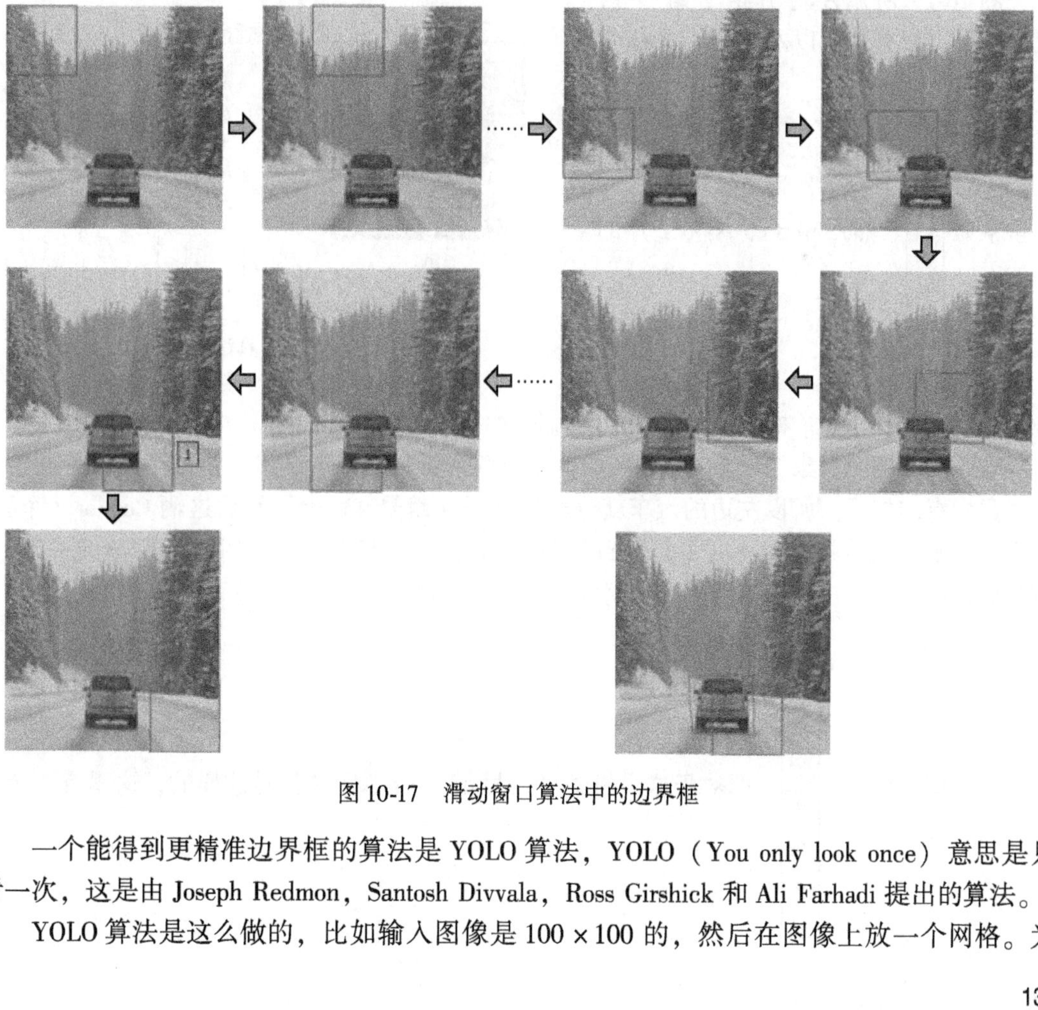

图 10-17　滑动窗口算法中的边界框

一个能得到更精准边界框的算法是 YOLO 算法，YOLO（You only look once）意思是只看一次，这是由 Joseph Redmon，Santosh Divvala，Ross Girshick 和 Ali Farhadi 提出的算法。

YOLO 算法是这么做的，比如输入图像是 100×100 的，然后在图像上放一个网格。为便于理解，这里使用 3×3 网格，实际实现时会用更精细的网格，可能是 19×19。基本思路是使用图像分类和定位算法，然后将算法应用到图像的九个格子上，如图 10-18 所示。更具体一点，需要这样定义训练标签，对于九个格子中的每一个指定一个标签 $\boldsymbol{y}$，$\boldsymbol{y}$ 是八维的，和之前的一样，$\boldsymbol{y}=\begin{bmatrix}p_c\\b_x\\b_y\\b_h\\b_w\\c_1\\c_2\\c_3\end{bmatrix}$，$p_c$ 等于 0 或 1 取决于这个格子中是否有图像。然后 b_x、b_y、b_h 和 b_w 作用就是如果那个格子里有对象，那么就给出边界框坐标。然后 c_1、c_2 和 c_3 就是想要识别的三个类别，背景类别不算，所以你尝试在背景类别中识别行人、汽车和摩托车，那么 c_1、c_2 和 c_3 可以是行人、汽车和摩托车类别。这张图里有九个格子，所以对于每个格子都有这样一个向量。

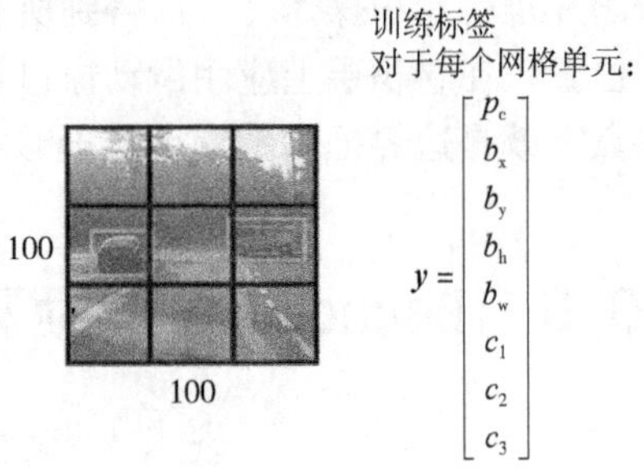

图 10-18　YOLO 算法

图 10-19 所示左上方格子编号 1，里面什么也没有，所以左上格子的标签向量 $\boldsymbol{y}$ 是 $\begin{bmatrix}0\\?\\?\\?\\?\\?\\?\\?\end{bmatrix}$。然后格子（编号 2）的输出标签 $\boldsymbol{y}$ 也是一样，格子（编号 3）还有其他什么也没有的格子都一样。

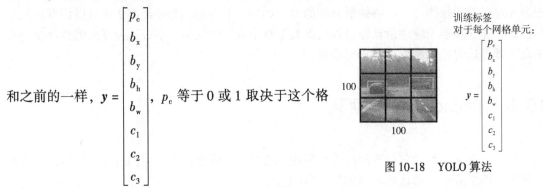

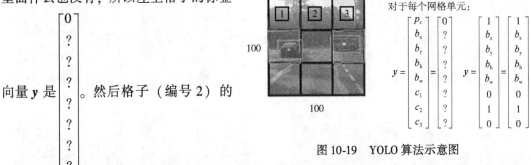

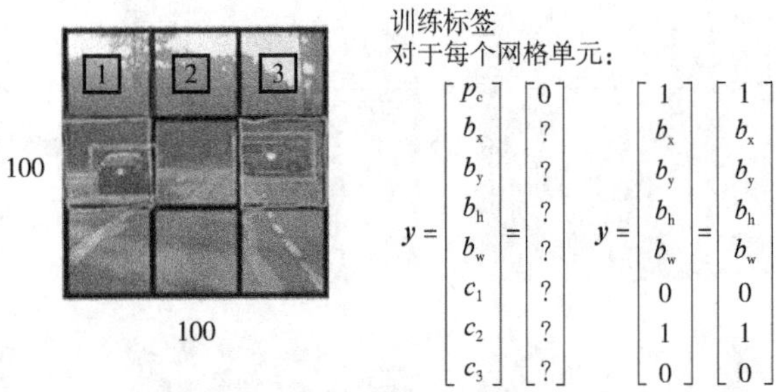

图 10-19　YOLO 算法示意图

这张图有两个对象，YOLO 算法做的就是取两个对象的中点，然后将这个对象分配给包含对象中点的格子。所以左边的汽车就分配到格子（编号 4）上，然后这辆 Condor（车型：神鹰）中点分配给格子（编号 6）。所以即使中心格子（编号 5）同时有两辆车的一部分，也会假装中心格子没有任何感兴趣的对象，所以对于中心格子，分类标签 y 和这个没有对象的向量类似，即 $\boldsymbol{y}=\begin{bmatrix}0\\?\\?\\?\\?\\?\\?\\?\end{bmatrix}$。而对于这个格子（编号 4），目标标签就是这样的，这里有一个对象，$p_c=1$，然后写出 b_x、b_y、b_h 和 b_w 来指定边界框位置，然后还有类别 1 是行人，那么 $c_1=0$，类别 2 是汽车，所以 $c_2=1$，类别 3 是摩托车，则数值 $c_3=0$，即 $y=\begin{bmatrix}1\\b_x\\b_y\\b_h\\b_w\\0\\1\\0\end{bmatrix}$。右边这个格子（编号 6）也是类似的，因为这里有一个对象，它的向量应该是 $\boldsymbol{y}=\begin{bmatrix}1\\b_x\\b_y\\b_h\\b_w\\0\\1\\0\end{bmatrix}$ 作为目标向量对应右边的格子。

对于九个格子中的任何一个，都会得到一个八维输出向量，因为这里是 3×3 的网格，所以有九个格子，总的输出尺寸是 $3\times3\times8$，所以目标输出是 $3\times3\times8$。

在这个例子中，左上格子是 $1\times1\times8$，对应的是 9 个格子中左上格子的输出向量。所以对于这 3×3 中的每一个位置，这九个格子每个都对应一个八维输出目标向量 $\boldsymbol{y}$，对应的是没有对象。所以总的目标输出，这个图片的输出标签尺寸就是 $3\times3\times8$。

训练一个输入为 $100\times100\times3$ 的神经网络，输入图像，然后有一个普通的卷积网络，卷积层，最大池化层等，最后选择卷积层和最大池化层，映射到一个 $3\times3\times8$ 输出尺寸。所以需要做的是，一个输入 x 即输入图像，然后得到 $3\times3\times8$ 的目标标签 $\boldsymbol{y}$。当使用反向传播训练神经网络时，将任意输入 x 映射到这类输出向量 $\boldsymbol{y}$。

这个算法的优点在于神经网络可以输出精确的边界框，所以测试时需要输入图像 x，然后跑正向传播，直到得到这个输出 $\boldsymbol{y}$。然后对于这里 3×3 位置对应的九个输出，可以读出 1 或 0（编号 1 位置），就知道九个位置中的对象情况，如果那里有个对象，那么对象是什么（编号 3 位置），还有格子中这个对象的边界框是什么（编号 2 位置）。只要每个格子中对象数目没有超过一个，则这个算法应该是没问题的。一个格子中存在多个对象的问题稍后再讨论。这里用的是比较小的 3×3 网格，实践中可能会使用更精细的 19×19 网格，所以输出就是 $19\times19\times8$。这样的网格精细得多，那么多个对象分配到同一个格子得概率就小得多。

所以要注意，这和图像分类和定位算法非常像，就是它显式地输出边界框坐标，这能让神经网络输出边界框，可以具有任意宽高比，并且能输出更精确的坐标，不会受到滑动窗口分类器的步长大小限制。其次，这是一个卷积实现，并没有在 3×3 网格上跑九次算法，或者，如果是 19×19 的网格，则 19 的二次方是 361 次，所以不需要让同一个算法跑 361 次。相反，这是单次卷积实现，使用一个卷积网络，有很多共享计算步骤，在处理这 3×3 计算中很多计算步骤是共享的，或者 19×19 的网格，所以这个算法效率很高。

事实上 YOLO 算法有一个好处，也是它受欢迎的原因。因为这是一个卷积实现，实际上它的运行速度非常快，可以达到实时识别。下面如何编码这些边界框 b_x、b_y、b_h 和 b_w？

图 10-20 中有两辆车，利用一个 3×3 网格，以右边的车为例（编号 1），格子里有一个对象，所以目标标签 $\boldsymbol{y}$ 就是，$p_c=1$，然后 b_x、b_y、b_h 和 b_w，$c_1=0$，$c_2=1$，$c_3=0$，即 $y=\begin{bmatrix}1\\b_x\\b_y\\b_h\\b_w\\0\\1\\0\end{bmatrix}$。怎么指定这个边界框呢？

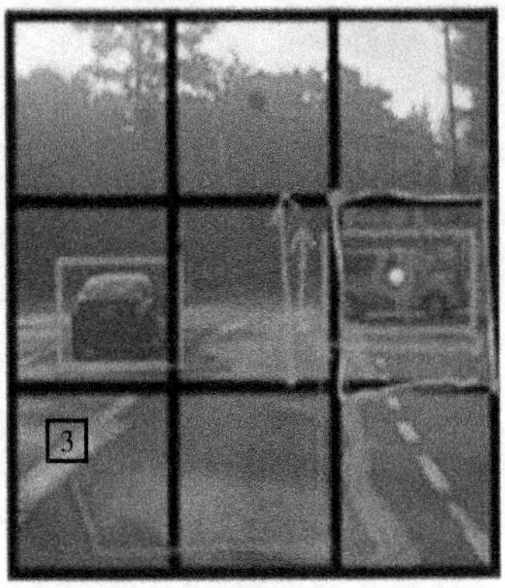

图 10-20　指定边界框

在 YOLO 算法中，对于这个方框（编号 1），如图 10-20 所示，约定左上的点是（0，0），然后右下的点是（1，1），要指定中点的位置，b_x 大概是 0.4，因为它的位置大概是水平长度的 0.4，之后 b_y 大概是 0.3，边界框的高度用格子总体宽度的比例表示，所以这个框的宽度可能是蓝线（编号 2）的 90%，所以 b_h 是 0.9，它的高度也许是格子总体高度的一半，这样的话 b_w 就是 0.5。b_x、b_y、b_h 和 b_w 单位是相对于格子尺寸的比例，所以 b_x 和 b_y 必须在 0 和 1 之间。从定义上看，点位于对象分配到格子的范围内，如果它不在 0 和 1 之间，那么这个对象就应该分配到另一个格子上。这个值（b_h 和 b_w）可能会大于 1，特别是如果有一辆汽车的边界框是这样的（编号 3），那么边界框的宽度和高度有可能大于 1。

指定边界框的方式有很多，但这种约定是比较合理的。在 YOLO 的研究论文中，YOLO 的研究工作有其他参数化的方式，可能效果会更好。这里就只给出了一个合理的约定。不过还有其他更复杂的参数化方式，涉及 sigmoid 函数，确保这个值（b_x 和 b_y）介于 0 和 1 之间，然后使用指数参数化来确保这些（b_h 和 b_w）都是非负数，因为 0.9 和 0.5 必须大于等于 0。还有其他更高级的参数化方式，可能效果要更好一点，但这里讲述的办法应该是管用的。YOLO 的论文：

参考文献：REDMON，JOSEPH，et al. “You Only Look Once：Unified，Real-Time Object Detection.”（2015）：779-788.

10.6　交并比

如何判断对象检测算法运作良好？本节将了解并交比函数，它可以用来评价对象检测算法。进一步地，会使用它插入一个分量来进一步改善检测算法。

在对象检测任务中，希望能够同时定位对象。所以如果实际边界框如图 10-21 所示（算法给出的这个边界框），那么这个结果是好还是坏？那么这个边界框是好还是坏？交并比（IoU）函数做的是计算两个边界框交集和并集之比，如图 10-22 所示。两个边界框的并集是这个区域，就是属于包含两个边界框区域（浅色阴影表示区域），而交集就是这个比较小的区域（深色阴影表示区域），那么交并比就是交集的大小，这个深色阴影面积，然后除以浅色阴影的并集面积。

交并比：

$$\text{IoU} = (A \cap B)/(A \cup B)$$

图 10-21 评估目标检测

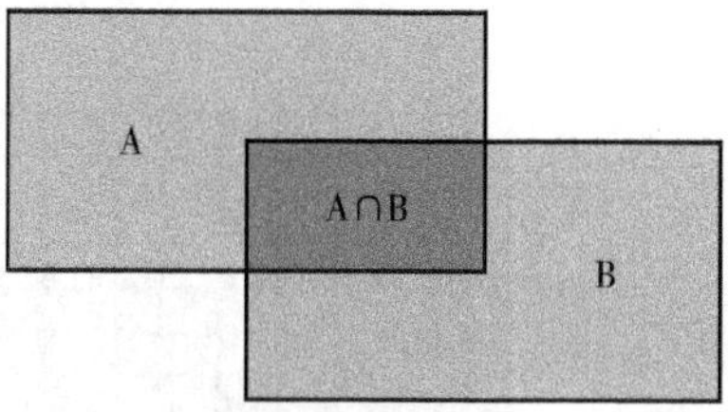

图 10-22 交并比

一般约定，在计算机检测任务中，如果 IoU≥0.5，就说检测正确。如果预测器和实际边界框完美重叠，则 IoU 就是 1，因为交集就等于并集。但一般来说只要 IoU≥0.5，那么结果就是可以接受的。一般约定，0.5 是阈值，用来判断预测的边界框是否正确。但如果要求更严格一点，则可以将 IoU 定得更高，比如说大于 0.6 或者更大的数字，IoU 越高，边界框越精确。

这是衡量定位精确度的一种方式，只需要统计算法正确检测和定位对象的次数，就可以用这样的定义判断对象定位是否准确。其次，0.5 是人为约定，没有特别深的理论依据。如果要求更严格，则可以把阈值定为 0.6，但很少会将阈值降到 0.5 以下。

IoU 这个概念是为了评价对象定位算法是否精准。IoU 衡量了两个边界框重叠的相对大小。对于两个边界框，计算交集和并集，然后求两个数值的比值。所以这也可以判断两个边界框是否相似。在讨论非最大值抑制时也会用到这个函数，这个工具可以让 YOLO 算法输出效果更好。

10.7 非极大值抑制

对象检测中的一个问题是，算法可能对同一个对象做出多次检测。它不是对某个对象检测出一次，而是检测出多次。非极大值抑制这个方法可以确保算法对每个对象只检测一次。举一个例子，如图 10-23 所示。

假设需要在这张图片里检测行人和汽车，可能会使用 19 × 19 网格，如图 10-24 所示。理论上这辆车只有一个中点，所以它应该只被分配到一个格子里。左边的车子也只有一个中点，所以理论上应该只有一个格子做出有车的预测。

图 10-23　对象检测

图 10-24　19×19 网格的对象检测

实践中当使用对象分类和定位算法时，每个格子都运行一次。对于右边的车子，这个格子（编号 1）可能会认为这辆车中点应该在格子内部，另外几个格子（编号 2、3）也会这么认为。对于左边的车子也一样，所以不仅仅是这个格子（编号 4）会认为它里面有车，也许其他格子（编号 5、6）也会这么认为，觉得它们的格子内有车。

分步介绍非极大抑制起效。因为要在 361 个格子上都运行一次图像检测和定位算法，那么可能很多格子都会说 p_c，即格子里有车的概率很高。而不是 361 个格子中仅有两个格子会报告检测出一个对象。所以当运行算法时，最后可能会对同一个对象做出多次检测。非极大值抑制做的就是清理这些检测结果，做到一辆车只检测一次，而不是每辆车都触发多次检测。

这个算法具体做的是首先查看每次报告每个检测结果相关的概率 p_c，乘以 c_1、c_2 或 c_3。现在要做的是计算检测概率 p_c，首先看概率最大的那个，这个例子（右边车辆）中是 0.9，然后就认为这是最可靠的检测，所以用高亮标记，表示这里找到了一辆车。这么做之后，非极大值抑制就会逐一审视剩下的矩形，所有和这个最大的边框有很高交并比且高度重叠的其他边界框就会被抑制。这两个矩形 p_c 分别是 0.6 和 0.7，这两个矩形和淡蓝色矩形重叠程度很高，所以会变暗，表示它们被抑制了，如图 10-25 所示。

图 10-25　目标检测概率

然后逐一审视剩下的矩形，找出概率 p_c 最高的一个，在这种情况下是 0.8，认为这里检测出一辆车（左边车辆），然后非极大值抑制算法就会去掉其他 IoU 值很高的矩形。所以现在每个矩形都会被高亮显示或者变暗。如果直接抛弃变暗的矩形，则剩下高亮显示的那些就是最后得到的两个预测结果。

这就是非极大值抑制，非最大值意味着只输出概率最大的分类结果，抑制很接近，但不是最大的其他预测结果，所以这种方法叫作非极大值抑制。

算法的具体细节如下，首先在这个 19×19 网格上执行一下算法，会得到 19×19×8 的输出尺寸。不过这个例子中只做汽车检测，所以去掉 c_1、c_2 和 c_3，然后假设这条线对于 19×19 的每一个输出，对于 361 个格子的每个输出，会得到这样的输出预测，就是格子中有对象的概率 p_c，然后是边界框参数（b_x、b_y、b_h 和 b_w）。如果只检测一种对象，那么就没有 c_1、c_2 和 c_3 这些预测分量。

现在要实现非极大值抑制，做的第一件事是去掉所有边界框。将所有的预测值中边界框 p_c 小于或等于某个阈值，比如 $p_c \leqslant 0.6$ 的边界框去掉。

可以这么说，除非算法认为这里存在对象的概率至少有 0.6，否则就抛弃，这就抛弃了所有概率比较低的输出边界框。所以思路是对这 361 个位置输出一个边界框，还有那个最好边界框所对应的概率，只是抛弃所有低概率的边界框。

剩下的没有抛弃没有处理过的边界框，一直选择概率 p_c 最高的边界框，然后把它输出成预测结果，这个过程就是取一个边界框，让它高亮显示，这样可以确定输出做出有一辆车的预测。

接下来去掉所有剩下的边界框，任何没有达到输出标准但之前没有抛弃的边界框，把这些和输出边界框有高重叠面积和上一步输出边界框有很高交并比的边界框全部抛弃。所以 while 循环的第二步是将变暗的那些边界框，和高亮标记的边界重叠面积很高的那些边界框抛弃掉。在还有剩下边界框的时候，一直这么做，把没处理的都处理完，直到每个边界框都判断过了，它们有的作为输出结果，剩下的会被抛弃，它们和输出结果重叠面积太高，和输出结果交并比太高，和刚刚输出这里存在对象结果的重叠程度过高。

在这里，只介绍了算法检测单个对象的情况，如果尝试同时检测三个对象，比如说行人、汽车、摩托，那么输出向量就会有三个额外的分量。事实证明，正确的做法是独立进行三次非极大值抑制，对每个输出类别都做一次，可以尝试在多个对象类别检测时做非极大值抑制。

10.8 Anchor Boxes

对象检测中存在的一个问题是每个格子只能检测出一个对象。如果想让一个格子检测出多个对象，则可以使用 anchor box 这个概念，来看一个例子，如图 10-26 所示。

图 10-26　anchor box，一个格子检测多个对象

对于这个例子，使用 3×3 网格检测，注意行人的中点和汽车的中点几乎在同一个地方，两者都落入到同一个格子中。所以对于那个格子，如果 $\boldsymbol{y}$ 输出向量 $\boldsymbol{y}=\begin{bmatrix} p_c \\ b_x \\ b_y \\ b_h \\ b_w \\ c_1 \\ c_2 \\ c_3 \end{bmatrix}$，则可以检测这三个类别，即行人、汽车和摩托车，它将无法输出检测结果，所以必须从两个检测结果中选一个。

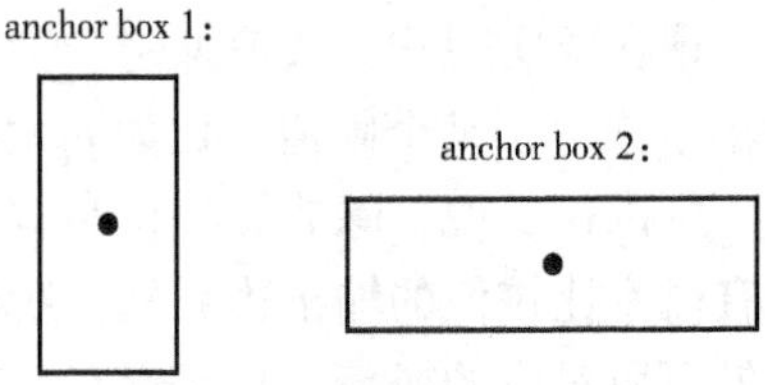

图 10-27　anchor box 示例

anchor box 的思路是，预先定义两个不同形状的 anchor box，或者 anchor box 形状，要做的是把预测结果和这两个 anchor box 关联起来，如图 10-27 所示。一般来说，可能会用更多的 anchor box，可能要五个甚至更多，但在这里只用两个 anchor box，这样便于介绍和理解。

需要做的是定义类别标签，用的向量不再是如下表示的：

$$[p_c b_x b_y b_h b_w c_1 c_2 c_3]^{\mathrm{T}}$$

而是重复两次

$$\boldsymbol{y}=[p_c b_x b_y b_h b_w c_1 c_2 c_3 p_c b_x b_y b_h b_w c_1 c_2 c_3]^{\mathrm{T}}$$

在重复两次的输出中，前面的 p_c，b_x，b_y，b_h，b_w，c_1，c_2，c_3 是和 anchor box 1 关联的八个参数，后面的八个参数是和 anchor box 2 关联的。因为行人的形状更类似于 anchor box 1 的形状，而不是 anchor box 2 的形状，所以可以用这八个数值（前八个参数）。那么编码 $p_c=1$代表有行人，用 b_x，b_y，b_h 和 b_w 来编码包住行人的边界框，然后用 c_1，c_2，c_3($c_1=1$，$c_2=0$，$c_3=0$）来说明这个对象是行人。

然后是车子，因为车子的边界框比起 anchor box 1 更像 anchor box 2 的形状，所以可以这样编码，这里第二个对象是汽车，定义边界框等，所有参数都和检测汽车相关（$p_c=1$，b_x，b_y，b_h，b_w，$c_1=0$，$c_2=1$，$c_3=0$）。

总结一下，用 anchor box 之前，需要做的是对于训练集图像中的每个对象，都根据那个对象中点位置分配到对应的格子中，所以输出 $\boldsymbol{y}$ 就是 $3\times3\times8$，因为是 3×3 网格。对于每个网格位置，都有输出向量，包含 p_c，然后边界框参数 b_x，b_y，b_h 和 b_w，再是 c_1，c_2，c_3。

使用 anchor box 这个概念的具体做法是现在每个对象都分配到同一个格子中，分配到对象中点所在的格子中，以及分配到和对象形状交并比最高的 anchor box 中。如图 10-28 所示，这里有两个 anchor box，就取这个对象，如果对象形状是编号 1，那就看看这两个 anchor box，anchor box 1 形状是编号 2，anchor box 2 形状是编号 3，然后去观察哪一个 anchor box 和实际边界框（编号 1）的交并比更高。不管选的是哪一个，这个对象不只分配到一个格子，而是分配到一对，即（grid cell，anchor box）对，这就是对象在目标标签中的编码方式。所以现在输出 y 就是 $3\times3\times16$，y 现在是 16 维的，或者也可以看成是 $3\times3\times2\times8$，因为它有两个 anchor box，$\boldsymbol{y}$ 维度是 8，有三个对象类别。如果有更多对象，那么 $\boldsymbol{y}$ 的维度会更高。

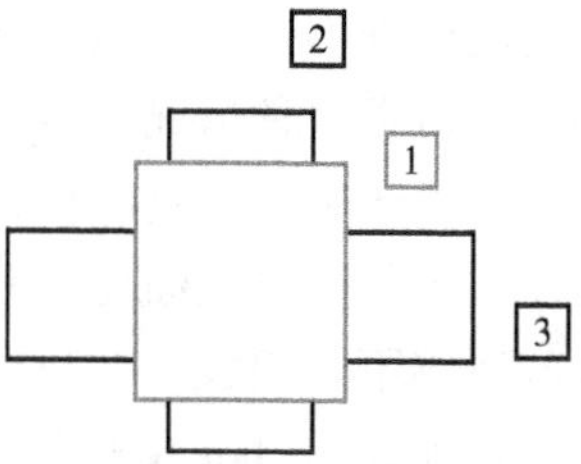

图 10-28　anchor box 边界框

再看一个具体的例子，如图 10-29 所示对于这个格子（编号 2），定义一下 $\boldsymbol{y}$

$$\boldsymbol{y}=[p_c b_x b_y b_h b_w c_1 c_2 c_3 p_c b_x b_y b_h b_w c_1 c_2 c_3]^{\mathrm{T}}。$$

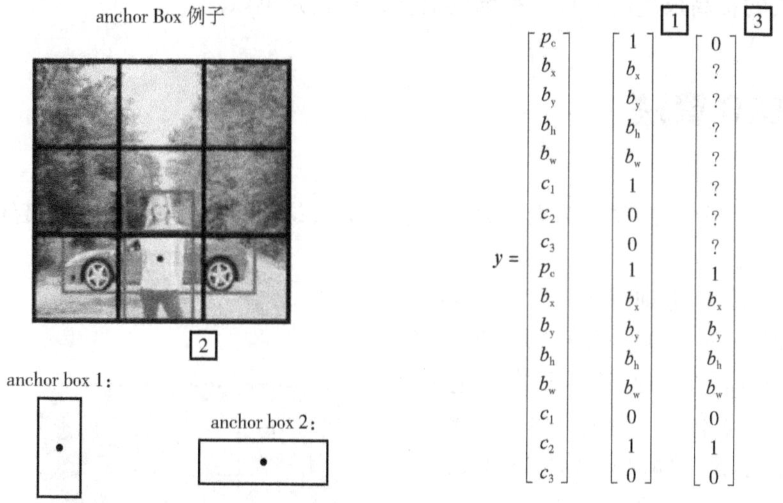

图 10-29　anchor box 例子

行人更类似于 anchor box 1 的形状。所以对于行人来说，将她分配到向量的上半部分。这里存在一个对象，即 $p_c=1$，有一个边界框包住行人，如果行人是类别 1，那么 $c_1=1$，$c_2=0$，$c_3=0$（编号 1 所示的上半部分参数）。车子的形状更像 anchor box 2，所以这个向量剩下的部分是 $p_c=1$，和车相关的边界框是 $c_1=0$，$c_2=1$，$c_3=0$（编号 1 所示的下半部分参数）。所以这就是对应中下格子的标签 $\boldsymbol{y}$，这个箭头指向的格子（编号 2 所示）。

现在其中一个格子有车，没有行人。如果它里面只有一辆车，则车子的边界框形状更像 anchor box 2；如果这里只有一辆车，行人走开了，那么 anchor box 2 分量还是一样的。那么输出 $\boldsymbol{y}$ 对应 anchor box 2 的向量分量和 anchor box 1 的向量分量，由于里面没有任何对象，所以 $p_c=0$，然后剩下的就是 don't care-s（?）（编号 3 所示）。

还有一些额外的细节，如果有两个 anchor box，但在同一个格子中有三个对象，这种情况算法处理不好。希望这种情况不会发生，但如果真的发生了，这个算法并没有很好的处理办法。对于这种情况，需要引入一些打破僵局的默认手段。还有一种情况，两个对象都分配到一个格子中，而且它们的 anchor box 形状也一样，这是算法处理不好的另一种情况，同样需要引入一些打破僵局的默认手段专门处理这种情况。其实这种出现的情况不多，所以对性能的影响不会很大。

这就是 anchor box 的概念，anchor box 是为了处理两个对象出现在同一个格子的情况，实践中这种情况很少发生，特别是如果使用 19×19 网格而不是 3×3 的网格，两个对象中点处于 361 个格子中同一个格子的概率很低。设立 anchor box 的好处在于 anchor box 能让学习算法能够更有针对性，特别是如果数据集有一些很高很瘦的对象，比如说行人，那么这样算法就能更有针对性地处理。一些输出单元可以针对检测很宽很胖的对象，比如说车子。

最后，如何选择 anchor box 呢？人们一般手工指定 anchor box 形状，可以选择 5～10 个 anchor box 形状，覆盖多种不同的形状，可以涵盖想要检测的对象的各种形状。还有一个更高级的版本，就是机器学习中所谓的 k-平均算法，可以将两类对象形状聚类，如果用它来选择最具有代表性的一组 anchor box，则可以代表试图检测的十几个对象类别，这其实是自动选择 anchor box 的高级方法。如果是人工选择一些形状，合理的考虑到所有对象的形状，则会预计检测的很高很瘦或者很宽很胖的对象，这也是可以的。

10.9 YOLO 算法

已经学习了对象检测算法的大部分组件，本节尝试把所有组件组装在一起构成 YOLO 对象检测算法。

首先查看如何构造训练集，如图 10-30 所示。假设要训练一个算法去检测三种对象，行人、汽车和摩托车，还需要显式指定完整的背景类别。这里有三个类别标签，如果要用两个 anchor box，那么输出 $\boldsymbol{y}$ 就是 3×3×2×8，其中 3×3 表示 3×3 个网格，2 是 anchor box 的数量，8 是向量维度，8 实际上先是 5（p_c，b_x，b_y，b_h，b_w）再加上类别的数量（c_1，c_2，c_3）。可以将它看成是 3×3×2×8，或者 3×3×16。要构造训练集，需要遍历 9 个格子，然后构成对应的目标向量 $\boldsymbol{y}$。

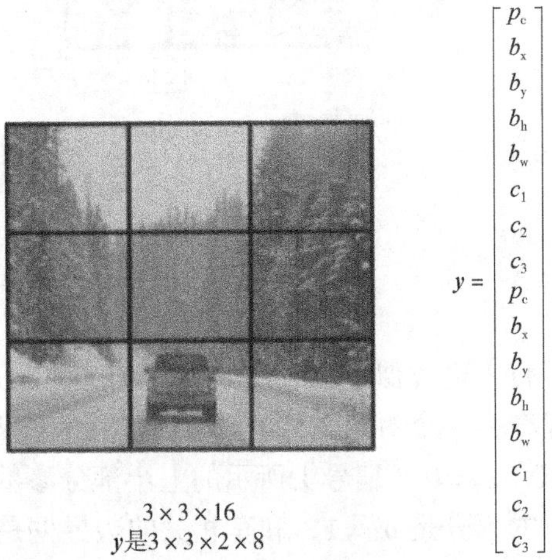

图 10-30　对象检测算法的训练

先看第一个格子（左上角），里面没什么有价值的东西。行人、车子和摩托车，三个类别都没有出现在左上格子中，所以对应那个格子目标 $\boldsymbol{y}$ 应该是

$$\boldsymbol{y}=[0\ ?\ ?\ ?\ ?\ ?\ ?\ ?\ 0\ ?\ ?\ ?\ ?\ ?\ ?\ ?]^{\mathrm{T}}$$

第一个 anchor box 的 p_c 是 0，因为没有太多第一个 anchor box 有关的，所以第二个 anchor box的 p_c 也是 0，剩下这些值是 don't care-s（?）。

现在网格中大多数格子都是空的，但有汽车的格子会有这个目标向量 $\boldsymbol{y}$

$$\boldsymbol{y}=[0\ ?\ ?\ ?\ ?\ ?\ ?\ ?\ 1\ b_x\ b_y\ b_h\ b_w\ 0\ 1\ 0]^{\mathrm{T}}$$

假设训练集中，对于车子的边界框水平方向更长一点，所以会使用 anchor box，会是 anchor box 1 和 anchor box 2。然后查看汽车的边界框和 anchor box 2 的交并比更高，所以车子就和向量的下半部分相关。要注意，这里和 anchor box 1 有关的 p_c 是 0，剩下这些分量都是 don't care-s，然后第二个 $p_c=1$，再用这些（b_x，b_y，b_h，b_w）来指定汽车边界框的位置，然后指定它的正确类别是 2($c_1=0$，$c_2=1$，$c_3=0$)，这是一辆汽车。这样去遍历九个格子，遍历 3×3 网格的所有位置，会得到一个 16 维向量，最终输出尺寸就是 3×3×16。简单起见，在这里用的是 3×3 网格，实践中用的可能是 19×19×16，或者需要用到更多的 anchor box，可能是 19×19×5×8，即 19×19×40，用了五个 anchor box。这就是训练集，然后训练一个卷积网络，输入是图片，可能是 100×100×3，卷积网络最后输出尺寸是 3×3×16 或者 3×3×2×8，如图 10-31 所示。

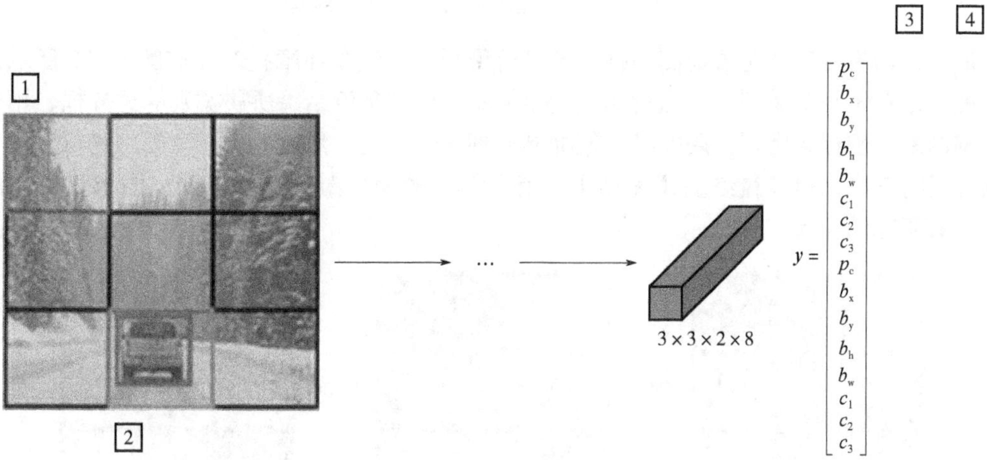

图 10-31　对象检测算法的预测

接下来查看算法是怎样做出预测的。输入图像，神经网络的输出尺寸是 3× ×3×2×8，对于九个格子，每个都有对应的向量。对于左上的格子，那里没有任何对象，那么希望神经网络在那里（第一个 p_c）输出的是 0，第二个 p_c 是 0，然后输出一些值，神经网络不能输出问号，即不能输出 don't care-s，剩下的输入一些数字，但这些数字基本上会被忽略，因为神经网络表示那里没有任何东西，所以输出是不是对应一个类别的边界框无关紧要，基本上是一组数字，多多少少都是噪声（输出 $\boldsymbol{y}$ 如编号 3 所示）。

和前面的边界框不大一样这里希望 $\boldsymbol{y}$ 的值，即左下格子（编号 2）的输出 $\boldsymbol{y}$（编号 4）的形式是对于边界框 1 来说 p_c 是 0，然后就是一组数字，即噪声（anchor box 1 对应行人，此格子中无行人，$p_c=0$，$b_x=?$，$b_y=?$，$b_h=?$，$b_w=?$，$c_1=?$ $c_2=?$，$c_3=?$）。希望算法能输出一些数字，可以对车子指定一个相当准确的边界框（anchor box 2 对应汽车，此格子中有车，$p_c=1$，b_x，b_y，b_h，b_w，$c_1=0$，$c_2=1$，$c_3=0$），这就是神经网络做出预测的过程。

最后运行这个非极大值抑制。再列举一张新的测试图像，如图 10-32 所示，描述运行非极大值抑制的过程。如果使用两个 anchor box，那么对于九个格子中任何一个都会有两个预测的边界框，其中一个的概率 p_c 很低。但九个格子中，每个都有两个预测的边界框，比如说得到的边界框中，有一些边界框可以超出所在格子的高度和宽度。接下来应该抛弃概率很低的预测，去掉很可能什么都没有的神经网络。

图 10-32　对象检测算法，非极大值抑制

最后，如果有三个对象检测类别，希望检测行人，汽车和摩托车，如图 10-33 所示，那么要做的是对于每个类别单独运行非极大值抑制，处理预测结果所属类别的边界框，用非极大值抑制来处理行人类别，用非极大值抑制处理车子类别，然后对摩托车类别进行非极大值抑制，运行三次来得到最终的预测结果。所以算法的输出最好能够检测出图像里所有的车子，还有所有的行人。

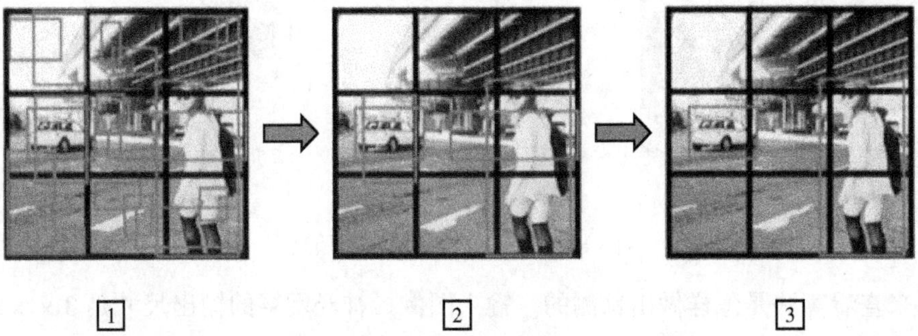

图 10-33　对象检测算法

这就是 YOLO 对象检测算法，这实际上是最有效的对象检测算法之一，包含了整个计算机视觉对象检测领域文献中很多最精妙的思路。

第 11 章　特殊应用：人脸识别和神经风格迁移

11.1　One-Shot 学习

人脸识别所面临的一个挑战就是需要解决一次学习问题，这意味着在大多数人脸识别应用中，需要通过单一的图片或者单一的人脸样例就能识别这个人。而历史上，当深度学习只有一个训练样例时，它的表现并不好。举一个直观的例子，并讨论如何去解决这个问题。

假设数据库里有四张员工照片，如图 11-1 所示。现在有人（编号 1）来到办公室，如图 11-2 所示，并且她想通过带有人脸识别系统的栅门。现在系统需要做的就是仅仅通过一张已有的 Danielle 照片来识别这个人确实是她。相反，如果机器看到一个不在数据库里的人（编号 2），则机器应该能分辨出她不是数据库中的四个人之一。

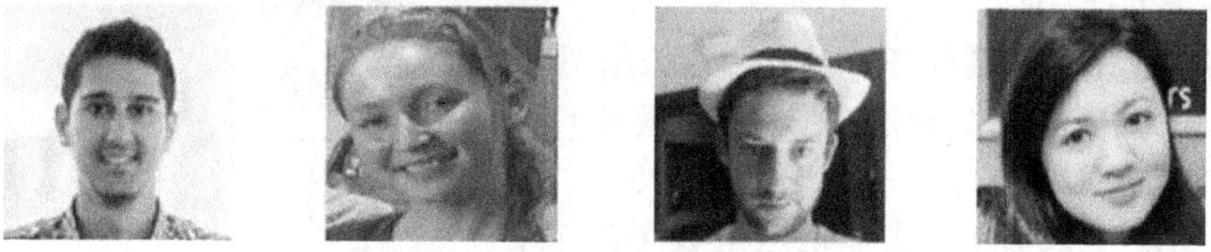

图 11-1　数据库中的部分员工照片

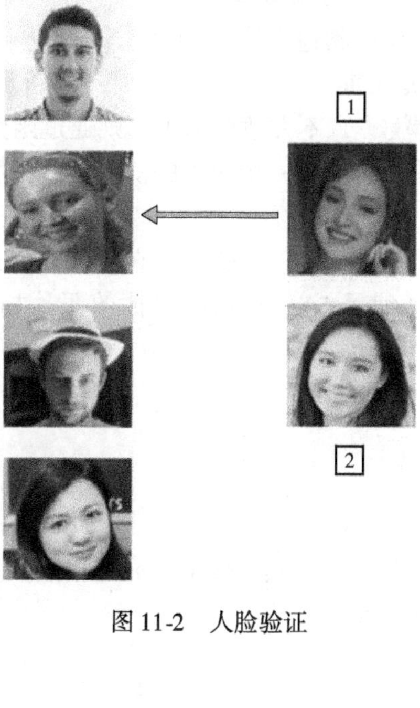

图 11-2　人脸验证

所以在一次学习问题中，只能通过一个样本进行学习，去认出同一个人，大多数人脸识别系统都需要解决这个问题。因为在数据库中每个雇员或者组员可能都只有一张照片。有一种办法是将人的照片放进卷积神经网络中，使用 softmax 单元来输出四种或者五种标签，分别对应这四个人，或者四个都不是，所以 softmax 里会有五种输出。但实际上这样效果并不好，因为如此小的训练集不足以去训练一个稳健的神经网络。

而且，假如有新人加入团队，将会有五个组员需要识别，所以输出就变成了六种，这时要重新训练神经网络吗？这听起来实在不像一个好办法。

所以要让人脸识别能够做到一次学习，为了能有更好的效果，要做的应该是学习 Similarity 函数。详细地说，想要神经网络学习以下一个用 d 表示的函数：

d(img1，img2) = degree of difference between images

它以两张图片作为输入，然后输出这两张图片的差异值。如果放进同一个人的两张照片，则希望它输出一个很小的值。如果放进两个长相差别很大的人的照片，那么它就输出一个很大的值。所以在识别过程中，如果这两张图片的差异值小于某个阈值 τ，它是一个超参数，那么这时就能预测这两张图片是同一个人，如果差异值大于 τ，则能预测这是不同的两个人，这就是解决人脸验证问题的一个可行办法。

图 11-3　人脸验证 Similarity 函数

要将它应用于识别任务，需要拿这张新图片（编号 6），用 d 函数去比较这两张图片（编号 1 和编号 6），这样可能会输出一个非常大的数字，如图 11-3 所示。在该例中，比如说这个数字是 10，之后再让它和数据库中第二张图片（编号 2）比较，因为这两张照片是同一个人，所以希望输出一个很小的数。然后再与数据库中的其他图片（编号 3、4）进行比较。通过这样的计算，最终能够知道，这个人确实是 Danielle。

对应地，如果某个人（编号 7）不在数据库中，则通过函数 d 将他们的照片两两进行比较。最后希望 d 会对所有的比较都输出一个很大的值，这就证明这个人并不是数据库中四个人的其中一个。

只要能学习这个函数 d，通过输入一对图片，它将会告知这两张图片是否是同一个人。如果之后有新人加入了团队（编号 5），则只需将他的照片加入数据库，系统依然能照常工作。

11.2　Siamese 网络

函数 d 的作用就是输入两张人脸，然后输出它们的相似度。实现这个功能的一个方式就是用 Siamese 网络，如图 11-4 所示。

常见的卷积网络形式为输入图片 $x^{(1)}$，然后通过一系列卷积、池化和全连接层，最终得到特征向量。有时会进入 softmax 单元来做分类，但在这里不会这么做。关注的重点是这个向量，假如它有 128 个数，是由网络深层的全连接层计算出来的，需要给这 128 个数命名，把它叫作 $f(x^{(1)})$。可以把 $f(x^{(1)})$ 看成是输入图像 $x^{(1)}$ 的编码。在这里是 Kian 的图片，然后表示成 128 维的向量。

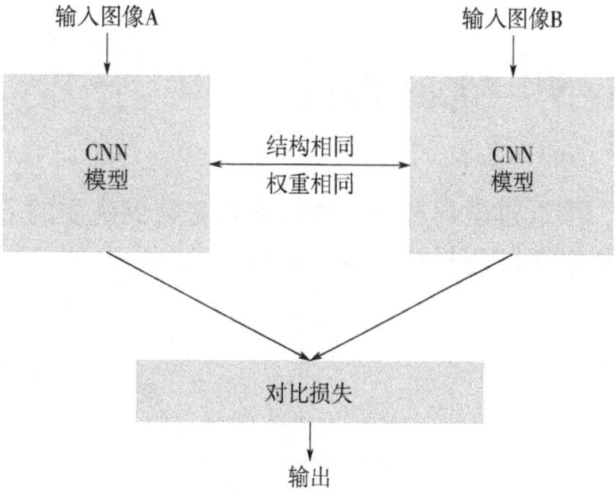

图 11-4　Siamese 网络

建立一个人脸识别系统的方法就是，如果要比较两张图片，例如图 11-5 所示的第一张 $x^{(1)}$ 和第二张图片 $x^{(2)}$。需要把第二张图片喂给有同样参数的神经网络，然后得到一个不同的 128 维的向量。这个向量代表或者编码第二张图片，把第二张图片的编码叫作 $f(x^{(2)})$。这里用 $x^{(1)}$ 和 $x^{(2)}$ 代表两张输入图片，不一定是第一个和第二个训练样本，可以是任意两张图片。

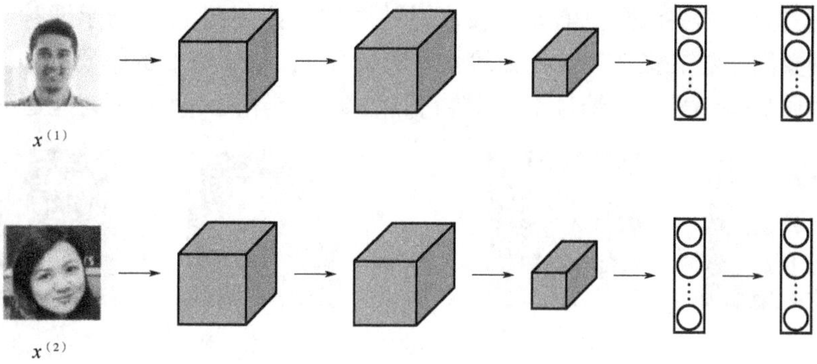

图 11-5　Siamese 网络示例

最后如果这些编码很好地代表了这两张图片，那么需要做的就是定义 d。将 $x^{(1)}$ 和 $x^{(2)}$ 的距离定义为这两幅图片的编码之差的范数，$d(x^{(1)}, x^{(2)}) = \|f(x^{(1)}) - f(x^{(2)})\|_2^2$。

对于两个不同的输入，运行相同的卷积神经网络，然后比较它们，这一般叫作 Siamese 网络架构。

如何训练这个 Siamese 神经网络？不要忘了这两个网络有相同的参数，所以实际要做的就是训练一个网络。它计算得到的编码可以用于函数 d，去判断两张图片是否是同一个人。更准确地说，神经网络的参数定义了一个编码函数 $f(x^{(i)})$。如果给定输入图像 $x^{(i)}$，那么这个网络会输出 $x^{(i)}$ 的 128 维的编码。此时去学习参数，使得如果两张图片 $x^{(i)}$ 和 $x^{(j)}$ 是同一个人，那么得到的两个编码的距离就小，训练集里任意一对 $x^{(i)}$ 和 $x^{(j)}$ 都可以。相反，如果 $x^{(i)}$ 和 $x^{(j)}$ 是不同的人，那么应该让它们之间的编码距离大一点。

如果改变这个网络所有层的参数，则会得到不同的编码结果。还要做的就是用反向传播来改变这些所有的参数，以确保满足这些条件。

11.3 Triplet 损失

要通过学习神经网络的参数来得到优质的人脸图片编码，方法之一就是定义三元组损失函数然后应用梯度下降，如图 11-6 所示。

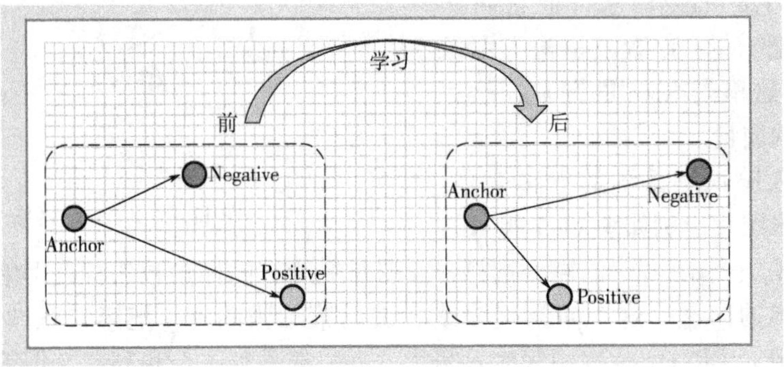

图 11-6 Triplet 损失

为了应用三元组损失函数，需要比较成对的图像。比如图 11-7 所示图片，为了学习网络的参数，需要同时看几张图片。比如编号 1 和编号 2，想要它们的编码相似，因为这是同一个人。然而假如是编号 3 和编号 4，想要它们的编码差异大一些，因为这是不同的人。

图 11-7 Triplet 损失，比较成对的图像

用三元组损失的术语来说，要做的通常是看一张 Anchor 图片，想让 Anchor 图片和 Positive 图片（Positive 意味着是同一个人）的距离很接近。然而，当 Anchor 图片与 Negative 图片（Negative 意味着是非同一个人）对比时，想让它们的距离更远一点。

这就是为什么叫作三元组损失。它代表通常会同时看三张图片，需要看 Anchor 图片、Postive 图片，还有 Negative 图片。这里把 Anchor 图片、Positive 图片和 Negative 图片简写成 A、P、N。

把这些写成公式时，需要网络的参数或者编码能够满足以下特性，希望$\|f(A)-f(P)\|^2$ 这个数值很小。准确地说，让它小于等于$f(A)$和$f(N)$之间的距离，或者说它们的范数的二次方(即$\|f(A)-f(P)\|^2 \leqslant \|f(A)-f(N)\|^2$)。$\|f(A)-f(P)\|^2$ 就是 $d(A, P)$，$f(A)-f(N)\|^2$是 $d(A, N)$。可以把 d 看成是距离函数，这也是为什么把它命名为 d。

现在如果把方程右边项移到左边，则最终得到

$$\|f(A)-f(P)\|^2 \leqslant \|f(A)-f(N)\|^2$$

现在对这个表达式做一些小的改变，有一种情况满足这个表达式，但是没有用处，就是把所有的东西都学成 0，如果 f 总是输出 0，即 $0-0\leqslant 0$，那么这就是 0 减去 0 还等于 0。如果所有图像的 f 都是一个零向量，那么总能满足这个方程。所以为了确保网络对于所有的编码不会总是输出 0，也为了确保它不会把所有的编码都设成相等的。另一种方法能让网络得到这种没用的输出，就是如果每个图片的编码和其他图片一样，这种情况还是得到 $0-0$。

为了阻止网络出现这种情况，就需要修改这个目标。它不能是刚好小于等于 0，应该是比 0 还要小，应该小于一个 $-a$ 值，即 $\|f(A)-f(P)\|^2-\|f(A)-f(N)\|^2\leqslant -a$。这里的 a 是另一个超参数，这个就可以阻止网络输出无用的结果。按照惯例，一般写为 $+a$，即 $\|f(A)-f(P)\|^2-\|f(A)-f(N)\|^2+a\leqslant 0$，而不是把 $-a$ 写在后面，它也叫作间隔。这个术语常在支持向量机（SVM）的文献中出现。类似地，把上面这个方程（$\|f(A)-f(P)\|^2-\|f(A)-f(N)\|^2$）修改一下，加上这个间隔参数。

举个例子，假如间隔设置成 0.2，$d(A, P)=0.5$。如果 Anchor 和 Negative 图片的 d，即 $d(A, N)$ 只大一点，假如是 0.51，那么条件就不能满足。虽然 0.51 也是大于 0.5 的，但还是不够好。只有 $d(A, N)$ 比 $d(A, P)$ 大很多，例如让这个值［$d(A, N)$］至少是 0.7 或者更高，或者为了使这个间隔至少达到 0.2。可以把间隔 a（超参数 a）调大或者调小，在 $d(A, P)$ 和 $d(A, N)$ 之间至少相差 0.2，这就是间隔参数 a 的作用。它拉大了 Anchor 和 Positive 图片对与 Anchor 和 Negative 图片对之间的差距。方程式的形式如下：

$$\|f(A)-f(P)\|^2-\|f(A)-f(N)\|^2+a\leqslant 0$$

三元组损失函数的定义基于三张图片。假如三张图片 A、P、N，即 Anchor 样本、Positive 样本和 Negative 样本，其中 Positive 图片和 Anchor 图片是同一个人，但是 Negative 图片和 Anchor 不是同一个人（见图 11-7）。

然后定义损失函数。这个例子的损失函数定义基于三元图片组，即 $\|f(A)-f(P)\|^2-\|f(A)-f(N)\|^2+a\leqslant 0$。为了定义这个损失函数，取这个和 0 的最大值

$$L(A, P, N)=\max(\|f(A)-f(P)\|^2-\|f(A)-f(N)\|^2+a, 0)$$

这个 max 函数的作用就是只要 $\|f(A)-f(P)\|^2-\|f(A)-f(N)\|^2+a\leqslant 0$，那么损失函数就是 0。当达到这个目标时，此例的损失就是 0。

另一方面如果 $\|f(A)-f(P)\|^2-\|f(A)-f(N)\|^2+a\leqslant 0$，然后取它们的最大值，则会得到一个正的损失值。通过最小化这个损失函数达到的效果就是使 $\|f(A)-f(P)\|^2-\|f(A)-f(N)\|^2+a$ 成为 0，或者小于等于 0。只要这个损失函数小于等于 0，网络不会关心它负值有多大。

这是一个三元组定义的损失，整个网络的代价函数是训练集中这些单个三元组损失的总和。假如有一个 10000 个图片的训练集，里面是 1000 个不同的人的照片，需要做的就是取这 10000 个图片，然后生成这样的三元组，并训练这个学习算法，对这种代价函数用梯度下降，这个代价函数就是定义在数据集中的三元组图片上。

注意：定义三元组的数据集中要有成对的 A 和 P，即同一个人的成对图片，计算这个训练系统的数据集里面有同一个人的多个照片。所以会在举例子时假设有 1000 个不同的人的 10000 张照片，也许是这 1000 个人平均每个人 10 张照片，组成了整个数据集。如果只有每

个人一张照片，那么根本无法训练这个系统。当然，训练完这个系统之后，可以应用到一次学习问题。对于人脸识别系统，可能只有想要识别的某个人的一张照片。但对于训练集，需要确保有同一个人的多个图片，至少是训练集里的一部分人，这样就有成对的 Anchor 和 Positive 图片了。

那么如何选择这些三元组来形成训练集。一个问题是如果从训练集中随机地选择 A、P 和 N，则遵守 A 和 P 是同一个人，而 A 和 N 是不同的人这一原则。有个问题就是如果随机地选择它们，那么这个约束条件[$d(A, P)+a \leqslant d(A, N)$]很容易达到，因为随机选择的图片中，$A$ 和 N 比 A 和 P 差别很大的概率很大。$d(A, N)$ 就是 $\|f(A)-f(N)\|^2$，$d(A, P)+a \leqslant d(A, N)$，即 $\|f(A)-f(P)\|^2+a \leqslant \|f(A)-f(N)\|^2$。但是如果 A 和 N 是随机选择的不同的人，则有很大的可能性 $\|f(A)-f(N)\|^2$ 会比左边这项 $\|f(A)-f(P)\|^2$ 大，而且差距远大于 a，这样网络并不能从中学到什么。

所以为了构建一个数据集，要做的就是尽可能选择难训练的三元组 A、P 和 N。具体而言，想要所有的三元组都满足这个条件［$d(A, P)+a \leqslant d(A, N)$］。难训练的三元组就是 A、P 和 N 的选择使得 $d(A, P)$ 很接近 $d(A, N)$，即 $d(A, P) \approx d(A, N)$。这样，学习算法会竭尽全力使右边这个式子［$d(A, N)$］变大，或者使左边这个式子［$d(A, P)$］变小，使得左右两边至少有一个 a 的间隔，并且选择这样的三元组还可以增加学习算法的计算效率。如果随机地选择这些三元组，其中有太多会很简单，梯度算法不会有什么效果，因为网络总是很轻松就能得到正确的结果。只有选择难的三元组梯度下降法才能发挥作用，使得这两边离得尽可能远。Florian Schroff，Dmitry Kalenichenko 和 James Philbin，建立了叫作 FaceNet 的系统，上述的许多观点都是来自于他们的工作。

总结一下，训练这个三元组损失需要取训练集，然后把它做成很多三元组。编号 1 就是一个三元组，有一张 Anchor 图片和一张 Positive 图片，这两张图片（Anchor 和 Positive）是同一个人，还有一张另一个人的 Negative 图片。编号 2 是另一组，其中 Anchor 和 Positive 图片是同一个人，但是 Anchor 和 Negative 不是同一个人等，如图 11-8 所示。

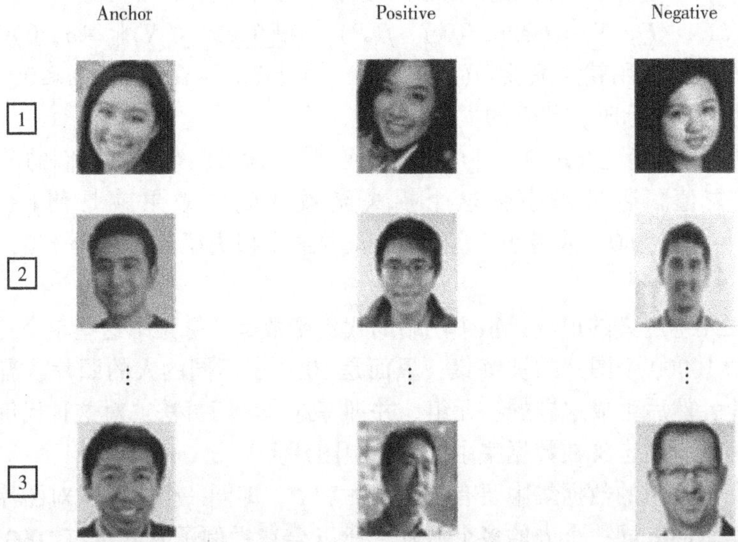

图 11-8 训练集使用三元组损失

定义这些包括 A、P 和 N 图片的数据集之后，还需要做的就是用梯度下降最小化定义的代价函数 J。这样做的效果就是用反向传播到网络中的所有参数来学习到一种编码，使得如果两个图片是同一个人，那么它们的 d 就会很小，如果两个图片不是同一个人，那么它们的 d 就会很大。

这就是三元组损失，并且用它来训练网络输出一个好的编码用于人脸识别。现在的人脸识别系统，尤其是大规模的商业人脸识别系统都是在很大的数据集上训练，超过百万图片的数据集并不罕见，一些公司用千万级的图片，还有一些用上亿的图片来训练这些系统。这些是很大的数据集，即使按照现在的标准，这些数据集也并不容易获得。幸运的是，一些公司已经训练了这些大型的网络并且上传了模型参数。所以相比于从头训练这些网络，在这一领域，由于这些数据集太大，因此一个实用操作就是下载别人的预训练模型，而不是一切都要从头开始。

11.4 人脸验证与二分类

Triplet loss 是一个学习人脸识别卷积网络参数的好方法，还有其他学习参数的方法。如何将人脸识别当成一个二分类问题呢？

另一个训练神经网络的方法是选取 Siamese 网络，使其同时计算这些嵌入。比如说 128 维的嵌入（编号 1），或者更高维，然后将其输入逻辑回归单元，进行预测。如果是相同的人，那么输出是 1，若是不同的人，那么输出是 0。这就把人脸识别问题转换为一个二分类问题，训练这种系统时可以替换 Triplet loss 的方法。

最后的逻辑回归单元如何处理？比如说 sigmoid 函数应用到某些特征上，相比起直接放入这些编码（$f(x^{(i)})$，$f(x^{(j)})$），还可以利用编码之间的不同，输出 $\hat{y}$ 会变成

$$\hat{y} = \sigma\left[\sum_{k=1}^{128} w_i \left|f(x^{(i)})_k - f(x^{(j)})_k\right| + b\right]$$

其中，符号 $f(x^{(i)})_k$ 代表图片 $x^{(i)}$ 的编码，下标 k 代表选择这个向量中的第 k 个元素，$|f(x^{(i)})_k - f(x^{(j)})_k|$ 为对这两个编码取元素差的绝对值。可以这样理解，把这 128 个元素当作特征，然后放入逻辑回归中。最后的逻辑回归可以增加参数 w_i 和 b，就像普通的逻辑回归一样。在这 128 个单元上训练合适的权重，用来预测两张图片是否是同一个人，用来学习预测 0 或者 1，即是否是同一个人。

还有其他不同的形式来计算这部分公式（$|f(x^{(i)})_k - f(x^{(j)})_k|$），比如，公式可以是 $\frac{[f(x^{(i)})_k - f(x^{(j)})_k]^2}{f(x^{(i)})_k + f(x^{(j)})_k}$，这个公式也被叫作 χ^2 公式（χ 是一个希腊字母），也被称为 χ 二次方相似度。参考文献：YANIV T，MING Y，MARC'A R，et，al. *DeepFace：Closing the Gap to Human-Level Performance in Face Verification*，2014.

这些公式及其变形在这篇参考文献中有讨论。

但是在这个学习公式中，输入是一对图片，如图 11-9 所示，即训练输入 x（编号 1 和 2），输出 y 是 0 或者 1，取决于输入是相似图片还是非相似图片。与之前类似，训练一个 Siamese网络，意味着上面这个神经网络拥有的参数和下面神经网络的相同（编号 3 和 4 所示

的网络)，两组参数是绑定的，这样的系统效果很好。

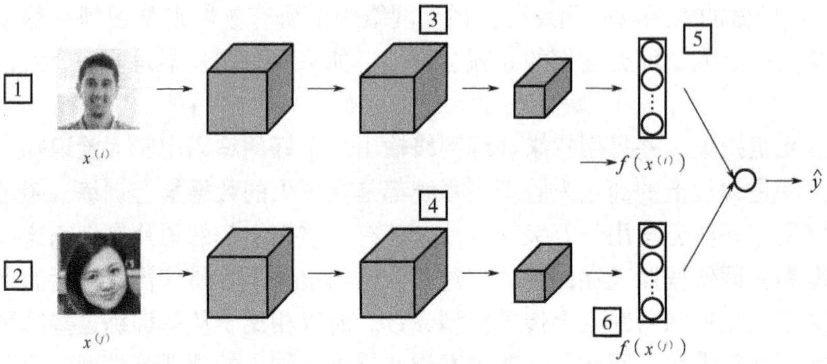

图 11-9　学习相似度函数

有一个计算技巧可以显著提高部署效果，假设有一张新图片（编号 1)，当员工走进门时，希望门可以自动为他们打开。编号 2 是数据库中的图片，不需要每次都计算这些特征，可以提前计算好。那么当一个新员工走近时，可以使用原来的卷积网络来计算得到它的编码，然后使用它，和预先计算好的编码进行比较，再输出预测值 $\hat{y}$。

因为不需要存储原始图像，所以如果有一个很大的员工数据库，不需要为每个员工每次都计算这些编码。这个预先计算的思想可以节省大量的计算，预训练的工作可以用在 Siamese 网络结构中，将人脸识别当作一个二分类问题，也可以用在学习和使用 Triplet loss 函数上。

总结一下，把人脸验证当作一个监督学习，创建一个只有成对图片的训练集，不是三个一组，而是成对的图片。目标标签是 1 表示一对图片是一个人，目标标签是 0 表示图片中是不同的人。利用不同的成对图片，使用反向传播算法去训练神经网络，训练 Siamese 神经网络。

处理人脸验证和人脸识别扩展为二分类问题，这样的效果也很好。希望能够了解在一次学习时，需要什么来训练人脸验证，或者人脸识别系统。

11.5　神经风格迁移

卷积神经网络最有趣的应用是神经风格迁移。什么是神经风格迁移？比如图 11-10 所示的照片，左边的照片是斯坦福大学，右边的是凡·高的星空，可以利用右边照片的风格来重新创造原本的照片。神经风格迁移可以帮忙生成下面这张照片。

如何实现神经网络迁移？这里，使用 C 来表示内容图像，S 表示风格图像，G 表示生成的图像。

图 11-11 所示的另一个例子中，图片中 C 代表在旧金山的金门大桥，风格图片 S 是毕加索的风格。然后把两张照片结合起来，得到 G 这张毕加索风格的金门大桥。

为了实现神经风格迁移，需要知道卷积网络在不同的神经网络，深层的、浅层的提取特征。在深入了解如何实现神经风格迁移之前，11.6 节会先介绍卷积神经网络不同层之间的具体运算。

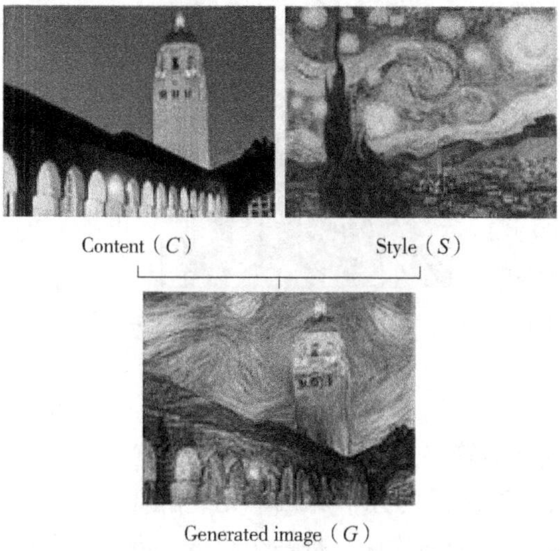

图 11-10　神经风格迁移 1

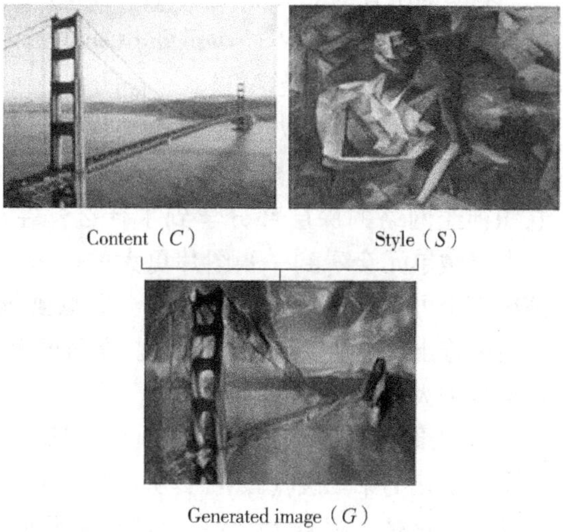

图 11-11　神经风格迁移 2

11.6　深度卷积网络学习什么

深度卷积网络到底在学什么？本节中将展示一些可视化的例子，可以帮助理解卷积网络中深度较大的层真正在做什么，这样有助于理解如何实现神经风格迁移。

举个例子，假如训练了一个卷积神经网络，是一个 Alexnet 轻量级网络，可以看到不同层之间隐藏单元的计算结果。

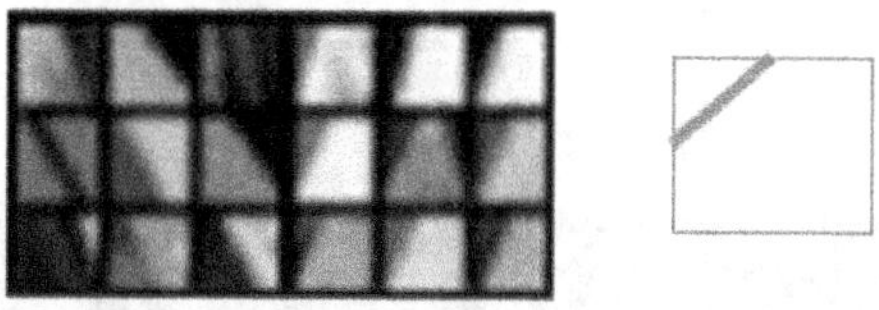

图 11-12　隐藏单元 1

如图 11-12 所示，从第一层的隐藏单元开始，假设遍历了训练集，然后找到那些使得单元激活最大化的一些图片，或者是图片块。换句话说，将训练集经过神经网络，然后搞清楚哪一张图片最大限度地激活特定的单元。注意，在第一层的隐藏单元，只能看到小部分卷积神经，如果要画出来哪些激活了激活单元，那么只有一小块图片块是有意义的，因为这就是特定单元所能看到的全部。选择一个隐藏单元，发现有九张图片最大化了单元激活，可能找到这样的九个图片块，似乎是图片浅层区域显示了隐藏单元所看到的，找到类似的边缘或者线，这就是那九个最大化地激活了隐藏单元激活项的图片块。

然后可以选择另一个第一层的隐藏单元，重复刚才的步骤，如图 11-13 所示。在另一个隐藏单元，似乎第二个由相应的九个图片块组成。看来这个隐藏单元在输入区域，寻找这样的线条，也称之为接受域。对其他隐藏单元也进行处理，会发现其他隐藏单元趋向于激活类似于这样的图片。

以此类推，这是九个不同的代表性神经元，每一个不同的图片块都最大化地激活了。可以这样理解，第一层的隐藏单元通常会找一些简单的特征，比如说边缘或者颜色阴影。

这里的所有例子来自于 Matthew Zeiler 和 Rob Fergus 的论文 *Visualizing and Understanding Convolutional Networks*《可视化理解卷积神经网络》。

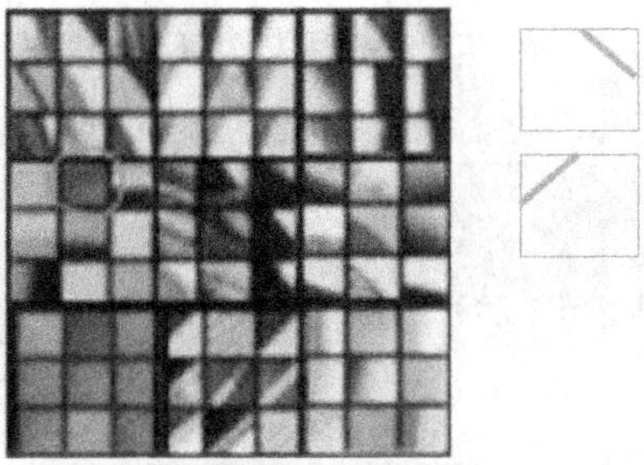

图 11-13　隐藏单元 2

已经在第一层的九个隐藏单元重复了好几遍这个过程，如果在深层的隐藏单元中进行这样的计算呢?卷积神经网络的深层部分学到了什么？在深层部分，一个隐藏单元会看到一张图片更大的部分，在极端的情况下，可以假设每一个像素都会影响到神经网络更深层的输出，靠后的隐藏单元可以看到更大的图片块，还会得到大小相同的图片块。

但如果重复这一过程，如图 11-14 所示，这是之前第一层（Layer 1 所示图片）得到的，这是可视化的第二层（Layer 2 所示图片）中最大程度激活的九个隐藏单元。解释一下这个可视化，这是（编号 2）使一个隐藏单元最大激活的九个图片块，每一个组合（编号 2）使得一个隐藏单元激活九个图片块，这个可视化展示了第二层的九个隐藏单元，每一个又有九个图片块使得隐藏单元有较大的输出或是较大的激活。在更深的层上可以重复这个过程，如图 11-15 所示。

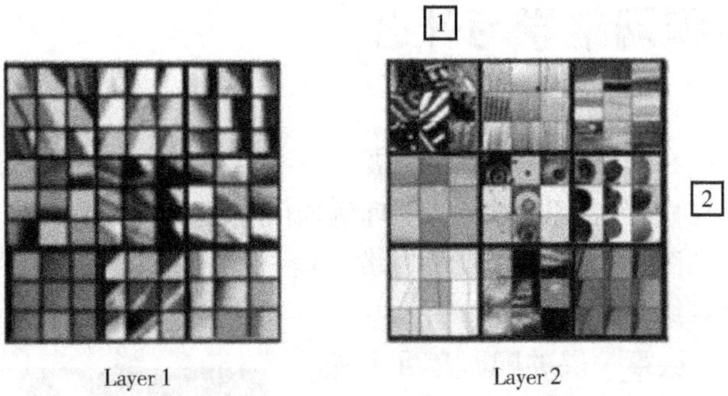

图 11-14　隐藏单元 3

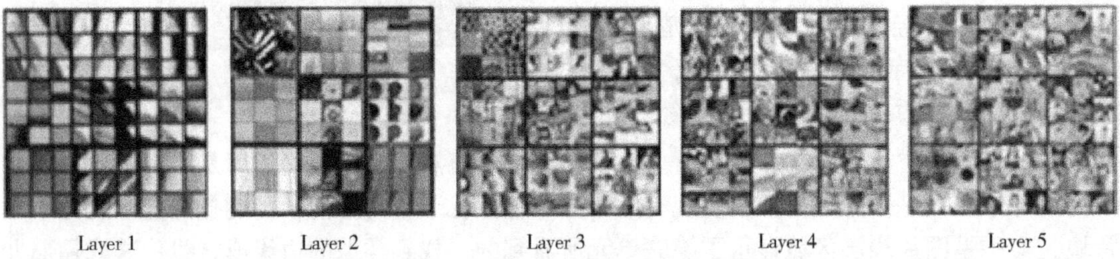

图 11-15　可视化深层

在这里很难看清楚这些微小的浅层图片块，这是第一层，是第一个被高度激活的单元，能在输入图片的区域看到，大概是这个角度的边缘（编号 1）放大第二层的可视化图像。

第二层似乎检测到更复杂的形状和模式，比如说隐藏单元（编号 1）会找到有很多垂线的垂直图案，这个隐藏单元（编号 2）似乎在左侧有圆形图案时会被高度激活，这个的特征（编号 3）是很细的垂线，以此类推，第二层检测的特征变得更加复杂。

看看将其放大的第三层，看得更清楚一点，这些东西激活了第三层，如图 11-16 所示。

再放大一点，这个隐藏单元（编号 1）似乎对图像左下角的圆形很敏感，所以检测到很多车。编号 2 似乎开始检测到人类，编号 3 似乎检测特定的图案，类似蜂窝形状或者方形这样规律的图案。有些很难看出来，需要手动弄明白检测到什么，但是第三层明显检测到更复杂的模式。

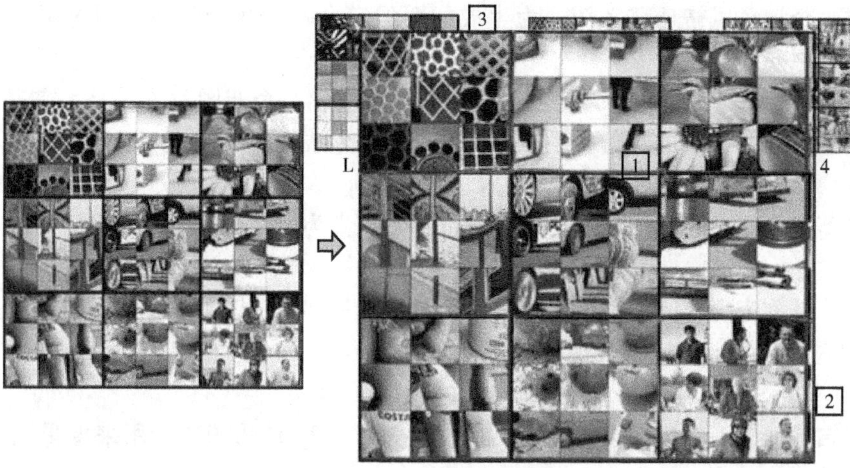

图 11-16　第三层

第四层检测到的模式和特征更加复杂，如图 11-17 所示。编号 1 学习成了一个狗的检测器，但是这些狗看起来都很类似。并不知道这些狗的种类，但知道这些都是狗，看起来也类似。第四层中的编号 2 隐藏单元检测什么？水吗？编号 3 似乎检测到鸟的脚等。

第五层检测到更加复杂的事物，如图 11-18 所示，注意到编号 1 也有一个神经元，似乎是一个狗检测器，但是可以检测到的狗似乎更加多样。编号 2 可以检测到键盘，或者是键盘质地的物体，可能是有很多点的物体。编号 3 可能检测到文本，但是很难确定，编号 4 检测到花。从检测简单的事物，比如说第一层的边缘，第二层的质地，到深层的复杂物体。

图 11-17　第四层

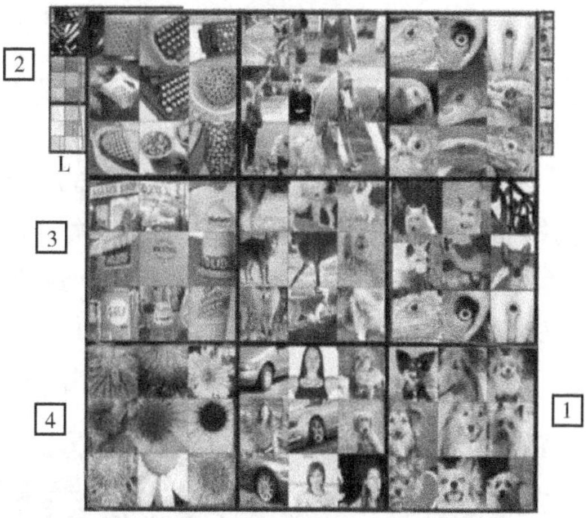

图 11-18　第五层

直观地了解卷积神经网络的浅层和深层是如何计算的，接下来去使用这些知识开始构造神经风格迁移算法。

11.7 代价函数

要构建一个神经风格迁移系统，为生成的图像定义一个代价函数。通过最小化代价函数，可以生成想要的任何图像。

给定一个内容图像 C，一个风格图片 S，目标是生成一个新图片 G。为了实现神经风格迁移，要定义一个关于 G 的代价函数 J 用来评判某个生成图像的好坏，然后使用梯度下降法最小化 $J(G)$，以便于生成这个图像。

怎么判断生成图像的好坏呢？把这个代价函数定义为两个部分。

$$J_{\text{content}}(C, G)$$

第一部分被称为内容代价，这是一个关于内容图片和生成图片的函数，它是用来度量生成图片 G 的内容与内容图片 C 的内容有多相似。

$$J_{\text{style}}(S, G)$$

然后把结果加上一个风格代价函数，也就是关于 S 和 G 的函数，用来度量图片 G 的风格和图片 S 的风格的相似度。

$$J(G)=\alpha J_{\text{content}}(C, G)+\beta J_{\text{style}}(S, G)$$

最后用两个超参数 α 和 β 来确定内容代价和风格代价，两者之间的权重用两个超参数来确定。两个代价的权重似乎是多余的，一个超参数似乎就够了，但提出神经风格迁移的原始作者使用了两个不同的超参数，这里也保持一致，采用两个。

关于神经风格迁移算法的内容是基于 Leon Gatys，Alexandra Ecker 和 Matthias Bethge 的论文 *A Neural Algorithm of Artistic Style*。

算法的运行是这样的，对于代价函数 $J(G)$，为了生成一个新图像，要做的是随机初始化生成图像 G，它可能是 $100\times100\times3$，可能是 $500\times500\times3$，又或者是任何尺寸。

然后使用定义的代价函数 $J(G)$，再使用梯度下降的方法将其最小化，更新 $G:=G-\frac{\partial}{\partial G}J(G)$。在这个步骤中，实际上更新的是图像 G 的像素值，也就是 $100\times100\times3$，比如 RGB 通道的图片。

假设从图 11-19 所示内容图片（编号 1）和风格图片（编号 2）开始，这是另一张公开的毕加索画作。随机初始化 G，随机初始化的生成图像就是这张随机选取像素的白噪声图（编号 3）。接下来运行梯度下降算法，最小化代价函数 $J(G)$，逐步处理像素，这样慢慢得到生成图片（编号 4、5、6），越来越像用风格图片的风格画出来的内容图片。

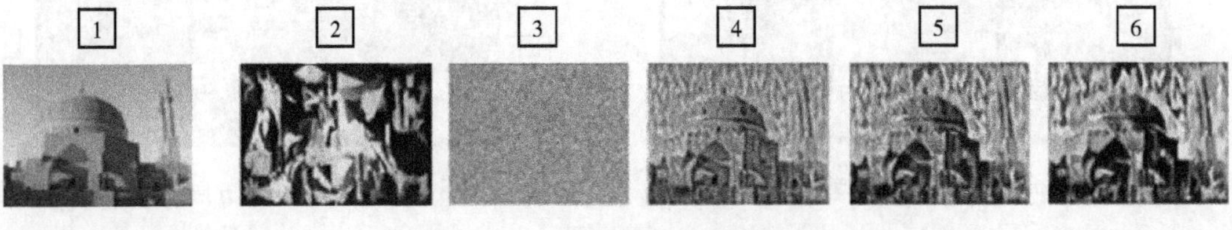

图 11-19 神经风格迁移算法过程

11.8　内容代价函数

风格迁移网络的代价函数有一个内容代价部分，还有一个风格代价部分

$$J(G)=\alpha J_{\text{content}}(C,\ G)+\beta J_{\text{style}}(S,\ G)$$

先定义内容代价部分，这就是整个风格迁移网络的代价函数。那么内容代价函数应该是什么？

假如用隐含层 l 来计算内容代价。如果 l 是个很小的数，比如用隐含层 1，则这个代价函数就会使生成图片在像素上非常接近内容图片。然而如果用很深的层，那么就会问内容图片里是否有狗，然后它就会确保生成图片里有一只狗。所以在实际中，这个层 l 在网络中既不会选得太浅也不会选得太深。在一些例子中通常 l 会选择在网络的中间层，既不太浅也不很深，然后用一个预训练的卷积模型，可以是 VGG 网络也可以是其他的网络。

现在需要衡量一张内容图片和一张生成图片在内容上的相似度。令 $a^{[l][C]}$ 和 $a^{[l][G]}$，代表这两张图片 C 和 G 的 l 层的激活函数值。如果这两个激活值相似，那么就意味着两张图片的内容相似。

定义 $J_{\text{content}}(C,\ G)=\frac{1}{2}\|a^{[l][C]}-a^{[l][G]}\|^2$ 为两个激活值不同或者相似的程度。取 l 层的隐含单元的激活值，按元素相减，内容图片的激活值与生成图片相比较，然后取二次方，也可以在前面加上归一化或者不加，比如$\frac{1}{2}$或者其他的，都影响不大。因为这都可以由这个超参数 α 来调整[$J(G)=\alpha J_{\text{content}}(C,\ G)+\beta J_{\text{style}}(S,\ G)$]。

这里用的符号都是展成向量形式的，在把它们展成向量后，这个就变成了 $a^{[l][C]}$ 减 $a^{[l][C]}$ 的范数的二次方。这就是两个激活值间的差值二次方和，这就是两张图片之间 l 层激活值差值的二次方和。后面对 $J(G)$ 做梯度下降来找 G 的值时，整个代价函数会激励这个算法来找到图像 G，使得隐含层的激活值和内容图像的相似。

11.9　风格代价函数

假如有这样一张图片，它能算出这里是否含有不同隐藏层，如图 11-20 所示。现在选择某一层 l（编号 1），比如这一层给图片的风格定义一个深度测量，现在需要将图片的风格定义为 l 层中各个通道之间激活项的相关系数。

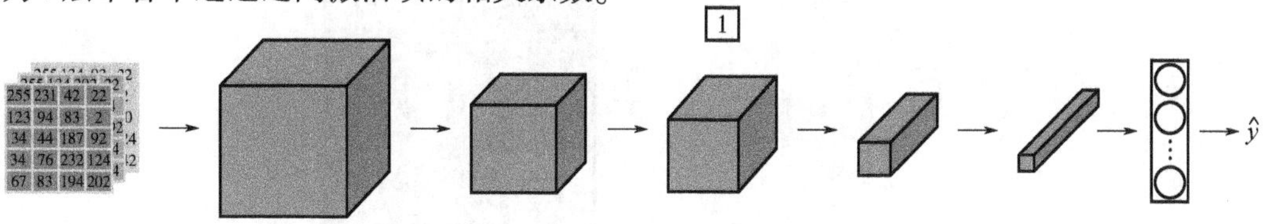

图 11-20　图片风格的含义

将 l 层的激活项取出，这是一个 $n_H \times n_W \times n_C$ 的激活项，如图 11-21 所示。它是一个三维的数据块。那么如何获得这些不同通道之间激活项的相关系数呢？

为了解释这些术语，对于这个激活块，把它的不同通道渲染成不同的颜色。在此例中，假如有五个通道，将它们染成五种颜色。一般情况下，在神经网络中会有许多通道，但为了便于理解，这里只用五个通道，如图 11-22 所示。

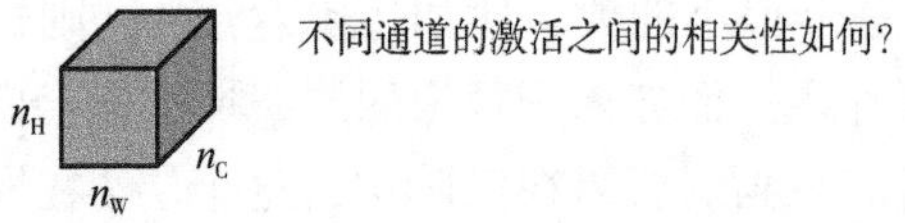

图 11-21　各个通道之间激活项的相关系数

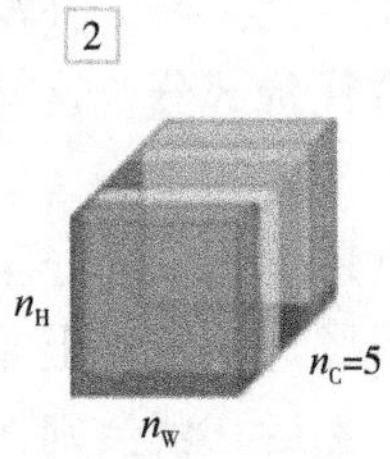

图 11-22　不同通道的激活块示例

为了能捕捉图片的风格，需要进行下面这些操作。首先，查看图 11-22 中前两个通道（编号 1、2）中箭头所指的部分，该如何计算这两个通道间激活项的相关系数呢？

举个例子，如图 11-23 所示，在第一个通道中含有某个激活项，第二个通道也含有某个激活项，于是它们组成了一对数字（编号 1）。然后再看这个激活项块中其他位置的激活项，它们也分别组成了很多对数字（编号 2、3），分别来自第一个通道和第二个通道。现在就得到了很多个数字对，当取得这两个 $n_H \times n_W$ 的通道中所有的数字对后，该如何计算它们的相关系数呢？它是如何决定图片风格的呢？

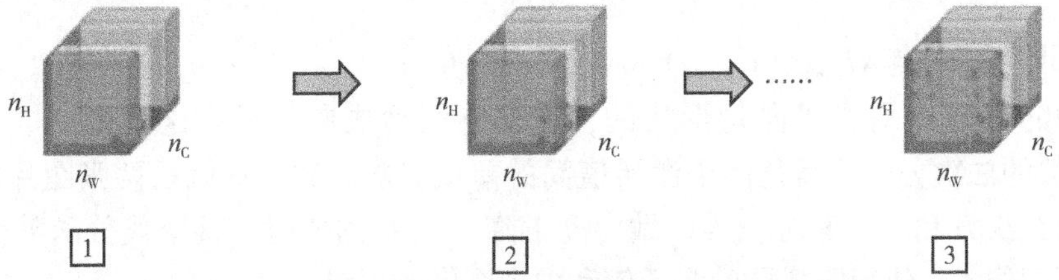

图 11-23　计算不同通道的激活块的相关系数

再来看一个可视化例子，如图 11-24 所示。它来自一篇论文，作者是 Matthew Zeile 和 Rob Fergus。第一个通道（编号 1）对应的是这个神经元，它能找出图片中的特定位置是否含有这些垂直的纹理（编号 3）；而第二个通道（编号 2），对应神经元为编号 4，它可以粗略地找出橙色的区域。什么时候两个通道拥有高度相关性呢？如果它们有高度相关性，那么

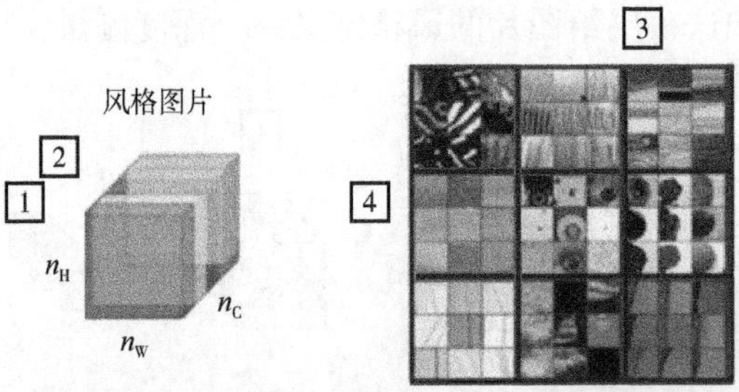

图 11-24　不同通道的相关系数可视化例子

这幅图片中出现垂直纹理的地方（编号 2），那么这块地方（编号 4）很大概率是橙色的。如果说它们是不相关的，又是什么意思？显然，这意味着图片中有垂直纹理的地方很大概率不是橙色的。而相关系数描述的就是当图片某处出现这种垂直纹理时，该处又同时是橙色的可能性。相关系数这个概念提供了一种测量这些不同特征的方法，比如这些垂直纹理、橙色或是其他的特征去测量它们在图片中的各个位置同时出现或不同时出现的频率。

如果在通道之间使用相关系数来描述通道的风格，那么能做的就是测量生成图像中第一个通道（编号 1）是否与第二个通道（编号 2）相关。通过测量，能得知在生成的图像中垂直纹理和橙色同时出现或者不同时出现的频率，这样可以测量生成的图像的风格与输入的风格图像的相似程度。

下面证实这种说法，对于风格图像与生成图像这两个图像，需要计算一个风格矩阵，准确地讲就是用 l 层来测量风格。设 $a_{i,j,k}^{[l]}$ 表示隐藏层 l 中 (i, j, k) 位置的激活项，i，j，k 分别代表该位置的高度、宽度以及对应的通道数。然后计算一个关于 l 层和风格图像的矩阵，即 $G^{[l](S)}$（l 表示层数，S 表示风格图像）。$G^{[l](S)}$ 是一个 $n_C \times n_C$ 的矩阵。同样地，也对生成的图像进行这个操作。

先定义风格图像。设这个关于 l 层和风格图像的 G 是一个矩阵，这个矩阵的高度和宽度都是 l 层的通道数。在这个矩阵中 k 和 k' 元素被用来描述 k 通道和 k' 通道之间的相关系数。具体如下：

$$G_{kk'}^{[l](S)} = \sum_{i=1}^{n_H^{[l]}} \sum_{j=1}^{n_W^{[l]}} a_{i,j,k}^{[l](S)} a_{i,j,k'}^{[l](S)}$$

用符号 i，j 表示下界。给 i，j，k 位置的激活项 $a_{i,j,k}^{[l]}$ 乘以同样位置的激活项，也就是 i，j，k' 位置的激活项，即 $a_{i,j,k'}^{[l]}$，将它们两个相乘。然后 i 和 j 分别加到 l 层的高度和宽度，即 $n_H^{[l]}$ 和 $n_W^{[l]}$，将这些不同位置的激活项都加起来。(i, j, k) 和 (i, j, k') 中 x 坐标和 y 坐标分别对应高度和宽度，将 k 通道和 k' 通道上这些位置的激活项都进行相乘。严格来说，这个公式是一种非标准的互相关函数，因为没有减去平均数，而是将它们直接相乘。

这就是输入的风格图像所构成的风格矩阵。然后，再对生成图像做同样的操作。

$$G_{kk'}^{[l](G)} = \sum_{i=1}^{n_H^{[l]}} \sum_{j=1}^{n_W^{[l]}} a_{i,j,k}^{[l](G)} a_{i,j,k'}^{[l](G)}$$

$a_{i,j,k}^{[l][S]}$ 和 $a_{i,j,k}^{[l][G]}$ 中的上标 (S) 和 (G) 分别表示在风格图像 S 中的激活项和在生成图像 G 的激活项。之所以用大写字母 G 来代表这些风格矩阵，是因为在线性代数中这种矩阵有时也叫 Gram 矩阵，但在这里被叫作风格矩阵。

所以要做的就是计算出这张图像的风格矩阵，以便能够测量出这些相关系数。更正规地来表示，使用 $a_{i,j,k}^{[l]}$ 来记录相应位置的激活项，也就是 l 层中的 i，j，k 位置，所以 i 代表高度，j 代表宽度，k 代表着 l 中的不同通道。假设有五个通道，此时 k 就代表这五个不同的通道。

对于这个风格矩阵，需要计算 $G^{[l]}$ 矩阵，它是一个 $n_C \times n_C$ 的矩阵，也就是一个方阵。因为这里有 n_C 个通道，所以矩阵的大小是 $n_C \times n_C$。以便计算每一对激活项的相关系数，所以 $G_{kk'}^{[l]}$ 可以用来测量 k 通道与 k' 通道中的激活项之间的相关系数，k 和 k' 会在 $1 \sim n_C$ 之间取值，n_C 就是 l 层中通道的总数量。

当在计算 $G^{[l]}$ 时，这个符号（下标 kk'）只代表一种元素，在右下角标明是 kk' 元素。i，j 从一开始往上加，对应（i，j，k）位置的激活项与对应（i，j，k'）位置的激活项相乘。这个 i 和 j 是激活块中对应位置的坐标，也就是该激活项所在的高和宽，所以 i 会从 1 加到 $n_{\mathrm{H}}^{[l]}$，j 会从 1 加到 $n_{\mathrm{W}}^{[l]}$。k 和 k' 则表示对应的通道，所以 k 和 k' 值的范围是从 1 开始到这个神经网络中该层的通道数量 $n_{\mathrm{C}}^{[l]}$。关于 $G_{kk'}^{[l]}$ 的公式就是把图中各个高度和宽度的激活项都遍历一遍，并将 k 和 k' 通道中对应位置的激活项都进行相乘，这就是 $G_{kk'}^{[l]}$ 的定义。通过对 k 和 k' 通道中所有的数值进行计算就得到了 G 矩阵，也就是风格矩阵。具体如下：

$$G_{kk'}^{[l]} = \sum_{i=1}^{n_{\mathrm{H}}^{[l]}} \sum_{j=1}^{n_{\mathrm{W}}^{[l]}} a_{i,j,k}^{[l]} a_{i,j,k'}^{[l]}$$

要注意，如果两个通道中的激活项数值都很大，那么 $G_{kk'}^{[l]}$ ' 也会变得很大，对应地，如果它们不相关，则 $G_{kk'}^{[l]}$ 就会很小。这个公式经常用来表达直觉想法，但它其实是一种非标准的互协方差。因为并没有减去均值而只是把这些元素直接相乘，这就是计算图像风格的方法。

需要同时对风格图像 S 和生成图像 G 都进行这个运算。为了区分它们，在它的右上角加一个（S），表明它是风格图像 S，这些都是风格图像 S 中的激活项，之后也需要对生成图像也做相同的运算。

$$G_{kk'}^{[l](S)} = \sum_{i=1}^{n_{\mathrm{H}}^{[l]}} \sum_{j=1}^{n_{\mathrm{W}}^{[l]}} a_{i,j,k}^{[l](S)} a_{i,j,k'}^{[l](S)}$$

和上式一样，再把公式都写一遍，把这些都加起来。为了区分它是生成图像，在这里放一个（G）。

$$G_{kk'}^{[l](G)} = \sum_{i=1}^{n_{\mathrm{H}}^{[l]}} \sum_{j=1}^{n_{\mathrm{W}}^{[l]}} a_{i,j,k}^{[l](G)} a_{i,j,k'}^{[l](G)}$$

现在，得到两个矩阵，分别是风格图像 S 和生成图像 G。

一直用大写字母 G 来表示矩阵，是因为在线性代数中，这种矩阵被称为 Gram 矩阵。但在这里把它叫作风格矩阵，取 Gram 矩阵的首字母 G 来表示这些风格矩阵，过程如图 11-25 所示。

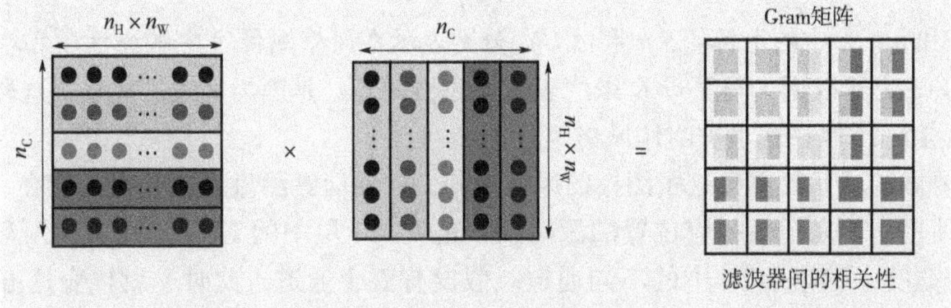

图 11-25　风格矩阵

最后，如果将 S 和 G 代入风格代价函数中去计算，则将得到这两个矩阵之间的误差。因为它们是矩阵，所以在这里加一个 Frobenius 范数，这实际上是计算两个矩阵对应元素相减的二次方的和。从 k 和 k' 开始做它们的差，把对应的式子写下来，然后把得到的结果都加起来。在这里使用一个归一化常数，即$\frac{1}{2n_{\mathrm{H}}^{[l]}n_{\mathrm{W}}^{[l]}n_{\mathrm{C}}^{[l]}}$，再在外面加一个二次方，但是一般情况下不用写这么多，只要将它乘以一个超参数β就行。

风格代价函数如下所示：

$$J_{\mathrm{style}}^{[l]}(S,G)=\frac{1}{(2n_{\mathrm{H}}^{[l]}n_{\mathrm{W}}^{[l]}n_{\mathrm{C}}^{[l]})^2}\sum_k\sum_{k'}(G_{kk'}^{[l](S)}-G_{kk'}^{[l](G)})$$

最后，这是对l层定义的风格代价函数，这是两个矩阵间一个基本的 Frobenius 范数，也就是S图像和G图像之间的范数再乘上一个归一化常数。实际上，如果对各层都使用风格代价函数，则会让结果变得更好。如果要对各层都使用风格代价函数，则可以这么定义代价函数，把各个层的结果（各层的风格代价函数）都加起来，这样就定义了它们全体。还需要对每个层定义权重，也就是一些额外的超参数，用$\lambda^{[l]}$来表示。这样才能够在神经网络中使用不同的层，包括之前的一些可以测量类似边缘这样的低级特征的层，以及之后的一些能测量高级特征的层，使神经网络在计算风格时能够同时考虑到这些低级和高级特征的相关系数。这样，在基础的训练中定义超参数时，可以尽可能地得到更合理的选择。

为了把这些东西封装起来，可以定义一个全体代价函数

$$J(G)=\alpha J_{\mathrm{content}(C,G)}+\beta J_{\mathrm{style}}(S,G)$$

然后采用梯度下降法，或者更复杂的优化算法来找到一个合适的图像G，并计算$J(G)$的最小值，这样将能够得到非常好看的结果。

11.10 一维到三维推广

已经学习了许多关于卷积神经网络（ConvNets）的知识，从卷积神经网络框架到如何使用它进行图像识别、对象检测、人脸识别与神经网络转换。大部分讨论的图像数据，从某种意义上而言都是 2D 数据。考虑到图像如此普遍，所掌握的思想不应仅局限于 2D 图像，甚至可以延伸至 1D，乃至 3D 数据。

回顾一下 2D 卷积，如图 11-26 所示。可能会输入一个 14 × 14 的图像，并使用一个 5 × 5 的过滤器进行卷积，通过这个操作会得到 10 × 10 的输出。

如果使用了多通道，比如 14 × 14 × 3，那么相匹配的过滤器可能是 5 × 5 × 3，如果使用了多重过滤，比如 16，则最终得到的是 10 × 10 × 16。

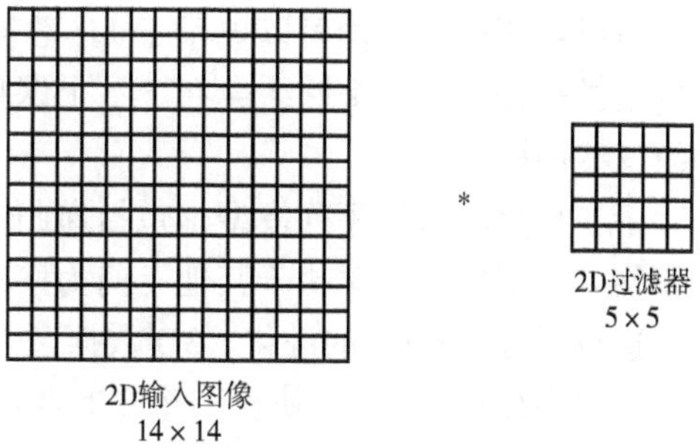

图 11-26　2D 卷积

事实证明这些想法也同样可以用于 1D 数据。举个例子，图 11-27 左边是一个 EKG 信号，或者说是心电图。当在胸部放置一个电极时，电极透过胸部测量心跳带来的微弱电流。正因为心脏跳动，产生的微弱电波能被一组电极测量，所以这就是人心跳产生的 EKG，每一个峰值都对应着一次心跳。

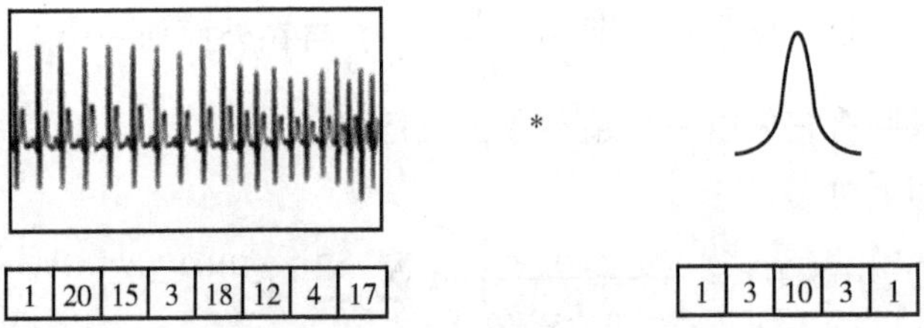

图 11-27　1D 卷积

如果想使用 EKG 信号，比如医学诊断，那么就需要处理 1D 数据，因为 EKG 数据是由时间序列对应的每个瞬间的电压组成，这次不是一个 14 × 14 的尺寸输入，可能只有一个 14 尺寸输入。在这种情况下可能需要使用一个 1D 过滤进行卷积，只需要一个 1 × 5 的过滤器，而不是一个 5 × 5 的。

2D 数据的卷积是将同一个 5 × 5 特征检测器应用于图像中不同的位置，最后得到 10 × 10 的输出结果。1D 过滤器可以取代 5D 过滤器，可在不同的位置中应用类似的方法。

当对这个 1D 信号使用卷积，会发现一个 14D 的数据与 5D 数据进行卷积后，产生一个 10D 输出。如果使用多通道，则可能会获得一个 14 × 1 的通道。如果使用一个 EKG，则是 5 × 1 的，如果有 16 个过滤器，则可能最后会获得一个 10 × 16 的数据，这可能只是卷积网络中的某一层。

对于卷积网络的下一层，如果输入一个 10 × 16 数据，则仍然可以使用一个 5D 过滤器进行卷积，这需要 16 个通道进行匹配。如果使用了 32 个过滤器，则另一层的输出结果会是 6 × 32。

对 2D 数据而言，当处理 10 × 10 × 16 的数据时也是类似的。可以使用 5 × 5 × 16 进行卷积，其中两个通道数 16 要相匹配，将得到一个 6 × 6 的输出，如果用的是 32 个过滤器，则输出结果就是 6 × 6 × 32。

所有这些方法也可以应用于 1D 数据，可以在不同的位置使用相同的特征检测器。比如说，为了区分 EKG 信号中的心跳的差异，可以在不同的时间轴位置使用同样的特征来检测心跳。

所以卷积网络同样可以被用于 1D 数据。对于许多 1D 数据应用，实际上会使用递归神经网络进行处理，这个网络会在下一个课程中学到，但是有些人依旧愿意尝试使用卷积网络解决这些问题。

下一部分将讨论序列模型，包括递归神经网络、LCM 与其他类似模型。将探讨使用 1D 卷积网络的优缺点，对比于其他专门为序列数据而精心设计的模型。

这也是 2D 向 1D 的进化，3D 数据又是怎样呢？什么是 3D 数据？与 1D 数列或数字矩阵不同，现在使用一个 3D 块，一个 3D 输入数据。以做 CT 扫描为例，这是一种使用 X 光照射，然后输出身体的 3D 模型，CT 扫描实现的是它可以获取身体不同片段，如图 11-28 所示。

当进行 CT 扫描时，可以看到人体躯干的不同切片（图中所示为人体躯干中不同层的切片），本质上这个数据是 3D 的。一种对这份数据的理解方式是假设数据具备一定长度、宽度与高度，其中每一个切片都与躯干的切片对应。

如果想要在 3D 扫描或 CT 扫描中应用卷积网络进行特征识别，则可以利用 2D 和 1D 的

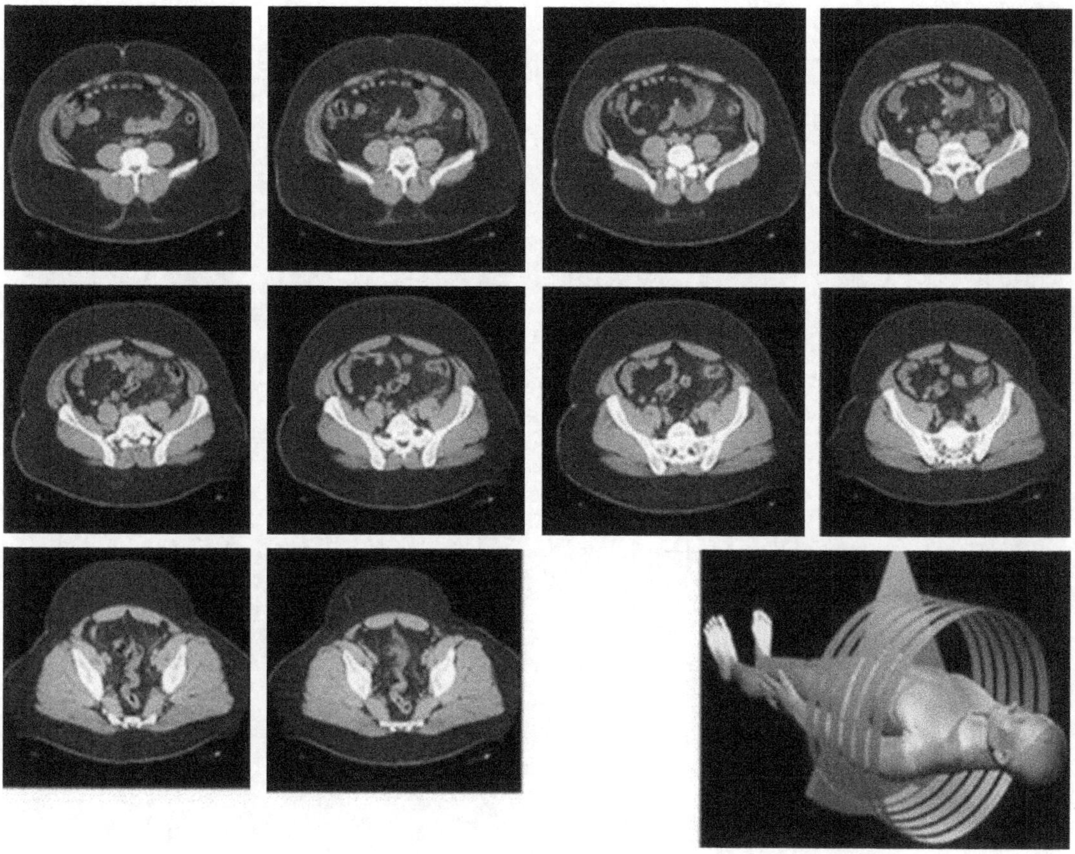

图 11-28　CT 扫描示意图

思想，将其应用到 3D 卷积中。为了简单起见，假设一个 3D 对象，比如说是 14 × 14 × 14，其中后两个 14 表示输入 CT 扫描的宽度与深度。再次提醒，正如图像不是必须以矩形呈现，3D 对象也不一定是一个完美立方体，所以长和宽可以不一样，同样 CT 扫描结果的长宽高也可以是不一致的。

为了简化讨论，使用 14 × 14 × 14 为例。如果使用 5 × 5 × 5 过滤器进行卷积，则过滤器也是 3D 的，会得到一个 10 × 10 × 10 的结果输出。如果这有一个 1 的通道，则输出再乘以 1 为 10 × 10 × 10 × 1。这仅仅是一个 3D 模块，但是数据可以有不同数目的通道，不过通道的数目必须与过滤器匹配。如果使用 16 个过滤器 5 × 5 × 5 × 1，则输出是 10 × 10 × 10 × 16，这将是 3D 数据卷积网络上的一层。

如果下一层卷积使用 5 × 5 × 5 × 16 维度的过滤器再次卷积，则通道数目也与往常一样匹配。但如果使用 32 个过滤器，则最终应该得到一个 6 × 6 × 6 × 32 的输出。

某种程度上 3D 数据也可以使用 3D 卷积网络学习，这些过滤器实现的功能正是通过 3D 数据进行特征检测。CT 医疗扫描是 3D 数据的一个实例，另一个数据处理的例子是可以将电影中随时间变化的不同节课切片看成是 3D 数据，将这个技术用于检测动作及人物行为。

总而言之，这就是 1D、2D 及 3D 数据处理，图像数据无处不在，以至于大多数卷积网络都是基于图像上的 2D 数据，但其他模型也同样会有帮助。

第4部分 序列模型

第 12 章　循环序列模型

12.1　为什么选择序列模型

循环神经网络（RNN）之类的模型在语音识别、自然语言处理和其他领域中引起变革。本节将学习如何自行创建这些模型。先看一些例子，如图 12-1 所示，这些例子都有效使用了序列模型。

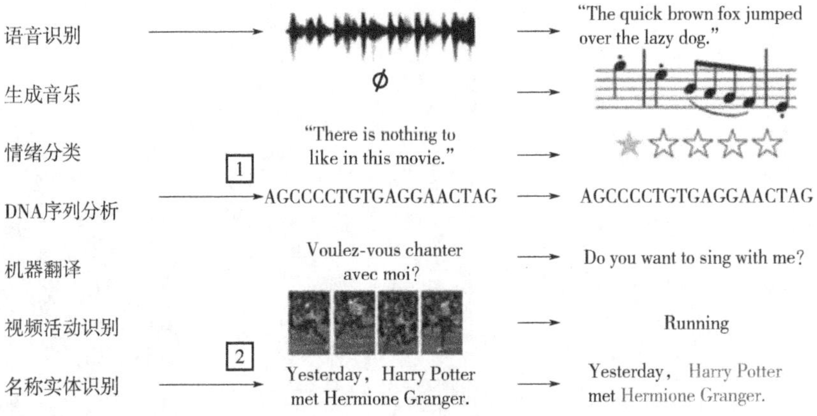

图 12-1　序列模型示例

在进行语音识别时，给定一个输入音频片段 x，并要求输出对应的文字记录 y。这个例子里输入和输出数据都是序列模型，因为 x 是一个按时播放的音频片段，输出 y 是一系列单词，所以一些序列模型，如循环神经网络等在语音识别方面是非常有用的。

音乐生成问题是使用序列数据的另一个例子。在这个例子中，只有输出数据 y 是序列，而输入数据可以是空集，也可以是个单一的整数，这个数可能指代想要生成的音乐风格，也可能是想要生成的那首曲子的头几个音符。输入的 x 可以是空的，或者就是个数字，然后输出序列 y。

在处理情感分类时，输入数据 x 是序列，会有类似的输入："There is nothing to like in this movie."，你认为这句评论对应几星？

序列模型在 DNA 序列分析中也十分有用。人的 DNA 可以用 A、C、G、T 四个字母来表示。所以给定一段 DNA 序列，能够标记出哪部分是匹配某种蛋白质的。

在机器翻译过程中，会得到这样的输入语句："Voulez-vous chanter avec moi?"（法语：你愿意和我一起唱么?），然后要求输出另一种语言的翻译结果。

在进行内容行为识别时，可能会得到一系列帧，然后要求识别其中的行为。在进行命名实体识别时，可能会给定一个句子，要求识别出句中的人名。

这些问题都可以被称作使用标签数据（x，y）作为训练集的监督学习。从这一系列例子中可以看出序列模型有很多不同类型。有些模型里，输入数据 x 和输出数据 y 都是序列，但在这种情况下，x 和 y 有时也会不一样长。或者像图 12-1 中编号 1 所示和编号 2 的 x 和 y 有相同的数据长度，另一些问题是只有 x 或者只有 y 是序列。

首先了解不同情况的序列模型，后续内容中会讲解一些定义序列问题要用到的符号。

12.2　数学符号

本节先从定义符号开始一步步构建序列模型。

比如说建立一个序列模型，它的输入语句是这样的："Harry Potter and Herminoe Granger invented a new spell."，(这些人名都是出自 J. K. Rowling 笔下的系列小说 Harry Potter)。假如想要建立一个能够自动识别句中人名位置的序列模型，那么这就是一个命名实体识别问题。这常用于搜索引擎，比如说索引过去 24h 内所有新闻报道提及的人名，用这种方式就能够恰当地进行索引。命名实体识别系统可以用来查找不同类型文本中的人名、公司名、时间、地点、国家名和货币名等。

现在给定这样的输入数据 x，假如想要一个序列模型输出 y，使得输入的每个单词都对应一个输出值，同时这个 y 能够表明输入的单词是否是人名的一部分。技术上来说这也许不是最好的输出形式，还有更加复杂的输出形式，它不仅能够表明输入词是否是人名的一部分，它还能够表明这个人名在这个句子里从哪里开始到哪里结束。比如图 12-1 中的 Harry Potter、Hermione Granger。

更简单输出形式为输入数据是九个单词组成的序列，所以会有九个特征集和来表示这九个单词，并按序列中的位置进行索引，$x^{<1>}$、$x^{<2>}$、$x^{<3>}$ 等一直到 $x^{<9>}$ 来索引不同的位置。使用 $x^{<t>}$ 来索引这个序列的中间位置。t 意味着它们是时序序列，但不论是否是时序序列，都使用 t 来索引序列中的位置。

输出数据也是一样，仍然是用 $y^{<1>}$、$y^{<2>}$、$y^{<3>}$ 等一直到 $y^{<9>}$ 来表示输出数据。同时用 T_x 来表示输入序列的长度，这个例子中输入是九个单词，所以 $T_x=9$。用 T_y 来表示输出序列的长度。在这个例子里 $T_x=T_y$，实践中 T_x 和 T_y 可以有不同的值。

之前的学习中，使用 $x^{(i)}$ 来表示第 i 个训练样本。在这里指代第 t 个元素，或者说是训练样本 i 的序列中第 t 个元素，用 $x^{(i)<t>}$ 这个符号来表示。如果 T_x 是序列长度，那么训练集里不同的训练样本就会有不同的长度，所以 $T_x^{(i)}$ 就代表第 i 个训练样本的输入序列长度。同样 $y^{(i)<t>}$ 代表第 i 个训练样本中第 t 个元素，$T_y^{(i)}$ 就是第 i 个训练样本的输出序列的长度。

在这个例子中，$T_x^{(i)}=9$，但如果另一个样本是由 15 个单词组成的句子，那么这个训练样本可以表示为 $T_x^{(i)}=15$。

这个例子是 NLP，也就是自然语言处理，在涉足自然语言处理时，需要事先决定的事是怎样表示一个序列里单独的单词，如何表示像 Harry 这样的单词，$x^{<1>}$ 实际应该是什么？

如何表示一个句子里单个的词？想要表示一个句子里的单词，第一件事是做一张词表，有时也称为词典，意思是列举出来表示方法中用到的单词。这个词表（见图 12-2）中的第一个词是 a，也就是说词典中的第一个单词是 a，第二个单词是 Aaron，然后更下面一些是单词 and，再后面会找到 Harry，然后找到 Potter，这样一直到最后，词典里最后一个单词可能是 Zulu。

a	1
Aaron	2
…	…
and	367
…	…
Harry	4075
…	…
Potter	6830
…	…
Zulu	10000

图 12-2　词表/词典

因此 a 是第一个单词，Aaron 是第二个单词，在这个词典里，and 出现在 367 这个位置上，Harry 是在 4075 这个位置，Potter 在 6830，词典里的最后一个单词 Zulu 可能是第 10000 个单词。所以在这个例子中使用 10000 个单词大小的词典，这对现代自然语言处理应用来说太小了。对于一般规模的商业应用来说 30000 ~ 50000 词大小的词典比较常见，但是 100000 词的也不是没有，而有些大型互联网公司会用百万词，甚至更大的词典。许多商业应用用的词典可能是 30000 词，也可能是 50000 词。不过这里采用 10000 词大小的词典做说明，因为这是一个很好用的整数。

如果选定了 10000 词的词典，那么构建这个词典的一个方法是遍历训练集，并且找到前 10000 个常用词。也可以去浏览一些网络词典，寻找英语里最常用的 10000 个单词，接下来可以用 one-hot 表示法来表示词典里的每个单词。

举个例子，在这里 $x^{<1>}$ 表示 Harry 这个单词，它就是一个第 4075 行是 1，其余值都是 0 的向量，如图 12-3 中编号 1 所示，因为那是 Harry 在这个词典里的位置。

同样 $x^{<2>}$ 是个第 6830 行是 1，其余位置都是 0 的向量，如图 12-3 中编号 2 所示。

and 在词典里排第 367，所以 $x^{<3>}$ 就是第 367 行是 1，其余值都是 0 的向量，如图 12-3 中编号 3 所示。如果词典大小是 10000，那么这里的每个向量都是 10000 维的。

x：Harry Potter and Hermione Granger invented a new spell.

$x^{<1>}$　$x^{<2>}$　$x^{<3>}$　…　$x^{<7>}$　$x^{<9>}$

词典：		1	2	3	4
a	1	0	0	0	1
Aaron	2	0	0	0	0
…	…	…	…	…	…
and	367	0	0	1	0
…	…	…	…	…	…
Harry	4075	1	0	0	0
…	…	…	…	…	…
Potter	6830	0	1	0	0
…	…	…	…	…	…
Zulu	10000	0	0	0	0

图 12-3　one-hot 法表示词典

因为 a 是字典第一个单词，$x^{<7>}$ 对应 a，那么这个向量的第一个位置为 1，其余位置都是 0 的向量，如图 12-3 中编号 4 所示。

所以这种表示方法中，$x^{<t>}$ 指代句子里的任意词，它就是个 one-hot 向量，因为它只有一个值是 1，其余值都是 0，这里用九个 one-hot 向量来表示这个句中的九个单词，目的是用这样的表示方式表示 X，用序列模型在 X 和目标输出 Y 之间学习建立一个映射。可以把它当作监督学习的问题，给定带有（x，y）标签的数据。

如果遇到了一个不在词表中的单词，则应该创建一个新的标记，也就是一个叫作 Unknow Word 的伪单词，用 < UNK > 作为标记来表示不在词表中的单词。

12.3　循环神经网络模型

在之前的例子中，有九个输入单词。这九个输入单词可能是九个 one-hot 向量，然后将它们输入到一个标准神经网络中，经过一些隐藏层，最终会输出九个值为 0 或 1 的项，它表明每个输入单词是否是人名的一部分，如图 12-4 所示。

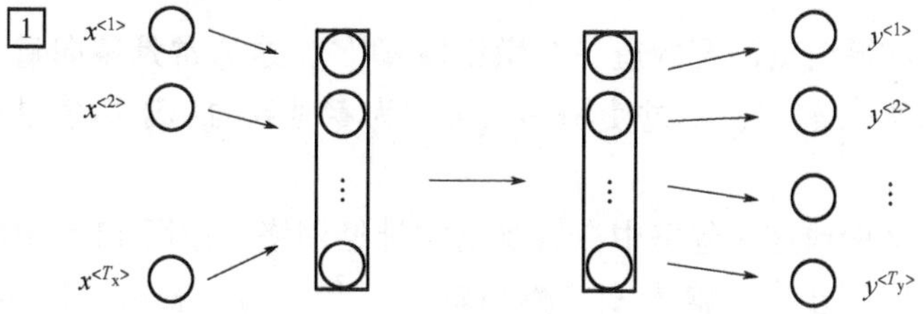

图 12-4　使用标准神经网络

但结果表明这个方法并不好，主要有两个问题。

1）输入和输出数据在不同例子中会有不同的长度，不是所有的例子都有着同样输入长度 T_x 或是同样输出长度的 T_y。即使每个句子都有最大长度，能够填充（pad）或零填充（zero pad）使每个输入语句都达到最大长度，但仍然看起来不是一个好的表达方式。

2）一个像这样单纯的神经网络结构，它并不共享从文本的不同位置上学到的特征。具体来说，如果神经网络已经学习到了在位置 1 出现的 Harry 可能是人名的一部分，那么当 Harry 出现在其他位置，比如 $x^{<t>}$ 时，它也能够自动识别其为人名的一部分的话就非常棒了。这可能类似于卷积神经网络，是否能将部分图片里学到的内容快速推广到图片的其他部分，希望利用卷积神经网络中学到的东西对序列数据也有相似的效果。用一个更好的表达方式也能够减少模型中参数的数量。

假设图 12-4 中编号 1 所示的 $x^{<1>} \cdots x^{<t>} \cdots x^{<T_x>}$ 都是 10000 维的 one-hot 向量，这是十分庞大的输入层。如果总的输入大小是最大单词数乘以 10000，那么第一层的权重矩阵就会有着巨量的参数。但循环神经网络就没有上述的两个问题。

什么是循环神经网络呢？如图 12-5 所示，以从左到右的顺序读这个句子，第一个单词假如是 $x^{<1>}$，需要做的就是将第一个词输入一个神经网络层（第一个神经网络的隐藏层），让神经网络尝试预测输出，判断这是否是人名的一部分。循环神经网络做的是当读到句中的第二个单词时，假设是 $x^{<2>}$，它不是仅用 $x^{<2>}$ 就预测出 $\hat{y}^{<2>}$，也会输入一些来自时间步 1 的信息。具体而言，时间步 1 的激活值就会传递到时间步 2。然后在下一个时间步，循环神

经网络输入单词 $x^{<3>}$，然后它尝试预测输出了预测结果 $\hat{y}^{<3>}$，一直到最后一个时间步，输入 $x^{<T_x>}$，然后输出 $\hat{y}^{<T_y>}$。在这个例子中 $T_x=T_y$，如果 T_x 和 T_y 不相同，那么这个结构会需要做出一些改变。在每一个时间步中，循环神经网络传递一个激活值到下一个时间步中用于计算。

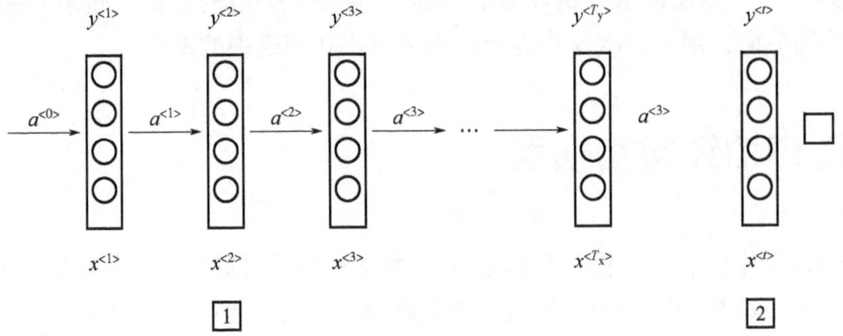

图 12-5　循环神经网络

整个流程中，在零时刻需要构造一个激活值 $a^{<0>}$，这通常是零向量。有些研究人员会随机用其他方法初始化 $a^{<0>}$，不过使用零向量作为零时刻的伪激活值是最常见的选择，把它输入神经网络。

在一些研究论文中或是一些书中会看到这类神经网络，用图 12-5 中的编号 2 所示图形来表示。在每一个时间步中，输入 $x^{<t>}$ 然后输出 $y^{<t>}$。为了表示循环连接有时会画个圈，表示输回网络层。有时会画一个黑色方块，表示这个黑色方块处会延迟一个时间步。

循环神经网络是从左向右扫描数据，同时每个时间步的参数也是共享的。用 W_{ax} 来表示管理者从 $x^{<1>}$ 到隐藏层连接的一系列参数，每个时间步使用的都是相同的参数 W_{ax}。激活值，也就是水平联系是由参数 W_{aa} 决定的，同时每一个时间步都使用相同的参数 W_{aa}，同样的输出结果由 W_{ya} 决定。

在这个循环神经网络中，在预测 $\hat{y}^{<3>}$ 时，不仅要使用 $x^{<3>}$ 的信息，还要使用来自 $x^{<1>}$ 和 $x^{<2>}$ 的信息，因为来自 $x^{<1>}$ 的信息可以通过路径（图 12-5 中编号 1 所示）来帮助预测 $\hat{y}^{<3>}$。循环神经网络的一个缺点就是它只使用了这个序列中之前的信息来做出预测，尤其当预测 $\hat{y}^{<3>}$ 时，它没有用到 $x^{<4>}$，$x^{<5>}$，$x^{<6>}$ 等信息。所以这就有一个问题，因为如果给定了这个句子，“Teddy Roosevelt was a great President.”，那么为了判断 Teddy 是否是人名的一部分，仅仅知道句中前两个词是完全不够的，还需要知道句中后半部分的信息，这也是十分有用的，因为句子也可能是这样的，“Teddy bears are on sale!”。因此如果只给定前三个单词是不可能确切地知道 Teddy 是否是人名的一部分，第一个例子是人名，第二个例子就不是，所以不可能只看前三个单词就能分辨出其中的区别。

这种特定的神经网络结构的一个限制是它在某一时刻的预测仅使用了从序列之前的输入信息，并没有使用序列中后半部分的信息。后续讲解的双向循环神经网络（BRNN）可以处理这个问题。但在这个例子中，更简单的单向神经网络结构足够解释关键概念。只要在此基础上做出修改就能同时使用序列中前面和后面的信息来预测 $\hat{y}^{<3>}$。这个神经网络计算了些什么？

在神经网络中，一般开始先输入 $a^{<0>}$，它是一个零向量。接着就是前向传播过程，先计算激活值 $a^{<1>}$，然后再计算 $y^{<1>}$。

$$a^{<1>}=g_1(W_{aa}a^{<0>}+W_{ax}x^{<1>}+b_a)$$

$$\hat{y}^{<1>}=g_2(W_{ya}a^{<1>}+b_y)$$

用这样的符号约定来表示这些矩阵下标。举个例子，W_{ax}的第二个下标 x 意味着 W_{ax}要乘以某个 x 类型的量，然后第一个下标 a 表示它是用来计算某个 a 类型的变量。同样地，这里的 W_{ya}表示乘以某个 a 类型的量，用来计算出某个 $\hat{y}$ 类型的量。

循环神经网络用的激活函数经常是 tanh，不过有时候也会用 ReLu，但是 tanh 是更通常的选择。会使用其他方法来避免梯度消失问题，将在之后进行讲述。选用哪个激活函数取决于输出 y。如果它是一个二分问题，那么会用 sigmoid 函数作为激活函数；如果是 k 类别分类问题，则可以选用 softmax 作为激活函数。激活函数的类型取决于有什么样类型的输出 y，对于命名实体识别来说，y 只可能是 0 或者 1，所以在这里的第二个激活函数 g 可以是 sigmoid 激活函数。

更一般的情况下，在 t 时刻

$$a^{<t>}=g_1(W_{aa}a^{<t-1>}+W_{ax}x^{<t>}+b_a)$$

$$\hat{y}^{<t>}=g_2(W_{ya}a^{<t>}+b_y)$$

这些等式定义了神经网络的前向传播。可以从零向量 $a^{<0>}$ 开始，然后用 $a^{<0>}$ 和 $x^{<1>}$ 来计算出 $a^{<1>}$ 和 $\hat{y}^{<1>}$，再用 $x^{<2>}$ 和 $a^{<1>}$ 一起算出 $a^{<2>}$ 和 $\hat{y}^{<2>}$ 等，如图 12-5 所示，从左至右完成前向传播。

为了简化这些符号，将 $W_{aa}a^{<t-1>}+W_{ax}x^{<t>}$ 以更简单的形式写出来，把它写作 $a^{<t>}=g(W_a[a^{<t-1>},x^{<t>}]+b_a)$，那么左右两边画线部分应该是等价的。所以定义 W_a 的方式是将矩阵 W_{aa}和矩阵 W_{ax}水平并列放置，$[W_{aa}\vdots W_{ax}]=W_a$。举个例子，如果 a 是 100 维的，然后延续之前的例子，x 也是 10000 维的，那么 W_{aa}就是一个（100，100）维的矩阵，W_{ax}就是个（100，10000）维的矩阵，因此如果将这两个矩阵堆起来，W_a 就会是一个（100，10100）维的矩阵。

用这个符号（$[a^{<t-1>},x^{<t>}]$）的意思是将这两个向量堆在一起，即$\begin{bmatrix}a^{<t-1>}\\x^{<t>}\end{bmatrix}$，最终这就是个 10100 维的向量。用这个矩阵乘以这个向量，刚好能够得到原来的量。因为此时，矩阵 $[W_{aa}\vdots W_{ax}]$ 乘以$\begin{bmatrix}a^{<t-1>}\\x^{<t>}\end{bmatrix}$，等于 $W_{aa}a^{<t-1>}+W_{ax}x^{<t>}$，刚好等于之前的这个结论。这种记法的好处是可以不使用两个参数矩阵 W_{aa}和 W_{ax}，而是将其压缩成一个参数矩阵 W_a，所以当建立更复杂模型时这就能够简化要用到的符号。

同样对于这个例子（$\hat{y}^{<t>}=g(W_{ya}a^{<t>}+b_y)$），使用更简单的方式重写，$y^{<t>}=g(W_ya^{<t>}+b_y)$。现在 W_y 和 b_y 符号仅有一个下标，它表示在计算时会输出什么类型的量，所以 W_y 就表明它是计算 y 类型的量的权重矩阵，而上面的 W_a 和 b_a 则表示这些参数是用来计算 a 类型或者说是激活值的。

RNN 前向传播示意图如图 12-6 所示。

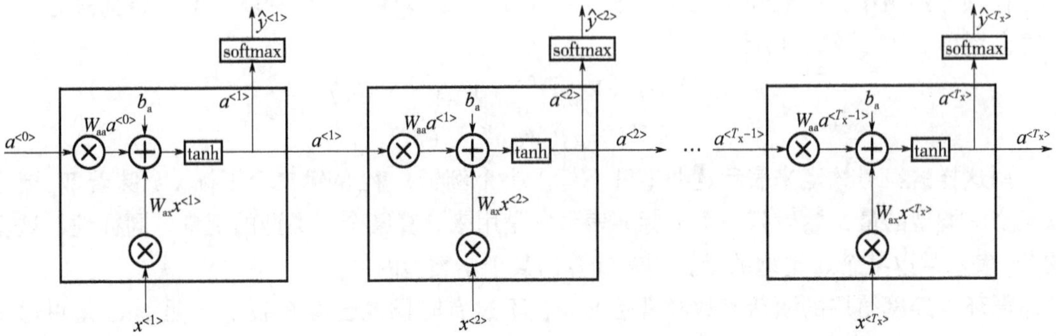

图 12-6　RNN 前向传播示意图

12.4　通过时间的反向传播

当在编程框架中实现循环神经网络时，编程框架通常会自动处理反向传播。不过，在循环神经网络中，对反向传播的运行有一个粗略的认识还是非常有用的。

前向传播（图 12-7 中黑色箭头所指方向）在神经网络中从左到右地计算这些激活项，直到输出所有的预测结果。而对于反向传播，则是相反的计算方向（图 12-7 中灰色箭头所指方向）。

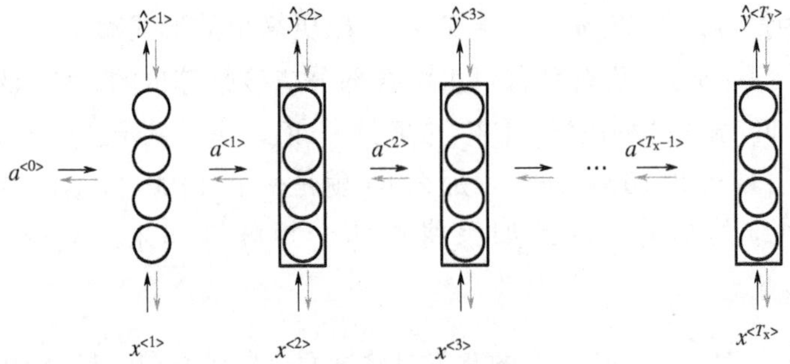

图 12-7　前向传播和反向传播

来分析一下前向传播的计算，现在有一个输入序列，$x^{<1>}$，$x^{<2>}$，$x^{<3>}$一直到$x^{<T_x>}$，用$x^{<1>}$还有$a^{<0>}$计算出时间步 1 的激活项，再用$x^{<2>}$和$a^{<1>}$计算出$a^{<2>}$，然后计算$a^{<3>}$等，一直到$a^{<T_x>}$。

为了真正计算出$a^{<1>}$，还需要一些参数，如W_a和b_a。用它们来计算出$a^{<1>}$。这些参数在之后的每一个时间步都会被用到，于是继续用这些参数计算$a^{<2>}$，$a^{<3>}$等，所有的这些激活项都要取决于参数W_a和b_a。有了$a^{<1>}$，神经网络就可以计算第一个预测值$\hat{y}^{<1>}$，接着到下一个时间步，继续计算出$\hat{y}^{<2>}$，$\hat{y}^{<3>}$等，一直到$\hat{y}^{<T_y>}$。为了计算出$\hat{y}$，需要参数W_y和b_y，它们将被用于所有这些节点。

然后为了计算反向传播，还需要一个损失函数。先定义一个元素损失函数，如下：

$$L^{<t>}(\hat{y}^{<t>},\ y^{<t>}) = -y^{<t>}\log \hat{y}^{<t>} - (1-\hat{y}^{<t>})\log(1-\hat{y}^{<t>})$$

它对应的是序列中一个具体的词，如果它是某个人的名字，那么 $y^{<t>}$ 的值就是 1，然后神经网络将输出这个词是名字的概率值，比如 0.1。将它定义为标准逻辑回归损失函数，也叫交叉熵损失函数（Cross Entropy Loss），它和之前在二分类问题中看到的公式很像。所以这是关于单个位置上或者说某个时间步 t 上某个单词的预测值的损失函数。

现在来定义整个序列的损失函数，将 L 定义为以下公式：

$$L(\hat{y}, y)=\sum_{t=1}^{T_x} L^{<t>}(\hat{y}^{<t>}, y^{<t>})$$

在这个计算图中，通过 $\hat{y}^{<1>}$ 可以计算对应的损失函数，于是计算出第一个时间步的损失函数，然后计算出第二个时间步的损失函数，接着是第三个时间步，一直到最后一个时间步，最后为了计算出总体损失函数，要把它们都加起来，计算出最后的 L，也就是把每个单独时间步的损失函数都加起来。

这就是完整的计算图。反向传播算法需要在相反的方向上进行计算和传递信息，要做的就是把前向传播的箭头都反过来，在这之后就可以计算出所有合适的量，然后通过导数相关的参数，用梯度下降法来更新参数。

在这个反向传播的过程中，最重要的信息传递或者说最重要的递归运算就是这个从右到左的运算，这也就是为什么这个算法有一个名字叫作“通过（穿越）时间反向传播”。前向传播，需要从左到右进行计算，在这个过程中，时刻 t 不断增加。而对于反向传播，需要从右到左进行计算，就像时间倒流。“通过时间反向传播”就像穿越时光，需要一台时光机来实现这个算法一样。

RNN 反向传播示意图如图 12-8 所示。

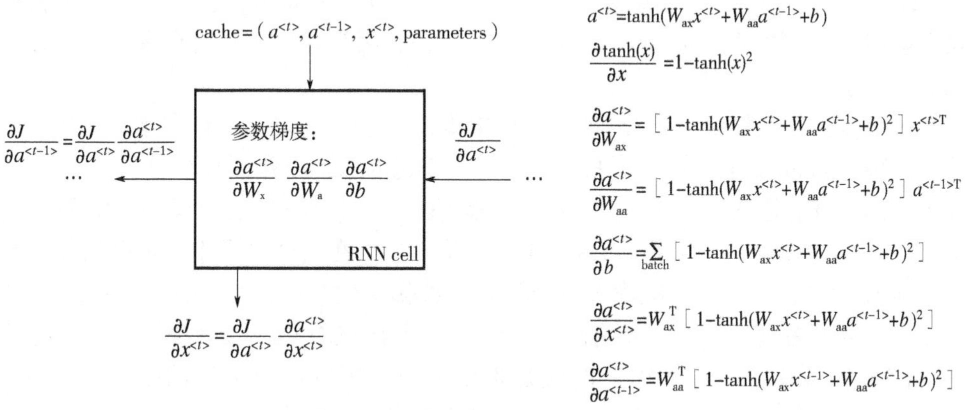

图 12-8　RNN 反向传播

12.5　不同类型的循环神经网络

已经大致了解了一种 RNN 结构，它的输入量 T_x 等于输出数量 T_y。事实上，对于其他一些应用，T_x 和 T_y 并不一定相等。

图 12-9 所示为很多序列数据例子。很多例子的输入 x 和输出 y，有各种类型，并不是所

有的情况都满足 $T_x = T_y$。

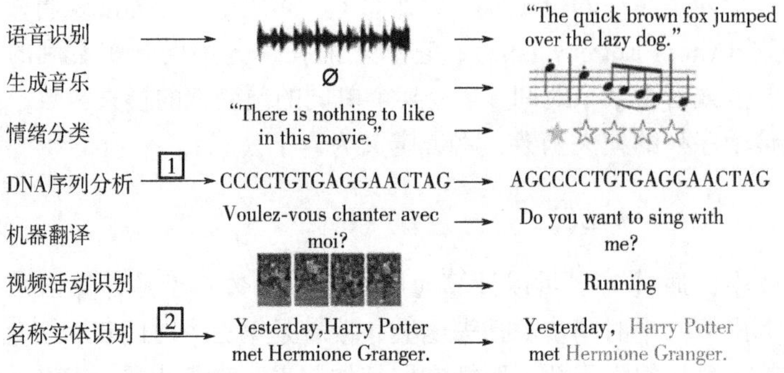

图 12-9　序列模型数据例子

比如音乐生成这个例子，T_x 可以是长度为 1 甚至为空集。再比如电影情感分类，输出 y 可以是 1 ~ 5 的整数，而输入是一个序列。在命名实体识别中，这个例子中的输入长度和输出长度是一样的。

还有一些情况，输入长度和输出长度不同，它们都是序列但长度不同，比如机器翻译中，一个法语句子和一个英语句子不同数量的单词却能表达同一个意思。

所以还应该修改基本的 RNN 结构来处理这些问题，这节参考了 Andrej Karpathy 的博客中一篇名为《循环神经网络的非理性效果》（*The Unreasonable Effectiveness of Recurrent Neural Networks*）的文章，来看一些例子。

对于 $T_x = T_y$ 的例子，输入序列 $x^{<1>}$，$x^{<2>}$，一直到 $x^{<T_x>}$，循环神经网络这样工作，输入 $x^{<1>}$来计算 $\hat{y}^{<1>}$，$\hat{y}^{<2>}$等一直到 $\hat{y}^{<T_y>}$。为了让符号更加简单，会画一串圆圈表示神经元。这个就叫作“多对多”（many-to-many）的结构，因为输入序列有很多的输入，而输出序列也有很多输出。

另外一个例子，假如说，想处理情感分类问题。这里 x 可能是一段文本，比如一个电影的评论，“These is nothing to like in this movie.”（“这部电影没什么好看的。”），所以 x 就是一个序列，而 y 可能是从 1 ~ 5 的一个数字，或者是 0 或 1，这代表正面评价和负面评价，而数字 1 ~ 5 代表电影是 1 星、2 星、3 星、4 星还是 5 星。在这个例子中，可以简化神经网络的结构，输入 $x^{<1>}$，$x^{<2>}$，一次输入一个单词，如果输入文本是“These is nothing to like in this movie.”。不再在每个时间上都有输出，而是让这个 RNN 网络读入整个句子，然后在最后一个时间上得到输出，这样输入的就是整个句子，所以这个神经网络叫作“多对一”（many-to-one）结构，因为它有很多输入，很多的单词，然后输出一个数字。

为了完整性，还要补充一个“一对一”（one-to-one）的结构，这个可能没有那么重要，这就是一个小型的标准的神经网络，输入 x 然后得到输出 y，在前面已经讨论过这种类型的神经网络。

除了“多对一”的结构，也可以有“一对多”（one-to-many）的结构。对于一个“一对多”神经网络结构的例子就是音乐生成。目标是使用一个神经网络输出一些音符。对应于一段音乐，输入 x 可以是一个整数，表示想要的音乐类型或者是想要的音乐的第一个音符，如果什么都不想输入，那么 x 可以是空的输入，可设为 0 向量。

这样的神经网络结构，首先是输入 x，然后得到 RNN 的输出，第一个值之后就没有输入了，再得到第二个输出，接着输出第三个值等，一直到合成这个音乐作品的最后一个音符，这里也可以写上输入 $a^{<0>}$。当生成序列时通常会把第一个合成的输出也喂给下一层。

对于“多对多”的结构还有一种例子，就是输入和输出长度不同的情况。对于像机器翻译这样的应用，输入句子的单词的数量（比如一个法语的句子）和输出句子的单词数量（比如翻译成英语），这两个句子的长度可能不同，所以还需要一个新的神经网络结构。首先读入句子进行输入，比如要将法语翻译成英语，读完之后，这个网络就会输出翻译结果。有了这种结构，T_x 和 T_y 就可以是不同的长度了。同样，也可以加上这个 $a^{<0>}$。这个网络的结构有两个不同的部分，一个编码器获取输入，比如法语句子，另一个是解码器，它会读取整个句子，然后输出翻译成其他语言的结果。

这就是一个“多对多”结构的例子，本章内容介绍的就是各种各样结构的基本构件。

总结一下这些各种各样的 RNN 结构，图 12-10 中有“一对一”的结构，当去掉 $a^{<0>}$ 时它就是一种标准类型的神经网络。还有一种“一对多”的结构，比如音乐生成或者序列生成。还有“多对一”，比如一种情感分类的例子，首先读取输入，一个电影评论的文本，然后判断他们是喜欢电影还是不喜欢。还有“多对多”的结构，命名实体识别就是“多对多”的例子，其中 $T_x = T_y$。最后还有一种“多对多”结构的其他版本，对于像机器翻译这样的应用，T_x 和 T_y 就可以不同了。

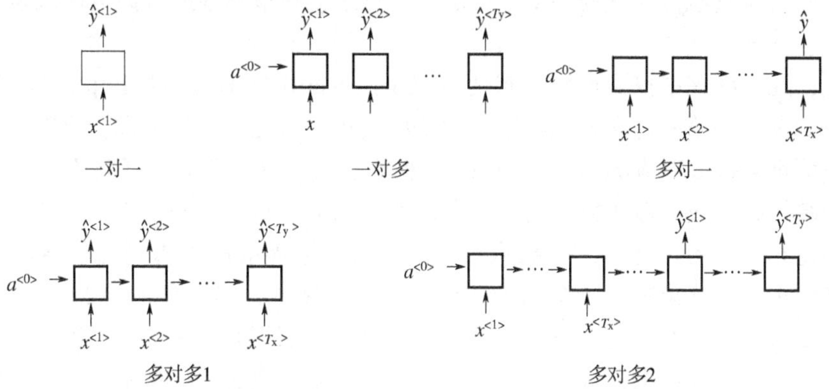

图 12-10 一对一、一对多、多对一、多对多结构

12.6 语言模型和序列生成

在自然语言处理中，构建语言模型是最基础的也是最重要的工作之一，并且能用 RNN 很好地实现。本节将学习用 RNN 构建一个语言模型，比如在实践中构建一个语言模型，并用它来生成莎士比亚文风的文本或其他类型文本。

所以什么是语言模型呢？比如一个语音识别系统听到一个句子，“The apple and pear (pair) salad was delicious.”，所以究竟说了什么？说的是“the apple and pair salad”，还是“the apple and pear salad”？（pear 和 pair 是近音词）。可能应该更像第二种。事实上，这就是一个好的语音识别系统要帮助输出的东西，即使这两句话听起来是如此相似。而让语音识别系统去选择第二个句子的方法就是使用一个语言模型，计算出这两句话各自的可能性。

举个例子，一个语音识别模型可能算出第一句话的概率是

P（The apple and pair salad）$=3.2\times10^{-13}$

第二句话的概率是

P（The apple and pear salad）$=5.7\times10^{-10}$

比较这两个概率值，显然这句话更像是第二种，因为第二句话的概率比第一句高出1000倍以上。这就是为什么语音识别系统能够在这两句话中做出选择。

所以语言模型所做的就是，它会得出某个特定的句子出现的概率。假设随机拿起一张报纸，打开任意邮件，或者任意网页，或者听某人说下一句话，并且这个人是你的朋友，那么你即将从世界上的某个地方得到的句子会是某个特定句子的概率是多少，例如"the apple and pear salad"。它是两种系统的基本组成部分，一个是语音识别系统，还有机器翻译系统，它要能正确输出最接近的句子。语言模型做的最基本工作就是输入一个句子，准确地说是一个文本序列，$y^{<1>}$，$y^{<2>}$一直到$y^{<T_y>}$。对于语言模型来说，用y来表示这些序列比用x来表示要更好，然后语言模型会估计某个句子序列中各个单词出现的可能性。

那么如何建立一个语言模型呢？为了使用RNN建立出这样的模型，首先需要一个训练集，包含一个很大的英文文本语料库（corpus）或者其他的语言，用于构建模型的语言的语料库。语料库是自然语言处理的一个专有名词，意思就是很长的或者说数量众多的英文句子组成的文本。

假如说，在训练集中得到这样一句话，"Cats average 15 hours of sleep a day."（猫一天睡15小时）。要做的第一件事就是将这个句子标记化，与之前所学一样，建立一个字典，然后将每个单词都转换成对应的one-hot向量，也就是字典中的索引。可能还有一件事就是要定义句子的结尾，一般的做法就是增加一个额外的标记，叫作EOS，它表示句子的结尾，这样能够帮助得知一个句子什么时候结束。如果想要模型能够准确识别句子结尾，那么EOS标记可以被附加到训练集中每一个句子的结尾。在本例中，如果添加了EOS标记，这句话就会有九个输入，即$y^{<1>}$，$y^{<2>}$一直到$y^{<9>}$。在标记化的过程中，可以自行决定要不要把标点符号看成标记。在这里，选择忽略标点符号，所以只把day看成标志，不包括后面的句号，如果想把句号或者其他符号也当作标志，那么可以将句号也加入到字典中。现在还有一个问题，如果训练集中有一些词并不在字典里，比如说字典有10000个最常用的英语单词。现在这句"The Egyptian Mau is a bread of cat."其中有一个词Mau，它可能并不是预先的那10000个最常用的单词，在这种情况下，可以把Mau替换成一个叫作UNK的代表未知词的标志，只针对UNK建立概率模型，而不是针对这个具体的词Mau。

完成标识化的过程后，这意味着输入的句子都映射到了各个标志上，或者说字典中的各个词上。下一步去构建一个RNN来构建这些序列的概率模型。最后会将$x^{<t>}$设为$y^{<t-1>}$。

在建立RNN模型时，继续使用"Cats average 15 hours of sleep a day."这个句子来作为运行样例。在第0个时间步，要计算激活项$a^{<1>}$，它以$x^{<1>}$作为输入的函数，而$x^{<1>}$会被设为全为0的集合，也就是0向量。在之前的$a^{<0>}$按照惯例也设为0向量，于是$a^{<1>}$要做的就是它会通过softmax进行一些预测来计算出第一个词可能会是什么，其结果就是$\hat{y}^{<1>}$，这一步其实就是通过一个softmax层来预测字典中的任意单词会是第一个词的概率，比如说第一个词是a的概率有多少，第一个词是Aaron的概率有多少，第一个词是cats的概率又有

多少，就这样一直到 Zulu 是第一个词的概率是多少，还有第一个词是 UNK（未知词）的概率有多少，第一个词是句子结尾标志的概率有多少，表示不必阅读。所以 $\hat{y}^{<1>}$ 的输出是 softmax 的计算结果，它只是预测第一个词的概率，而不去管结果是什么。在例子中，最终会得到单词 Cats。所以 softmax 层输出 10000 种结果，因为字典中有 10000 个词，或者会有 10002 个结果，因为可能加上了未知词，还有句子结尾这两个额外的标志。

然后 RNN 进入下个时间步，在下一时间步中，仍然使用激活项 $a^{<1>}$，在这步要做的是计算出第二个词会是什么。现在依然传给它正确的第一个词，会告诉它第一个词就是 Cats，也就是 $\hat{y}^{<1>}$，这就是为什么 $y^{<1>}=x^{<2>}$。然后在第二个时间步中，输出结果同样经过 softmax 层进行预测，RNN 的职责就是预测这些词的概率，而不会去管结果是什么，可能是 b 或者 arron，可能是 Cats、Zulu、UNK（未知词）、EOS，或者其他词，它只会考虑之前得到的词。所以在这种情况下，正确答案可能会是 average，因为句子确实就是 Cats average 开头的。

然后再进行 RNN 的下个时间步，现在要计算 $a^{<3>}$。为了预测第三个词，也就是 15，给它之前两个词，告诉它 Cats average 是句子的前两个词，所以这是下一个输入，$x^{<3>}=y^{<2>}$，输入 average 以后，现在要计算出序列中下一个词是什么，或者说计算出字典中每一个词的概率，通过之前得到的 Cats 和 average，在这种情况下，正确结果会是 15，以此类推。

一直到最后，会停在第 9 个时间步，然后把 $x^{<9>}$ 也就是 $y^{<8>}$ 传给它，也就是单词 day，这里是 $a^{<9>}$，它会输出 $y^{<9>}$，最后的得到结果会是 EOS 标志，在这一步中，通过前面这些得到的单词，不管它们是什么，希望能预测出 EOS 句子结尾标志的概率会很高。

所以 RNN 中的每一步都会考虑前面得到的单词，比如给它前三个单词，让它给出下个词的分布，这就是 RNN 如何学习从左往右地每次预测一个词。

接下来为了训练这个网络，需要定义代价函数。于是，在某个时间步 t，如果真正的词是 $y^{<t>}$，而神经网络的 softmax 层预测结果值是 $y^{<t>}$，这就是 softmax 损失函数 $L(\hat{y}^{<t>}, y^{<t>})=-\sum_i y_i^{<t>}\log\hat{y}_i^{<t>}$。而总体损失函数 $L=\sum_t L^{<t>}(\hat{y}^{<t>}, y^{<t>})$，也就是把所有单个预测的损失函数都相加起来。

如果使用很大的训练集来训练这个 RNN，则可以通过开头一系列单词像是 Cars average 15 或者 Cars average 15 hours of 来预测之后单词的概率。现在有一个新句子，它是 $y^{<1>}$，$y^{<2>}$，$y^{<3>}$，为了简单起见，它只包含三个词，现在要计算出整个句子中各个单词的概率，方法就是第一个 softmax 层会分析出 $y^{<1>}$ 的概率，这也是第一个输出，然后第二个 softmax 层会分析在考虑 $y^{<1>}$ 的情况下 $y^{<2>}$ 的概率，第三个 softmax 层告知在考虑 $y^{<1>}$ 和 $y^{<2>}$ 的情况下 $y^{<3>}$ 的概率。把这三个概率相乘，最后得到这个含三个词的整个句子的概率。

12.7 对新序列采样

在训练一个序列模型之后，要想了解到这个模型学到了什么，一种非正式的方法就是进行一次新序列采样，那么该如何去做呢？

一个序列模型模拟了任意特定单词序列的概率。对这些概率分布进行采样来生成一个新的单词序列。图 12-11 所示的网络已经被上方所展示的结构训练训练过了，而为了进行采样，需要做一些截然不同的事情。

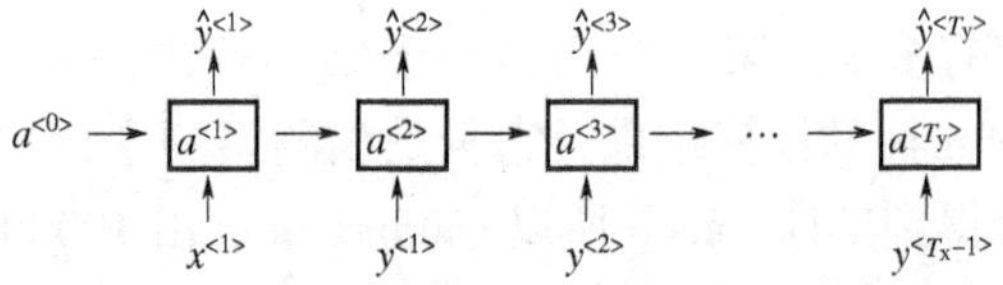

图 12-11　从经过训练的 RNN 中采样序列

第一步要做的就是对模型想要生成的第一个词进行采样，输入 $x^{<1>}=0$，$a^{<0>}=0$，现在第一个时间步得到的是所有可能的输出是经过 softmax 层后得到的概率，然后根据这个 softmax 的分布进行随机采样。softmax 分布给的信息就是第一个词 a 的概率是多少，第一个词是 aaron 的概率是多少，第一个词是 zulu 的概率是多少，还有第一个词是 UNK（未知标识）的概率是多少，这个标识可能代表句子的结尾，然后对这个向量使用例如 numpy 命令，np. random. choice，来根据向量中这些概率的分布进行采样，这样就能对第一个词进行采样。

下面继续下一个时间步，要记住的是第二个时间步需要 $\hat{y}^{<1>}$ 作为输入，而现在要做的是把刚刚采样得到的 $\hat{y}^{<1>}$ 放到 $a^{<2>}$，作为下一个时间步的输入，所以不管在第一个时间步得到的是什么词，都要把它传递到下一个位置作为输入，然后 softmax 层就会预测 $\hat{y}^{<2>}$ 是什么。举个例子，假如说对第一个词进行抽样后，得到的是 The，The 作为第一个词的情况很常见，接着把 The 当成 $x^{<2>}$，现在 $x^{<2>}$ 就是 $\hat{y}^{<1>}$，在计算出在第一词是 The 的情况下，第二个词应该是什么？得到的结果就是 $\hat{y}^{<2>}$，之后再次用这个采样函数来对 $\hat{y}^{<2>}$ 进行采样。

再到下一个时间步，无论得到什么样的用 one-hot 码表示的选择结果，都把它传递到下一个时间步，然后对第三个词进行采样。不管得到什么都把它传递下去，一直这样直到最后一个时间步。

那么如何知道一个句子结束了呢？方法之一就是，如果代表句子结尾的标识在字典中，可以一直进行采样直到得到 EOS 标识，这代表着已经抵达结尾，可以停止采样了。另一种情况是，如果字典中没有这个词，则可以决定从 20 个或 100 个或其他个单词进行采样，然后一直将采样进行下去直到达到所设定的时间步。不过这种过程有时候会产生一些未知标识，如果要确保算法不会输出这种标识，那么能做的一件事就是拒绝采样过程中产生任何未知的标识，一旦出现就继续在剩下的词中进行重采样，直到得到一个不是未知标识的词。如果不介意有未知标识产生的话，则也可以完全不管它们。

这就是如何从 RNN 语言模型中生成一个随机选择的句子。根据实际的应用，还可以构建一个基于字符的 RNN 结构，在这种情况下，字典仅包含从 a ~ z 的字母，可能还会有空格符，如果需要的话，还可以有数字 0 ~ 9，如果想区分字母大小写，则可以再加上大写的字母，还可以实际地看一看训练集中可能会出现的字符，然后用这些字符组成字典。

如果建立一个基于字符的语言模型，那么比起基于词汇的语言模型，序列 $\hat{y}^{<1>}$，$\hat{y}^{<2>}$，$y^{<3>}$ 在训练数据中将会是单独的字符，而不是单独的词汇。所以对于前面的例子来说，那个句子 “Cats average 15 hours of sleep a day.”，在该例中 C 就是 $\hat{y}^{<1>}$，a 就是 $\hat{y}^{<2>}$，t 就是 $\hat{y}^{<3>}$，空格符就是 $\hat{y}^{<4>}$ 等。

使用基于字符的语言模型有优点也有缺点，优点就是不必担心会出现未知的标识，例如基于字符的语言模型会将 Mau 这样的序列也视为可能性非零的序列。而对于基于词汇的语言模型，如果 Mau 不在字典中，则只能把它当作未知标识 UNK。不过基于字符的语言模型一个主要缺点就是最后会得到太多太长的序列，大多数英语句子只有 10 ~ 20 个的单词，但却可能包含很多很多字符。所以基于字符的语言模型在捕捉句子中的依赖关系也就是句子较前部分如何影响较后部分不如基于词汇的语言模型那样可以捕捉长范围的关系，并且基于字符的语言模型训练起来计算成本比较高。所以自然语言处理的趋势就是绝大多数都是使用基于词汇的语言模型，但随着计算机性能越来越高，会有更多的应用。在一些特殊情况下，会开始使用基于字符的模型。但是这确实需要更昂贵的计算力来训练，所以现在并没有得到广泛地使用，除了一些比较专门需要处理大量未知的文本或者未知词汇的应用，还有一些要面对很多专有词汇的应用。

在现有的方法下，可以构建一个 RNN 结构，看一看英文文本的语料库，然后建立一个基于词汇的或者基于字符的语言模型，然后从训练的语言模型中进行采样。

新闻

President enrique peña nieto, announced sench's sulk former coming football langston paring.

"I was not at all surprised," said hich langston.

"Concussion epidemic", to be examined.

The gray football the told some and this has on the uefa icon, should money as.

莎士比亚

The mortal moon hath her eclipse in love.

And subject of this thou art another this fold.

When besser be my love to me see sabl's.

For whose are ruse of mine eyes heaves.

图 12-12　基于字符的语言模型

这里有一些样本，它们是从一个语言模型中采样得到的，准确来说是基于字符的语言模型，可以自己实现这样的模型。如果模型是用新闻文章训练的，它就会生成图 12-12 左边这样的文本，这有点像一篇不太合乎语法的新闻文本，不过听起来，这句“‘Concussion epidemic’, to be examined”确实有点像新闻报道。用莎士比亚的文章训练后生成了右边这篇，很像是莎士比亚写的东西：

“The mortal moon hath her eclipse in love.

And subject of this thou art another this fold.

When besser be my love to me see sabl's.

For whose are ruse of mine eyes heaves. ”

这些就是基础的 RNN 结构和如何去建立一个语言模型并使用它，对训练出的语言模型进行采样。

12.8　循环神经网络的梯度消失

之前已经学习了 RNN 是如何工作的，并且知道如何应用到具体问题上，比如命名实体识别，语言模型，也学习了怎么把反向传播用于 RNN。其实，基本的 RNN 算法还有一个很大的问题，就是梯度消失的问题，如图 12-13 所示。那么哪些方法可以用来解决这个问题呢？

举个语言模型的例子。假如看到这个句子，“The cat, which already ate …, was full.”，前后应该保持一致，因为 cat 是单数，所以应该用 was。“The cats, which ate …, were full.”，cats 是复数，所以用 were。这个例子中的句子有长期的依赖，最前面的单词对句子后面的单词有影响。但是目前学习的基本的 RNN 模型不擅长捕获这种长期依赖效应，这是为什么呢？

在训练很深的网络时讨论过梯度消失的问题。比如说一个很深的 100 层网络，对这个网络从左到右做前向传播，然后再反向传播。如果这是个很深的神经网络，那么从输出 $\hat{y}$ 得到的梯度很难传播回去，很难影响靠前层的权重，也很难影响前面层的计算。

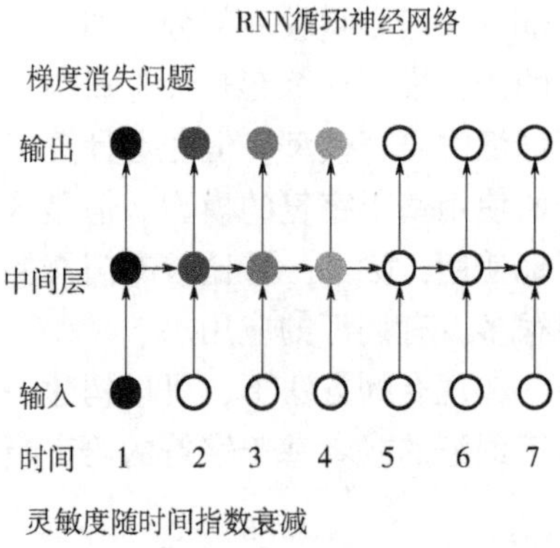

图 12-13　RNN 算法的梯度消失问题

对于有同样问题的 RNN，首先从左到右前向传播，然后反向传播。但是反向传播会很困难，因为同样的梯度消失问题，后面层的输出误差很难影响前面层的计算。这就意味着实际上很难让一个神经网络能够意识到记录的信息是单数名词还是复数名词，然后在序列后面生成依赖单复数形式的 was 或者 were。而且在英语里面，这中间的内容可以任意长。所以需要长时间记住单词是单数还是复数，这样后面的句子才能用到这些信息。也正是这个原因，基本的 RNN 模型会有很多局部影响，意味着这个输出 $\hat{y}^{<3>}$ 主要受 $\hat{y}^{<3>}$ 附近值的影响，一个数值主要与附近的输入有关，输出基本上很难受到序列靠前的输入的影响，这是因为不管输出是什么，不管是对的还是错的，这个区域都很难反向传播到序列的前面部分，因此网络很难调整序列前面的计算。这是基本的 RNN 算法的一个缺点，后续的课程内容会去解决这个问题，否则 RNN 不擅长处理长期依赖的问题。

尽管一直在讨论梯度消失问题，但是，关于很深的神经网络中也涉及了梯度爆炸。在反向传播时，随着层数的增多，梯度不仅可能呈指数下降，也可能呈指数上升。事实上梯度消失在训练 RNN 时是首要的问题，尽管梯度爆炸也会出现，但是梯度爆炸很明显，因为指数极大的梯度会让参数变得极其大，以至于网络参数崩溃，所以梯度爆炸很容易发现。会看到很多 NaN，或者不是数字的情况，这意味着网络计算出现了数值溢出。对于梯度爆炸的问题，一个解决方法就是梯度修剪。梯度修剪的意思就是观察梯度向量，如果它大于某个阈值，则缩放梯度向量，以保证它不会太大，这就是通过一些最大值来修剪的方法。所以如果遇到了梯度爆炸，导数值很大，或者出现了 NaN，则采用梯度修剪，这是相对比较鲁棒的，这是梯度爆炸的解决方法。然而梯度消失更难解决，这也是后续课程要讲解的内容。

总结一下，在训练很深的神经网络时，随着层数的增加，导数有可能呈指数下降或者呈指数的增加，可能伴随着梯度消失或者梯度爆炸的问题。假如一个 RNN 处理 1000 个时间序列的数据集或者 10000 个时间序列的数据集，这就是一个 1000 层或者 10000 层的神经网络，这样的网络就会遇到上述类型的问题。梯度爆炸基本上用梯度修剪就可以解决，但梯度消失比较棘手。

12.9　GRU 单元

本节将会学习门控循环单元，它改变了 RNN 的隐藏层，使其可以更好地捕捉深层连接，并改善了梯度消失问题。

公式 $a^{<t>}=g(\boldsymbol{W}_a[a^{<t-1>}, x^{<t>}]+b_a)$ 用于在 RNN 的时间 t 处计算激活值。RNN 单

元的示意图如图 12-14 所示，把 RNN 的单元画一个方框，输入 $a^{<t-1>}$，即上一个时间步的激活值，再输入 $x^{<t>}$，再把这两个并起来，然后乘上权重项，在这个线性计算（如果 g 是一个 tanh 激活函数，则再经过 tanh 计算）之后，它会计算出激活值 $a^{<t>}$。然后激活值 $a^{<t>}$ 将会传 softmax 单元，或者其他用于产生输出 $y^{<t>}$ 的东西。这就是 RNN 隐藏层的单元可视化呈现。使用图 12-14 相似的图来讲解门控循环单元。

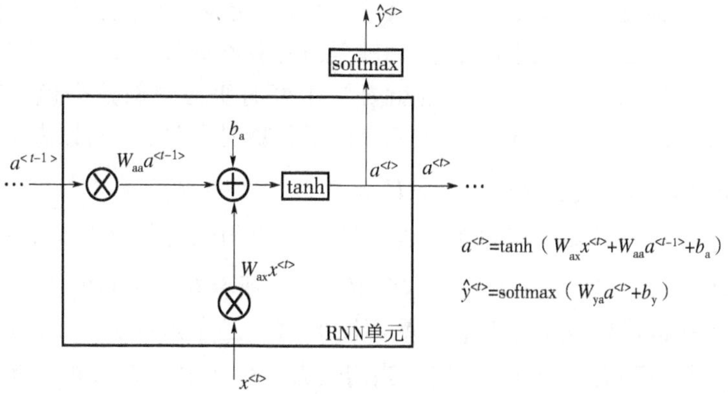

$$a^{<t>}=\tanh(W_{ax}x^{<t>}+W_{aa}a^{<t-1>}+b_a)$$
$$\hat{y}^{<t>}=\text{softmax}(W_{ya}a^{<t>}+b_y)$$

图 12-14　RNN 单元

许多 GRU 的想法都来分别自于 Yu Young Chang，Kagawa，Gaza Hera，Chang Hung Chu 和 Jose Banjo 的两篇论文。举个例子，“The cat，which already ate …，was full.”，模型需要记得猫是单数的，为了确保理解为什么这里是 was 而不是 were，“The cat was full.”或者是“The cats were full”。当从左到右读这个句子时，GRU 单元将会有个新的变量称为 c，代表细胞（cell），即记忆细胞。记忆细胞的作用是提供了记忆的能力，比如说一只猫是单数还是复数，所以当它看到之后的句子的时候，它仍能够判断句子的主语是单数还是复数。于是在时间 t 处，有记忆细胞 $c^{<t>}$，然后 GRU 实际上输出了激活值 $a^{<t>}$，$c^{<t>}=a^{<t>}$。想要使用不同的符号 c 和 a 来表示记忆细胞的值和输出的激活值，即使它们是一样的。而这个标记在 LSTM 出现时，这两个会是不同的值，但是在 GRU，$c^{<t>}$ 的值等于 $a^{<t>}$ 的激活值。

所以这些等式表示了 GRU 单元的计算，在每个时间步，用一个候选值重写记忆细胞，即 $\tilde{c}^{<t>}$ 的值，所以它就是候选值，替代了 $c^{<t>}$ 的值。然后用 tanh 激活函数来计算，$\tilde{c}^{<t>}=\tanh(\boldsymbol{W}_c[c^{<t-1>}, x^{<t>}]+b_c)$，所以 $\tilde{c}^{<t>}$ 的值就是个替代值，代替表示 $c^{<t>}$ 的值，如图 12-15 所示。

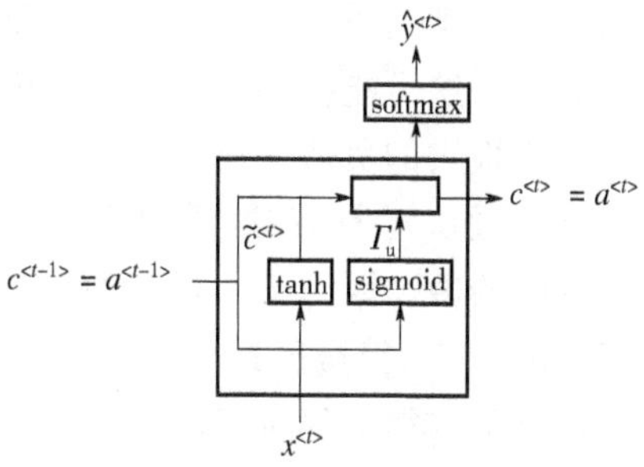

图 12-15　GRU 单元

重点，在 GRU 中真正重要的思想是有一个门，把这个门叫作 Γ_u，这是一个下标为 u 的大写希腊字母 Γ，u 代表更新门，这是一个 0 ~ 1 之间的值。思考 GRU 的工作机制，先思考 Γ_u，这个一直在 0 ~ 1 之间的门值，实际上这个值是把这个式子带入 sigmoid 函数得到的，$\Gamma_u=\sigma(W_u[c^{<t-1>}, x^{<t>}]+b_u)$。sigmoid 函数，它的输出值总是在 0 ~ 1 之间，对于大多数可能的输入，sigmoid 函数的输出总是非常接近 0 或者非常接近 1。

可以想到 Γ_u 在大多数的情况下非常接近 0 或 1。然后这个字母 u 表示 "update"，选择字母 Γ 是因为它看起来像门。还有希腊字母 G，G 是门的首字母，所以 G 表示门。

GRU 的关键部分就是用 $\tilde{c}$ 更新 c 的等式 $\tilde{c}^{<t>}=\tanh(W_c[c^{<t-1>}, x^{<t>}]+b_c)$，由门决定是否真的要更新它。记忆细胞 $c^{<t>}$ 将被设定为 0 或者 1，这取决于考虑的单词在句子中是单数还是复数，因为这里是单数情况，所以先假定它被设为了 1，如果是复数情况则把它设为 0。然后 GRU 单元将会一直记住 $c^{<t>}$ 的值，直到 was 之前的位置，$c^{<t>}$ 的值还是 1，这里它是单数，所以使用 was。于是门 Γ_u 的作用就是决定什么时候会更新这个值，特别是当看到词组 the cat，即句子的主语"猫"，这就是一个好时机去更新这个值。当使用完它时，"The cat, which already ate…, was full." 就知道不需要记住它了，可以忘记。

接下来要给 GRU 用的式子就是 $c^{<t>}=\Gamma_u * \tilde{c}^{<t>}+(1-\Gamma_u)*c^{<t-1>}$。要注意的是，如果这个更新值 $\Gamma_u=1$，也就是说将这个新值，即 $c^{<t>}$ 设为候选值（$\Gamma_u=1$ 时简化为 $c^{<t>}=\tilde{c}^{<t>}$）。将门值设为 1，然后往前再更新这个值。对于所有在这中间的值，应该把门的值设为 0，即 $\Gamma_u=0$，意思就是说不更新它，就用旧的值。因为如果 $\Gamma_u=0$，则 $c^{<t>}=c^{<t-1>}$，$c^{<t>}$ 等于旧的值。从左到右扫描这个句子，当门值为 0 时（中间 $\Gamma_u=0$ 一直为 0，表示一直不更新），就是说不更新它的时候，不要更新它，就用旧的值，也不要忘记这个值是什么，这样即使一直处理句子到单词"was"所在位置之前，$c^{<t>}$ 应该会一直等于 $c^{<t-1>}$，于是它仍然记得猫是单数的。

GRU 单元输入 $c^{<t-1>}$，对于上一个时间步，先假设它等于 $a^{<t-1>}$，把它作为输入。然后 $x^{<t>}$ 也作为输入，再将这两个用合适权重结合在一起，用 tanh 计算，算出 $\tilde{c}^{<t>}$，$\tilde{c}^{<t>}=\tanh(W_c[c^{<t-1>}, x^{<t>}]+b_c)$，即 $c^{<t>}$ 的替代值。

再用一个不同的参数集，通过 sigmoid 激活函数算出 Γ_u，$\Gamma_u=\sigma(W_u[c^{<t-1>}, x^{<t>}]+b_u)$，即更新门。最后所有的值通过另一个运算符结合，它输入一个门值，即新的候选值，这再有一个门值和 $c^{<t>}$ 的旧值，所以 $c^{<t>}$ 等于 $a^{<t>}$。其实也可以把这个带入 softmax 或者其他预测 $y^{<t>}$ 的东西。

这就是 GRU 单元或者说是一个简化过的 GRU 单元，它的优点就是通过门决定。当从左到右扫描一个句子时，这个时机是要更新某个记忆细胞，还是不更新，直到需要使用记忆细胞的时候，这可能在句子之前就决定了。因为 sigmoid 的值，门很容易取到 0 值，只要这个值是一个很大的负数，再由于数值上的四舍五入，上面这些门大体上就是 0，或者说非常非常非常接近 0。所以在这样的情况下，这个更新式子就会变成 $c^{<t>}=c^{<t-1>}$，这非常有利于维持细胞的值。因为 Γ_u 很接近 0，可能是 0.000001 或者更小，所以就不会有梯度消失的问题了。因为 Γ_u 很接近 0，这就是说 $c^{<t>}$ 几乎等于 $c^{<t-1>}$，而且 $c^{<t>}$ 的值也很好地被维持了，即使经过很多很多的时间步。这就是缓解梯度消失问题的关键，因此允许神经网络运行在非常庞大的依赖词上，比如说 cat 和 was 单词，即使被中间的很多单词分割开。

实现细节时，式子中 $c^{<t>}$ 可以是一个向量，如果有 100 维隐藏的激活值，那么 $c^{<t>}$ 也是 100 维的，$\tilde{c}^{<t>}$ 也是相同的维度 $[\tilde{c}^{<t>}=\tanh(W_c[c^{<t-1>}, x^{<t>}]+b_c)]$，$\Gamma_u$ 也是相同的维度 $[\Gamma_u=\sigma(W_u[c^{<t-1>}, x^{<t>}]+b_u)]$，还有其他值。这样的话"*"实际上就是元素对应的乘积 $[c^{<t>}=\Gamma_u * \tilde{c}^{<t>}+(1-\Gamma_u)*c^{<t-1>}]$，所以这里的 $\Gamma_u=\sigma(W_u[c^{<t-1>}, x^{<t>}]+b_u)$，

即如果门是一个 100 维的向量，Γ_u 也就是 100 维的向量，里面的值几乎都是 0 或者 1，就是说这 100 维的记忆细胞 $c^{<t>}$ 就是要更新的比特。

当然在实际应用中 Γ_u 不会真的等于 0 或者 1，有时候它是 0 ~ 1 的一个中间值，但是为了直观思考方便，就把它当成确切的 0，或者就是确切的 1。元素对应的乘积做的就是告诉 GRU 单元哪个记忆细胞的向量维度在每个时间步要做更新，所以可以选择保存一些比特不变，而去更新其他的比特。比如说可能需要一个比特来记忆猫是单数还是复数，其他比特来理解正在谈论食物，因为正在谈论吃饭或者食物，然后可能就会谈论“The cat was full.”，可以每个时间点只改变一些比特。

已经理解了 GRU 最重要的思想。上面讲解的实际上只是简化过的 GRU 单元，现在来描述一下完整的 GRU 单元。

对于完整的 GRU 单元，要做的一个改变就是在计算的第一个式子中给记忆细胞的新候选值加上一个新的项，即添加一个门 Γ_r（下方公式所示），可以认为 r 代表相关性（relevance）。这个 Γ_r 门告诉计算出的下一个 $c^{<t>}$ 的候选值 $\tilde{c}^{<t>}$ 与 $c^{<t-1>}$ 有多大的相关性。计算这个门 Γ_r 需要参数，正如以下公式所示，有一个新的参数矩阵 $\boldsymbol{W}_r$，$\Gamma_r=\sigma(\boldsymbol{W}_r[c^{<t-1>}, x^{<t>}]+b_r)$。

$$\tilde{c}^{<t>}=\tanh(\boldsymbol{W}_c[\Gamma_r * c^{<t-1>}, x^{<t>}]+b_c)$$
$$\Gamma_u=\sigma(\boldsymbol{W}_u[c^{<t-1>}, x^{<t>}]+b_u)$$
$$\Gamma_r=\sigma(\boldsymbol{W}_r[c^{<t-1>}, x^{<t>}]+b_r)$$
$$c^{<t>}=\Gamma_u * \tilde{c}^{<t>}+(1-\Gamma_u)+c^{<t-1>}$$

有很多方法可以来设计这些类型的神经网络，为什么有 Γ_r？为什么不用简单的版本？这是因为多年来研究者们试验过很多很多不同可能的方法来设计这些单元，去尝试让神经网络有更深层的连接，去尝试产生更大范围的影响，还有解决梯度消失的问题，GRU 就是其中一个研究者们最常使用的版本，它在很多不同的问题上也是非常实用的。也可以尝试发明新版本的单元，但是 GRU 是一个标准版本，也就是最常使用的。研究者们也尝试了很多类似的其他版本，比如另一个常用的版本被称为 LSTM，表示长短时记忆网络，这个将会在下节讲到。GRU 和 LSTM 是在神经网络结构中最常用的两个具体实例。

还有在符号上的一点，定义固定的符号让这些概念容易理解。不过在阅读学术文章时，有时候会看到另一种符号 $\tilde{x}$，u，r 和 h 表示这些量。但在学习中尝试着在 GRU 和 LSTM 之间用一种更固定的符号，比如使用更固定的符号 Γ 来表示门，希望这能让这些概念更好理解。

这就是 GRU，即门控循环单元，这是 RNN 的其中之一。这个结构可以更好地捕捉非常大范围的依赖，让 RNN 更加有效。后续会简单提一下其他常用的神经网络，比较经典的 LSTM，即长短时记忆网络。

12.10　长短期记忆

在上一节中已经学习了 GRU，它可以在序列中学习非常深的连接。其他类型的单元也可以做到这个，比如 LSTM，即长短期记忆网络，甚至比 GRU 更加有效。

$$\tilde{c}^{<t>}=\tanh(\boldsymbol{W}_{c}[\Gamma_{r}*c^{<t-1>},\ x^{<t>}]+b_{c})$$
$$\Gamma_{u}=\sigma(\boldsymbol{W}_{u}[c^{<t-1>},\ x^{<t>}]+b_{u})$$
$$\Gamma_{r}=\sigma(\boldsymbol{W}_{r}[c^{<t-1>},\ x^{<t>}]+b_{r})$$
$$c^{<t>}=\Gamma_{u}*\tilde{c}^{<t>}+(1-\Gamma_{u})+c^{<t-1>}$$
$$a^{<t>}=c^{<t>}$$

上述所示是上节中的式子，对于 GRU 有 $a^{<t>}=c^{<t>}$。

还有两个门，即更新门 Γ_{u}（the update gate）和相关门 Γ_{r}（the relevance gate）。

$\tilde{c}^{<t>}$是代替记忆细胞的候选值，然后使用更新门 Γ_{u} 来决定是否要用 $\tilde{c}^{<t>}$更新 $c^{<t>}$。

LSTM 是一个比 GRU 更加强大和通用的版本，这需要感谢 Sepp Hochreiter 和 Jurgen Schmidhuber 的那篇开创性的论文，它在序列模型上有着巨大影响。这篇论文在深度学习社群有着重大的影响，它深入讨论了梯度消失的理论，不过有点晦涩难懂，可以在其他地方学到 LSTM 的细节。

$$\tilde{c}^{<t>}=\tanh(\boldsymbol{W}_{c}[\Gamma_{r}*a^{<t-1>},\ x^{<t>}]+b_{c})$$
$$\Gamma_{u}=\sigma(\boldsymbol{W}_{u}[a^{<t-1>},\ x^{<t>}]+b_{u})$$
$$\Gamma_{f}=\sigma(\boldsymbol{W}_{f}[a^{<t-1>},\ x^{<t>}]+b_{f})$$
$$\Gamma_{o}=\sigma(\boldsymbol{W}_{o}[a^{<t-1>},\ x^{<t>}]+>b_{o})$$
$$c^{<t>}=\Gamma_{u}*\tilde{c}^{<t>}+\Gamma_{f}*c^{<t-1>}$$
$$a^{<t>}=\Gamma_{o}*c^{<t>}$$

如上所示，这就是 LSTM 主要的式子。对于记忆细胞 c，会使用 $\tilde{c}^{<t>}=\tanh(\boldsymbol{W}_{c}[a^{<t-1>},\ x^{<t>}]+b_{c})$ 来更新它的候选值 $\tilde{c}^{<t>}$。注意，在 LSTM 中不再有 $a^{<t>}=c^{<t>}$ 的情况，而是 $c^{<t-1>}$。但是有一些改变，现在专门使用 $a^{<t>}$ 或者 $a^{<t-1>}$，而不是用 $c^{<t-1>}$，也不用 Γ_{r}，即相关门。

像原来那样有一个更新门 Γ_{u} 和表示更新的参数 $\boldsymbol{W}_{u}$，$\Gamma_{u}=\sigma(\boldsymbol{W}_{u}[a^{<t-1>},\ x^{<t>}]+b_{u})$。一个 LSTM 的新特性是不只有一个更新门控制，这两项将用不同的项来代替 Γ_{u} 和 $1-\Gamma_{u}$，这里使用 Γ_{u}。

然后用遗忘门（the forget gate），符号为 Γ_{f}，所以 $\Gamma_{f}=\sigma(\boldsymbol{W}_{f}[a^{<t-1>},\ x^{<t>}]+b_{f})$ 有一个新的输出门，$\Gamma_{o}=\sigma(\boldsymbol{W}_{o}[a^{<t-1>},\ x^{<t>}]+>b_{o})$。于是记忆细胞的更新值 $c^{<t>}=\Gamma_{u}*\tilde{c}^{<t>}+\Gamma_{f}*c^{<t-1>}$，这给了记忆细胞选择权去维持旧的值 $c^{<t-1>}$ 或者加上新的值 $\tilde{c}^{<t>}$，所以这里用了单独的更新门 Γ_{u} 和遗忘门 Γ_{f}，然后这个表示更新门（$\Gamma_{u}=\sigma(\boldsymbol{W}_{u}[a^{<t-1>},\ x^{<t>}]+b_{u})$，遗忘门（$\Gamma_{f}=\sigma(\boldsymbol{W}_{f}[a^{<t-1>},\ x^{<t>}]+b_{f})$ 和输出门。最后 $a^{<t>}=c^{<t>}$ 的式子会变成 $a^{<t>}=\Gamma_{o}*c^{<t>}$，这就是 LSTM 主要的式子，这里有三个门，所以有点复杂，它把门放到了和之前有点不同的地方。

控制 LSTM 行为的主要的式子已经了解，这里再用图 12-16 来解释一下。如果图片过于复杂，理解了式子也可以，只是图片比较直观。这个图主要来自 Chris Ola 的一篇博客，标题是《理解 LSTM 网络》（*Understanding LSTM Network*），图 12-16 跟他博客上的图是很相似的，但关键的不同可能是这张图用了 $a^{<t-1>}$ 和 $x^{<t>}$ 来计算所有门值。图中用 $a^{<t-1>}$，$x^{<t>}$

一起来计算遗忘门 Γ_f 的值，还有更新门 Γ_u 以及输出门 Γ_o。然后它们也经过 tanh 函数来计算 $\tilde{c}^{<t>}$，这些值被用复杂的方式组合在一起，比如说元素对应的乘积或者其他的方式来从之前的 $c^{<t-1>}$ 中获得 $c^{<t>}$。

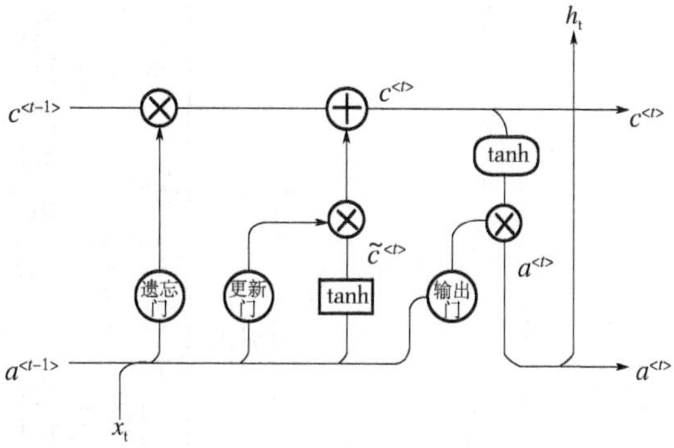

图 12-16　LSTM 细胞内运算示意图

如图 12-17 所示，这是其中一个，再把它们连起来，就是把它们按时间次序连起来。输入 $x^{<1>}$，$x^{<2>}$，$x^{<3>}$，然后可以把这些单元依次连起来，这里输出了上一个时间的 a，a 会作为下一个时间步的输入，c 同理。这就是为什么 LSTM 和 GRU 非常擅长于长时间记忆某个值，对于存在记忆细胞中的某个值，即使经过了很长很长的时间步。

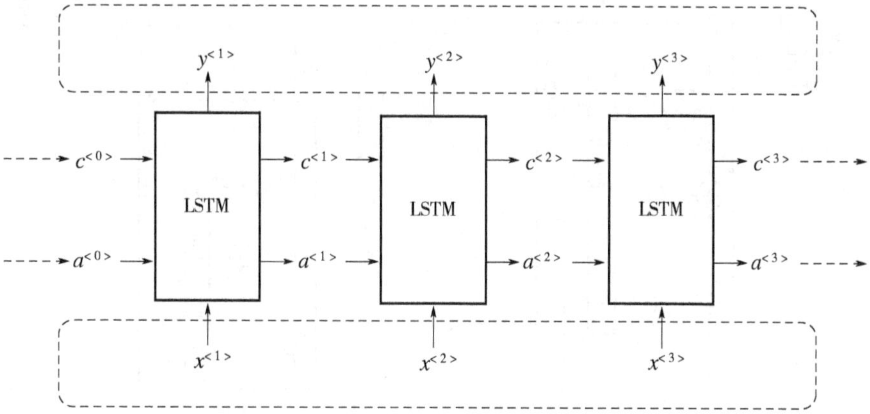

图 12-17　LSTM 处理时序数据示意图

这就是 LSTM，可能和一般使用的版本会有些不同，最常用的版本可能是门值不仅取决于 $a^{<t-1>}$ 和 $x^{<t>}$，有时候也可以偷窥一下 $c^{<t-1>}$ 的值，这叫作“窥视孔连接”（peephole connection）。“窥视孔连接”的意思就是门值不仅取决于 $a^{<t-1>}$ 和 $x^{<t>}$，也取决于上一个记忆细胞的值（$c^{<t-1>}$），然后“窥视孔连接”就可以结合这三个门（Γ_u、Γ_f、Γ_o）来计算了。

LSTM 主要的区别在于一个技术上的细节，比如一个 100 维的向量是一个 100 维的隐藏的记忆细胞单元，然后第 50 个 $c^{<t-1>}$ 的元素只会影响第 50 个元素对应的那个门，所以关系是一对一的，并不是任意这 100 维的 $c^{<t-1>}$ 可以影响所有的门元素。相反的，第一个 $c^{<t-1>}$ 的元素只能影响门的第一个元素，第二个元素影响对应的第二个元素，如此类推。

LSTM 前向传播如图 12-18 所示。

$$\Gamma_f^{<t>} = \sigma(W_f\ [\ a^{<t-1>}, x^{<t>}\ ] + b_f)$$
$$\Gamma_u^{<t>} = \sigma(W_u\ [\ a^{<t-1>}, x^{<t>}\ ] + b_u)$$
$$\tilde{c}^{<t>} = \tanh(W_c\ [\ a^{<t-1>}, x^{<t>}\ ] + b_c)$$
$$c^{<t>} = \Gamma_f^{<t>} \circ c^{<t-1>} + \Gamma_u^{<t>} \circ \tilde{c}^{<t>}$$
$$\Gamma_o^{<t>} = \sigma(W_o\ [\ a^{<t-1>}, x^{<t>}\ ] + b_o)$$
$$a^{<t>} = \Gamma_o^{<t>} \circ \tanh(c^{<t>})$$

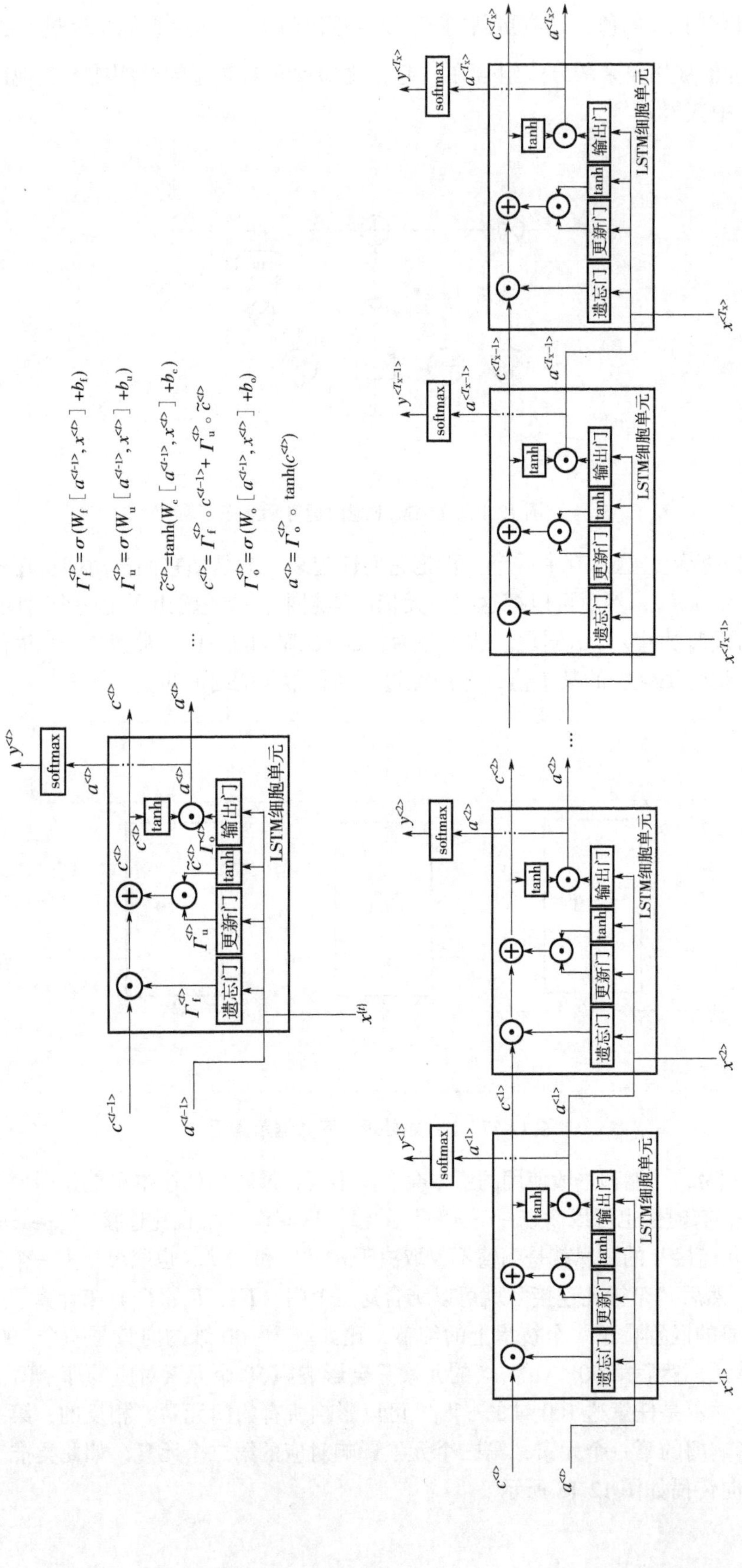

图12-18　LSTM前向传播计算

LSTM 反向传播计算公式如下：

1）门求偏导：

$$d\Gamma_o^{<t>} = da_{next} * \tanh(c_{next}) * \Gamma_o^{<t>} * (1 - \Gamma_o^{<t>})$$

$$d\tilde{c}^{<t>} = dc_{next} * \Gamma_i^{<t>} + \Gamma_o^{<t>} * [1 - \tanh(c_{next})^2 * i_t * da_{next} * \tilde{c}^{<t>} * (1 - \tan(\tilde{c})^2)]$$

$$d\Gamma_u^{<t>} = dc_{next} * \tilde{c}^{<t>} + \Gamma_o^{<t>} * [1 - \tanh(c_{next})^2] * \tilde{c}^{<t>} * da_{next} * \Gamma_u^{<t>} * (1 - \Gamma_u^{<t>})$$

$$d\Gamma_f^{<t>} = dc_{next} * \tilde{c}_{prev} + \Gamma_o^{<t>} * [1 - \tanh(c_{next})^2] * c_{prev} * da_{next} * \Gamma_f^{<t>} * (1 - \Gamma_f^{<t>})$$

2）参数求偏导：

$$d\boldsymbol{W}_f = d\Gamma_f^{<t>} * \begin{pmatrix} a_{prew} \\ x_t \end{pmatrix}^T$$

$$d\boldsymbol{W}_u = d\Gamma_u^{<t>} * \begin{pmatrix} a_{prew} \\ x_t \end{pmatrix}^T$$

$$d\boldsymbol{W}_c = d\tilde{c}^{<t>} * \begin{pmatrix} a_{prew} \\ x_t \end{pmatrix}^T$$

$$d\boldsymbol{W}_o = d\Gamma_o^{<t>} * \begin{pmatrix} a_{prew} \\ x_t \end{pmatrix}^T$$

为了计算 db_f，db_u，db_c，db_o 需要各自对 $d\Gamma_f^{<t>}$，$d\Gamma_u^{<t>}$，$d\tilde{c}^{(t)}$，$d\Gamma_o^{<t>}$ 求和。

最后，计算隐藏状态、记忆状态和输入的偏导数

$$da_{prev} = \boldsymbol{W}_f^T * d\Gamma_f^{<t>} + \boldsymbol{W}_u^T * d\Gamma_u^{<t>} + \boldsymbol{W}_c^T * d\tilde{c}^{<t>} + \boldsymbol{W}_o^T * d\Gamma_o^{<t>}$$

$$dc_{prev} = dc_{next}\Gamma_f^{<t>} * [1 - \tanh(c_{next})^2] * \Gamma_f^{<t>} * da_{next}$$

$$dx^{<t>} = \boldsymbol{W}_f^T * d\Gamma_f^{<t>} + \boldsymbol{W}_u^T * d\Gamma_u^{<t>} + \boldsymbol{W}_c^T * d\tilde{c}_t + \boldsymbol{W}_o^T * d\Gamma_o^{<t>}$$

什么时候应该用 GRU？什么时候用 LSTM？没有统一的准则。在深度学习的历史上，LSTM 也是更早出现的，而 GRU 是最近才发明出来的，它可能源于 Pavia 在更加复杂的 LSTM 模型中做出的简化。研究者们在很多种模型中选择，看看在不同的问题不同的算法中哪个模型更好，所以这不是个学术和高深的算法，因此展现了两种模型。

GRU 的优点之一是它是一个更加简单的模型，所以更容易创建一个更大的网络，而且它只有两个门，在计算性上也运行得更快，然后它可以扩大模型的规模。但是 LSTM 更加强大和灵活，因为它有三个门而不是两个。如果想选一个使用，则 LSTM 在历史进程上是个更优先的选择，所以大部分的人还是会把 LSTM 作为默认的选择来尝试。尽管最近几年 GRU 获得了很多支持，而且越来越多的团队也正在使用 GRU，因为它更加简单，并且效果还不错，所以它更容易适应规模更加大的问题。

无论是 GRU 还是 LSTM，都可以用来构建捕获更加深层连接的神经网络。

参考文献：HOCHREITER S，SCHMIDHUBER J. Long Short-Term Memory [J]. Neural Computation，1997，9 (8)：1735-1780.

12.11　双向循环神经网络

现在，已经了解了大部分 RNN 模型的关键的构件，还有两个方法可以去构建更好的模

型，其中之一就是双向 RNN 模型，这个模型在序列的某点处不仅可以获取之前的信息，还可以获取未来的信息；第二个就是深层的 RNN。现在先从双向 RNN 开始介绍，如图 12-19 所示。

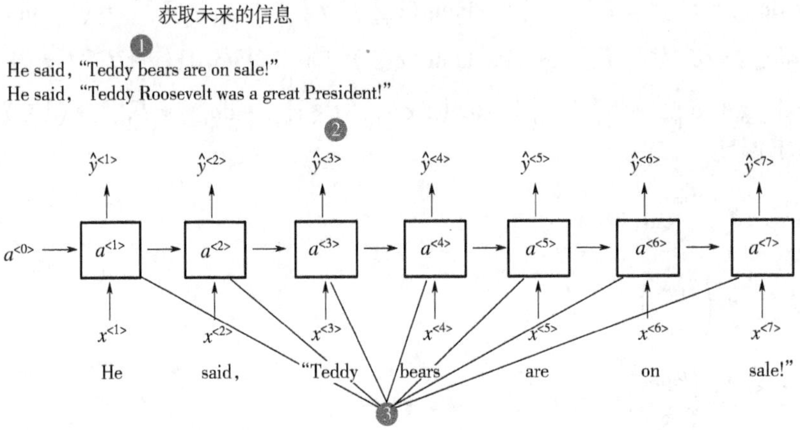

图 12-19　双向 RNN 模型

为了了解双向 RNN 的动机，先看一下之前在命名实体识别中学习多次的神经网络。这个网络有一个问题，即在判断第三个词 Teddy（图 12-19 中编号 1 所示）是不是人名的一部分时，光看句子前面部分是不够的，为了判断 $\hat{y}^{<3>}$（图 12-19 中编号 2 所示）是 0 还是 1，除了三个单词，还需要更多的信息，因为根据前三个单词无法判断语句是 Teddy 熊，还是前美国总统 Teddy Roosevelt，所以这是一个非双向的或者说只有前向的 RNN。不管这些单元（图 12-19 中编号 3 所示）是标准的 RNN 块，还是 GRU 单元或者是 LSTM 单元，只要这些构件都是只有前向的。

那么一个双向的 RNN 是如何解决这个问题的？双向 RNN 的工作原理如下所述。为了简单理解，用四个输入或者说一个只有四个单词的句子，这样输入只有四个，$x^{<1>}\sim x^{<4>}$。这个网络会有一个前向的循环单元叫作$\overrightarrow{a}^{<1>}$，$\overrightarrow{a}^{<2>}$，$\overrightarrow{a}^{<3>}$还有$\overrightarrow{a}^{<4>}$，上面加一个向右的箭头来表示前向的循环单元，并且如图 12-20 所示进行连接。这四个循环单元都有一个当前输入 x 输入进去，得到预测的 $\hat{y}^{<1>}$，$\hat{y}^{<2>}$，$\hat{y}^{<3>}$ 和 $\hat{y}^{<4>}$。

之所以在这些地方添加箭头是因为想要增加一个反向循环层，这里有一个$\overleftarrow{a}^{<1>}$，左箭头代表反向连接，$\overleftarrow{a}^{<2>}$反向连接，$\overleftarrow{a}^{<3>}$反向连接，$\overleftarrow{a}^{<4>}$反向连接。

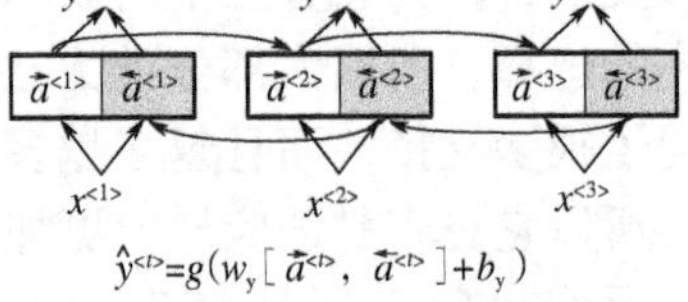

图 12-20　双向 RNN 工作原理示意图

同样，把网络向上连接，这个 a 反向连接就依次反向向前连接（见图 12-20）。这样，这个网络就构成了一个无环图。给定一个输入序列 $x^{<1>}\sim x^{<4>}$，这个序列首先计算前向的$\overrightarrow{a}^{<1>}$，然后计算前向的$\overrightarrow{a}^{<2>}$，接着$\overrightarrow{a}^{<3>}$，$\overrightarrow{a}^{<4>}$。而反向序列从计算$\overleftarrow{a}^{<4>}$开始，反向进行，计算反向的$\overleftarrow{a}^{<3>}$。计算的是网络激活值，这不是反向而是前向的传播，而图中这个前向传播一部分计算是从左到右，一部分计算是从右到左。计算完了反向的$\overleftarrow{a}^{<3>}$，可以用这些激活值计算反向的$\overleftarrow{a}^{<2>}$，然后是反向的$\overleftarrow{a}^{<1>}$，把所有这些激活值都计算完了就可以计算预测结果了。

举个例子，为了预测结果，网络会有如 $\hat{y}^{<t>}$，$\hat{y}^{<t>} = g(W\,[\overrightarrow{a}^{<t>},\,\overleftarrow{a}^{<1>}] + b_y)$。比如想要观察时间 3 的预测结果，信息从 $x^{<1>}$ 过来，流经这里，前向的 $\overrightarrow{a}^{<1>}$ 到前向的 $\overrightarrow{a}^{<2>}$，这些函数里都有表达，到前向的 $\overrightarrow{a}^{<3>}$ 再到 $\hat{y}^{<3>}$，所以从 $x^{<1>}$，$x^{<2>}$，$x^{<3>}$ 来的信息都会考虑在内，而从 $x^{<4>}$ 来的信息会流过反向的 $\overleftarrow{a}^{<4>}$，到反向的 $\overleftarrow{a}^{<3>}$ 再到 $\hat{y}^{<3>}$。这样使得时间 3 的预测结果不仅输入了过去的信息，还有现在的信息，这一步涉及了前向和反向的传播信息以及未来的信息。给定一个句子 "He said Teddy Roosevelt..." 来预测 Teddy 是不是人名的一部分，需要同时考虑过去和未来的信息。

事实上，很多的 NLP 问题，对于大量有自然语言处理问题的文本，有 LSTM 单元的双向 RNN 模型是用得最多的。所以如果有 NLP 问题，并且文本句子都是完整的，则首先需要标定这些句子，一个有 LSTM 单元的双向 RNN 模型，有前向和反向过程是一个不错的首选。

以上就是双向 RNN 的内容，这个改进的方法不仅能用于基本的 RNN 结构，也能用于 GRU 和 LSTM。通过这些改变，就可以用一个由 RNN 或 GRU 或 LSTM 构建的模型，并且能够预测任意位置，即使在句子的中间，因为模型能够考虑整个句子的信息。这个双向 RNN 网络模型的缺点就是需要完整的数据序列，才能预测任意位置。

12.12　深层循环神经网络

前面学习了不同 RNN 的版本，每一个都可以独当一面。但是要学习非常复杂的函数，通常会把 RNN 的多个层堆叠在一起构建更深的模型。这节课里会学习如何构建这些更深的 RNN。

一个标准的神经网络，首先是输入 x，然后堆叠上隐含层，所以这里应该有激活值，比如说第一层是 $a^{[1]}$，接着堆叠上下一层，激活值 $a^{[2]}$，可以再加一层 $a^{[3]}$，然后得到预测值 $\hat{y}$。深层的 RNN 网络与其相似，深层 RNN 示意图如图 12-21 所示，然后把它按时间展开。

$$a^{[2]<3>} = g(\omega_a^{[2]}\,[\,a^{[2]<2>},\,a^{[1]<3>}] + b_a^{[2]})$$

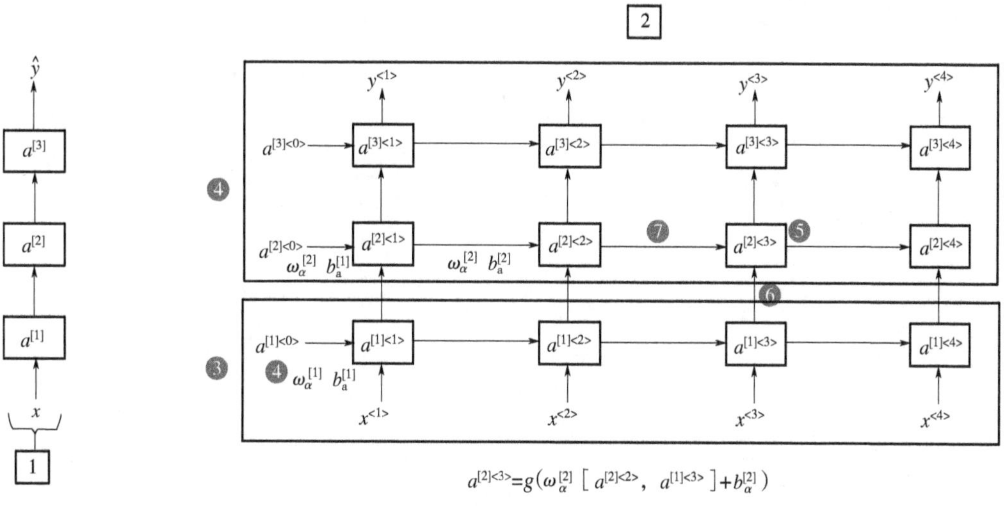

图 12-21　深层 RNN 例子

这就是标准的 RNN，只是符号稍微改了一下，不再用原来的 $a^{<0>}$ 表示 0 时刻的激活值了，而是用 $a^{[1]<0>}$ 来表示第一层。用 $a^{[l]<t>}$ 来表示第一层的激活值，这个 $<t>$ 表示第 t 个时间点，这样就可以表示第一层第一个时间点的激活值 $a^{[1]<1>}$，$a^{[1]<2>}$ 就是第一层第二个时间点的激活值，$a^{[1]<3>}$ 和 $a^{[1]<4>}$ 以此类推。然后把这些堆叠在上面，这就是一个有三个隐藏层的新的网络。

举一个具体例子来探究 $a^{[2]<3>}$ 这个值是怎么算的。激活值 $a^{[2]<3>}$ 有两个输入，一个是从下面过来的输入，还有一个是从左边过来的输入，$a^{[2]<3>}=g\ (w_{\mathrm{a}}^{[2]}\ [a^{[2]<2>},\ a^{[1]<3>}]\ +b_{\mathrm{a}}^{2})$，这就是激活值的计算方法。参数 $W_{\mathrm{a}}^{[2]}$ 和 $b_{\mathrm{a}}^{[2]}$ 在这一层的计算里都一样，相对应地第一层也有自己的参数 $W_{\mathrm{a}}^{[1]}$ 和 $b_{\mathrm{a}}^{[1]}$。

类似于左边这样标准的神经网络（见图 12-21），还会有很深的网络，甚至于 100 层深，而对于 RNN 来说，有三层就已经不少了。由于时间的维度，即使只有很少的几层，RNN 网络也会变得相当大，很少会看到这种网络堆叠到 100 层。但有一种较为常见的，就是在每一个上面堆叠循环层，把输出去掉（如图 12-21 中编号 1 所示），然后换成一些深的层，这些层并不水平连接，只是一个深层的网络，然后用来预测 $y^{<1>}$。同样（如图 12-21 中编号 2 所示）也加上一个深层网络，然后预测 $y^{<2>}$。这种类型的网络结构用的会稍微多一点，这种结构有三个循环单元，在时间上连接，接着一个网络在后面接一个网络，当然 $y^{<3>}$ 和 $y^{<4>}$ 也一样，这是一个深层网络，但没有水平方向上的连接，所以这种类型的结构会多一点。通常这些单元（如图 12-21 中编号 3）没必要非是标准的 RNN，可以是最简单的 RNN 模型，也可以是 GRU 单元或者 LSTM 单元，并且，也可以构建深层的双向 RNN 网络。由于深层的 RNN 训练需要很多计算资源，所以需要很长的时间，尽管看起来没有多少循环层，这个也就是在时间上连接了三个深层的循环层，它看不到很多深层的循环层，不像卷积神经网络一样有大量的隐含层。

第 13 章　序列模型和注意力机制

13.1　序列结构的各种序列

本章将会学习 seq2seq（sequence to sequence）模型，从机器翻译到语音识别，它们都能起到很大的作用，先从最基本的模型开始。学习集束搜索和注意力模型，一直到最后的音频模型，比如语音。

举个例子，比如输入一个法语句子"Jane visite I'Afrique en septembre."，将它翻译成一个英语句子，"Jane is visiting Africa in September."，如图 13-1 所示。用 $x^{<1>}$ 一直到 $x^{<5>}$ 来表示输入的句子的单词，然后用 $y^{<1>} \sim y^{<6>}$ 来表示输出的句子的单词，那么，如何训练出一个新的网络来输入序列 x 和输出序列 y 呢？

这些方法主要都来自于两篇论文，一篇的作者是 Sutskever，Oriol Vinyals 和 Quoc Le，另一篇的作者是 Kyunghyun Cho，Bart van Merrienboer，Caglar Gulcehre，Dzmitry Bahdanau，Fethi Bougares，Holger Schwen 和 Yoshua Bengio。

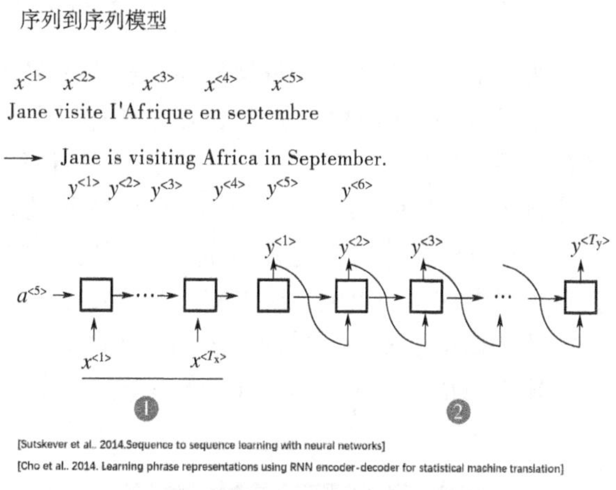

序列到序列模型
Jane visite l'Afrique en septembre
Jane is visiting Africa in September.
[Sutskever et al. 2014.Sequence to sequence learning with neural networks]
[Cho et al. 2014. Learning phrase representations using RNN encoder-decoder for statistical machine translation]

图 13-1　序列到序列（seq2seq）模型

首先，先建立一个网络，这个网络叫作编码网络（如图 13-1 中编号 1 所示），它是一个 RNN 的结构，RNN 的单元可以是 GRU 也可以是 LSTM。每次只向该网络中输入一个法语单词，将输入序列接收完毕后，这个 RNN 网络会输出一个向量来代表这个输入序列。之后可以建立一个解码网络（如图 13-1 中编号 2 所示），它以编码网络的输出作为输入，编码网络是左边的黑色部分（如图 13-1 中编号 1 所示），之后它可以被训练为每次输出一个翻译后的单词，一直到它输出序列的结尾或者句子结尾标记，这个解码网络的工作就结束了。把每次生成的标记都传递到下一个单元中来进行预测，就像之前用语言模型合成文本时一样。

深度学习在近期最卓越的成果之一就是这个模型确实有效，在给出足够的法语和英语文本的情况下，如果训练这个模型，通过输入一个法语句子来输出对应的英语翻译，那么这个模型将会非常有效。这个模型简单地用一个编码网络来对输入的法语句子进行编码，然后用一个解码网络来生成对应的英语翻译。

还有一个与此类似的结构被用来做图像描述，如图 13-2 所示。比如给出一张猫的图片（如图 13-2 中编号 1 所示），它能自动地输出该图片的描述，一只猫坐在椅子上。那么如何训练出这样的网络？通过输入图像来输出描述，像这个句子一样。

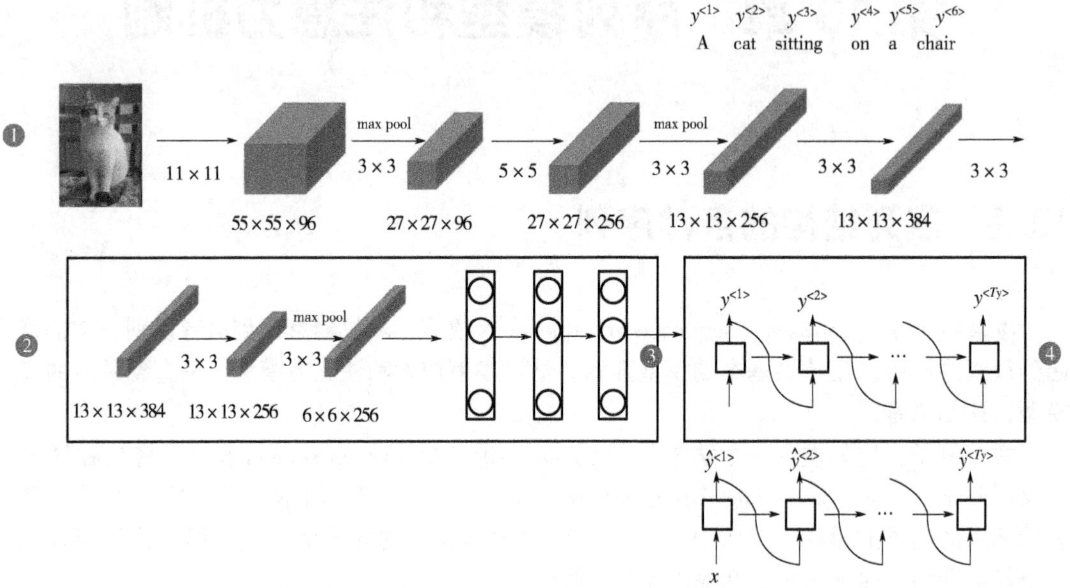

图 13-2　图像描述

方法如下，关于卷积神经网络，已经了解如何将图片输入到卷积神经网络中，比如一个预训练的 AlexNet 结构（如图 13-2 中编号 2 所示），然后让其学习图片的编码，或者学习图片的一系列特征。对于 AlexNet 结构，去掉最后的 softmax 单元（如图 13-2 中编号 3 所示），这个预训练的 AlexNet 结构会给一个 4096 维的特征向量，向量表示的就是这只猫的图片，所以这个预训练网络可以是图像的编码网络。现在得到一个 4096 维的向量来表示这张图片，接着可以把这个向量输入到 RNN 中（如图 13-2 中编号 4 所示），RNN 要做的就是生成图像的描述，每次生成一个单词，这和将法语译为英语的机器翻译中的结构很像。现在输入一个描述输入的特征向量，然后让网络生成一个输出序列，或者说一个一个地输出单词序列。

13.2　选择最可能的句子

seq2seq 机器翻译模型和第一章课程所用的语言模型之间有很多相似的地方，但是它们之间也有许多重要的区别，下面来一探究竟。

把机器翻译想成是建立一个条件语言模型，在语言模型中（见图 13-3 上方）是在第一章所建立的一个模型，这个模型能够估计句子的可能性，这就是语言模型所做的事情。也可以将它用于生成一个新的句子，如果在图上的该处（如图 13-3 中编号 1 所示），有 $x^{<1>}$ 和 $x^{<2>}$，那么在该例中 $x^{<2>}=y^{<1>}$，但是 $x^{<1>}$、$x^{<2>}$ 等在这里并不重要。为了让图片看起来更简洁，把它们先抹去，可以理解为 $x^{<1>}$ 是一个全为 0 的向量，然后 $x^{<2>}$、$x^{<3>}$ 等都等于之前所生成的输出，这就是所说的语言模型。

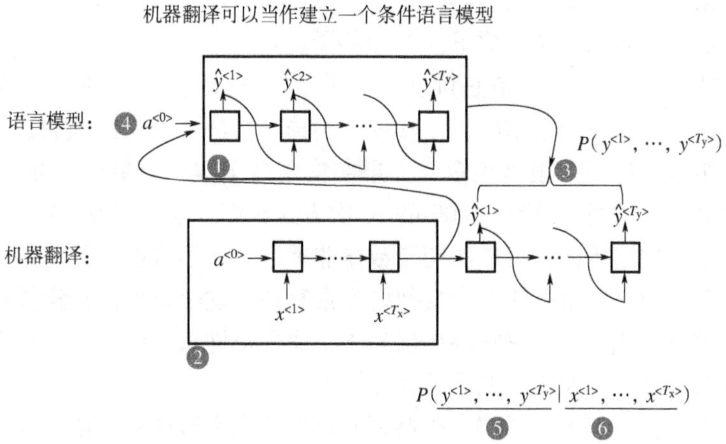

图 13-3　语言模型和机器翻译

而机器翻译模型如图 13-3 下方所示的，用图 13-3 中编号 2 表示 encoder 网络，用图 13-3 中编号 3 所示表示 decoder 网络。decoder 网络看起来和语言模型几乎一模一样，机器翻译模型其实和语言模型非常相似，不同点在于语言模型总是以零向量（如图 13-3 中编号 4 所示）开始，而 encoder 网络会计算出一系列向量（如图 13-3 中编号 2 所示）来表示输入的句子。有了这个输入句子，decoder 网络就可以以这个句子开始，而不是以零向量开始，所以把它叫作条件语言模型。相比语言模型，输出任意句子的概率，翻译模型会输出句子的英文翻译（如图 13-3 中编号 5 所示），这取决于输入的法语句子（如图 13-3 中编号 6 所示）。换句话说，将估计一个英文翻译的概率，比如估计这句英语翻译的概率，"Jane is visiting Africa in September."，这句翻译是取决于法语句子"Jane visite I'Afrique en septembre."，这就是英语句子相对于输入的法语句子的可能性，所以它是一个条件语言模型。

现在，假如想真正地通过模型将法语翻译成英文，通过输入的法语句子模型将会告知各种英文翻译所对应的可能性。x 在这里是法语句子"Jane visite l'Afrique en septembre."，而它将得到不同的英语翻译所对应的概率。显然不想让它随机地进行输出，如果从这个分布中进行取样得到 $P(y \mid x)$，则可能取样一次就能得到很好的翻译，"Jane is visiting Africa in September."。但是可能也会得到一个截然不同的翻译，"Jane is going to be visiting Africa in September."，这句话听起来有些笨拙，但它不是一个糟糕的翻译，只是不是最好的而已。有时也会偶然得到这样的翻译，"In September, Jane will visit Africa."，或者有时候还会得到一个很糟糕的翻译，"Her African friend welcomed Jane in September."。所以当使用这个模型来进行机器翻译时，并不是从得到的分布中进行随机取样，而是要找到一个英语句子 y，使得条件概率最大化。因此在开发机器翻译系统时，需要做的一件事就是想出一个算法，用来找出合适的 y 值，使得该项最大化，而解决这种问题最通用的算法就是束搜索。

不过在了解束搜索之前，会有一个疑问，为什么不用贪心搜索呢？贪心搜索是一种来自计算机科学的算法，生成第一个词的分布以后，它将会根据条件语言模型挑选出最有可能的第一个词进入机器翻译模型中，在挑选出第一个词之后它将会继续挑选出最有可能的第二个词，然后继续挑选第三个最有可能的词，这种算法就叫作贪心搜索，但是真正需要的是一次性挑选出整个单词序列，从 $y^{<1>}$、$y^{<2>}$ 到 $y^{<T_y>}$ 来使得整体的概率最大化。所以这种贪心算法先挑出最好的第一个词，在这之后再挑最好的第二词，然后再挑第三个，这种方法其实并不管用，为了证明这个观点，来考虑下面两种翻译。

这种说法可能比较粗略，但是它确实是一种广泛的现象，当想得到单词序列 $y^{<1>}$、$y^{<2>}$ 一直到最后一个词总体的概率时，一次仅仅挑选一个词并不是最佳的选择。当然，在英语中各种词汇的组合数量还有很多很多，如果字典中有 10000 个单词，并且翻译可能有 10 个词那么长，那么可能的组合就有 10000 的 10 次方这么多，这仅仅是 10 个单词的句子，从这样大一个字典中来挑选单词，可能的句子数量非常巨大，不可能去计算每一种组合的可能性。所以这时最常用的办法就是用一个近似的搜索算法，这个近似的搜索算法做的就是它会尽力，尽管不一定总会成功，但它将挑选出句子 y 使得条件概率最大化，尽管它不能保证找到的 y 值一定可以使概率最大化，但这已经足够了。

最后总结一下，在本节中，了解了机器翻译是如何用来解决条件语言模型问题的，这个模型和之前的语言模型一个主要的区别就是，相比之前的模型随机地生成句子，在该模型中要找到最有可能的英语句子，最可能的英语翻译，但是可能的句子组合数量过于巨大，无法一一列举，所以需要一种合适的搜索算法。

13.3 集束搜索

本节将学习集束搜索算法，上节课中学习了机器翻译，它会给定输入，比如法语句子，不会想要输出一个随机的英语翻译结果，想要一个最好的、最可能的英语翻译结果。对于语音识别也一样，给定一个输入的语音片段，不想要一个随机的文本翻译结果，想要最好的，最接近原意的翻译结果，集束搜索就是解决这个最常用的算法。

"Jane visite l'Afrique en Septembre."（法语句子），希望可以翻译成英语，"Jane is visiting Africa in September."（英语句子），集束搜索算法首先做的就是挑选要输出的英语翻译中的第一个单词。这里列出了 10 000 个词的词汇表，如图 13-4 所示，为了简化问题，这里忽略大小写，所有的单词都以小写列出来。在集束搜索的第一步中用这个网络部分来评估第一个单词的概率值，给定输入序列 x，即法语作为输入，计算第一个输出 y 的概率值是多少。

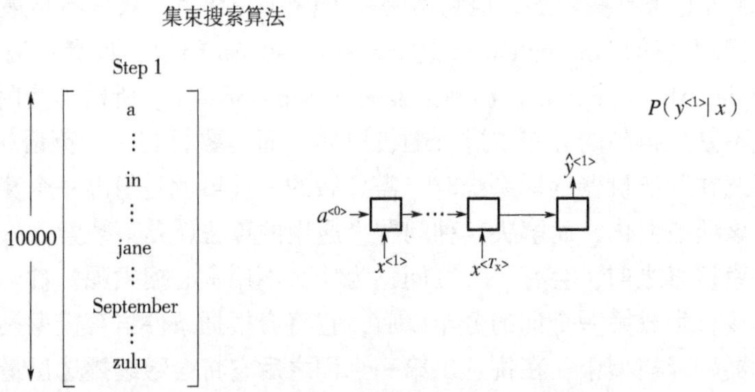

图 13-4　集束搜索算法（一）

贪心算法只会挑出最可能的那一个单词，然后继续。而集束搜索则会考虑多个选择，集束搜索算法会有一个参数 B，叫作集束宽。在这个例子中将集束宽设成 3，这样就意味着集束搜索不会只考虑一个可能结果，而是一次会考虑三个，比如对第一个单词有不同选择的可能性，最后找到 in、jane、september，是英语输出的第一个单词的最可能的三个选项，然后集束搜索算法会把结果存到计算机内存里以便后面尝试用这三个词。如果集束宽设的不一样，即集束宽这个参数是 10，那么跟踪的不仅仅是三个，而是十个第一个单词的最可能的选择。所以要明白，为了执行集束搜索的第一步，需要输入法语句子到编码网络，然后会解码这个网络，这个 softmax 层会输出 10000 个概率值，得到这 10000 个输出的概率值，取前三个存起来。

看集束搜索算法的第二步，已经选出了 in、jane、september 作为第一个单词三个最可能的选择，集束算法接下来会针对每个第一个单词考虑第二个单词是什么，单词 in 后面的第二个单词可能是 a 或者是 aaron，从词汇表里把这些词列了出来，或者是列表里某个位置，september，可能是列表里的 visit，一直到字母 z，最后一个单词是 zulu，如图 13-5 中编号 1 所示。

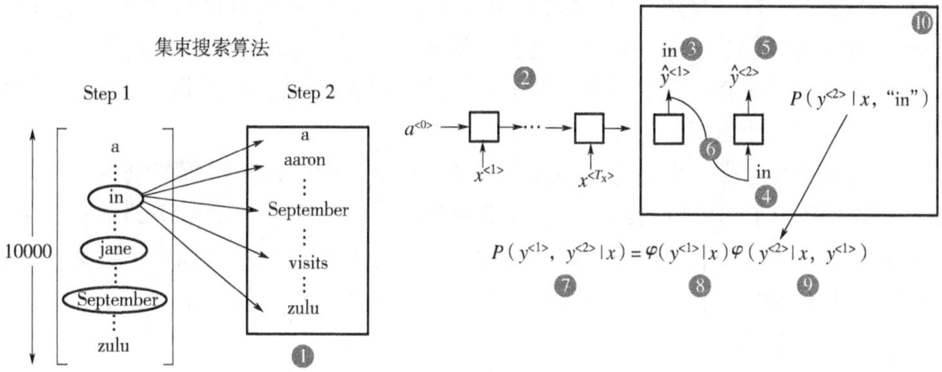

图 13-5　集束搜索算法（二）

为了评估第二个词的概率值，用这个神经网络的部分（如图 13-5 中编号 2 所示），而对于解码部分，当决定单词 in 后面是什么后，别忘了解码器的第一个输出 $y^{<1>}$，把 $y^{<1>}$ 设为单词 in（如图 13-5 中编号 3 所示），然后把它喂回来，这里就是单词 in（如图 13-5 中编号 4 所示），因为它的目的是努力找出第一个单词是 in 的情况下，第二个单词是什么。这个输出就是 $y^{<2>}$（如图 13-5 中编号 5 所示），有了这个连接（如图 13-5 中编号 6 所示），就是这里的第一个单词 in（如图 13-5 中编号 4 所示）作为输入，这样网络就可以用来评估第二个单词的概率了，在给定法语句子和翻译结果的第一个单词 in 的情况下。

注意，在第二步中更关心的是要找到最可能的第一个和第二个单词对，所以不仅仅是第二个单词有最大的概率，而是第一个、第二个单词对有最大的概率（如图 13-5 中编号 7 所示）是 $P(y^{<1>}, y^{<2>} \mid x) = P(y^{<1>} \mid x)\ P(y^{<2>} \mid x, y^{<1>})$。按照条件概率的准则，这个可以表示成第一个单词的概率（如图 13-5 中编号 8 所示）$P(y^{<1>} \mid x)$ 乘以第二个单词的概率（如图 13-5 中编号 9 所示）$P(y^{<2>} \mid x, y^{<1>})$，这可以从这个网络部分里得到（如图 13-5 中编号 10 所示），对于已经选择的 in、jane、september 这三个单词，可以先保存这个概率值 $P(y^{<1>} \mid x)$，然后再乘以第二个概率值 $P(y^{<2>} \mid x, y^{<1>})$ 就得到了第一个和第二个

单词对的概率 $P(y^{<1>}, y^{<2>} \mid x) = P(y^{<1>} \mid x)P(y^{<2>} \mid x, y^{<1>})$。

已经知道在第一个单词是 in 的情况下如何评估第二个单词的概率，现在第一个单词是 jane，道理一样，句子可能是"jane a" "jane aaron"，到"jane is"、"jane visits"等。可以用新的网络部分代表从 $y^{<1>}$，即 jane，$y^{<1>}$ 连接 jane，那么这个网络部分就可以得到在给定输入 x 和第一个词是 jane 的情况下，第二个单词的概率 $P(y^{<2>} \mid x, y^{<1>})$，乘以 $P(y^{<1>} \mid x)$ 得到 $P(y^{<1>}, y^{<2>} \mid x)$。

针对第二个单词所有 10000 个不同的选择，最后对于单词 september 也一样，从单词 a 到单词 zulu，用这个网络部分，如果第一个单词是 september，那么第二个单词最可能是什么。所以对于集束搜索的第二步，由于一直用的集束宽为 3，并且词汇表里有 10000 个单词，那么最终会有 3 乘以 10000 也就是 30000 个可能的结果，就是集束宽乘以词汇表大小，要做的就是评估这 30000 个选择。按照第一个词和第二个词的概率，然后选出前三个，这样又减少了这 30000 个可能性，又变成了 3 个，减少到集束宽的大小。假如这 30000 个选择里最可能的是"in September"和"jane is"，以及"jane visits"，但这就是这 30000 个选择里最可能的三个结果，集束搜索算法会保存这些结果，然后用于下一次集束搜索。

注意一件事情，如果集束搜索找到了第一个和第二个单词对最可能的三个选择是"in September" "jane is"或者"jane visits"，这就意味着去掉了 september 作为英语翻译结果的第一个单词的选择，所以第一个单词现在减少到了两个可能结果，但是集束宽是 3，因此还是有 $y^{<1>}$，$y^{<2>}$ 对的三个选择。

在进入集束搜索的第三步之前，因为集束宽等于 3，所以每一步都复制三个，同样的这种网络来评估部分句子和最后的结果，由于集束宽等于 3，因有三个网络副本，每个网络的第一个单词不同，而这三个网络可以高效地评估第二个单词所有的 30000 个选择。所以不需要初始化 30000 个网络副本，只需要使用三个网络的副本就可以快速地评估 softmax 的输出，即 $y^{<2>}$ 的 10000 个结果。

解释一下集束搜索的下一步，前两个单词最可能的选择是"in September"和"jane is"以及"jane visits"，对于每一对单词应该保存起来，给定输入 x，即法语句子作为 x 的情况下，$y^{<1>}$ 和 $y^{<2>}$ 的概率值和前面一样，现在考虑第三个单词是什么，可以是"in September a"，可以是"in September aaron"，一直到"in September zulu"。为了评估第三个单词可能的选择，使用这个网络部分，第一单词是 in（如图 13-6 中编号 1 所示），第二个单词是 september（如图 13-6 中编号 2 所示），所以这个网络部分可以用来评估第三个单词的概率，在给定输入的法语句子 x 和给定的英语输出的前两个单词"in September"情况下（如图 13-6 中编号 3 所示）。对于第二个片段来说也一样，就像这样（如图 13-6 中编号 4 所示），对于"jane visits"也一样，然后集束搜索还是会挑选出针对前三个词的三个最可能的选择，可能是"in september jane"（如图 13-6 中编号 5 所示），"Jane is visiting"也很有可能（如图 13-6 中编号 6 所示），也很可能是"Jane visits Africa"（如图 13-6 中编号 7 所示）。

然后继续，接着进行集束搜索的第四步，再加一个单词继续，最终这个过程的输出一次增加一个单词，集束搜索最终会找到"Jane visits africa in september"这个句子，终止在句尾符号（如图 13-6 中编号 8 所示），用这种符号的系统非常常见，它们会发现这是最有可能输出的一个英语句子。运用集束算法，在集束宽为 3 时，集束搜索一次只考虑三个可能结果。注意如果集束宽等于 1，则只考虑一种可能结果，这实际上就变成了贪婪搜索算法。但是如

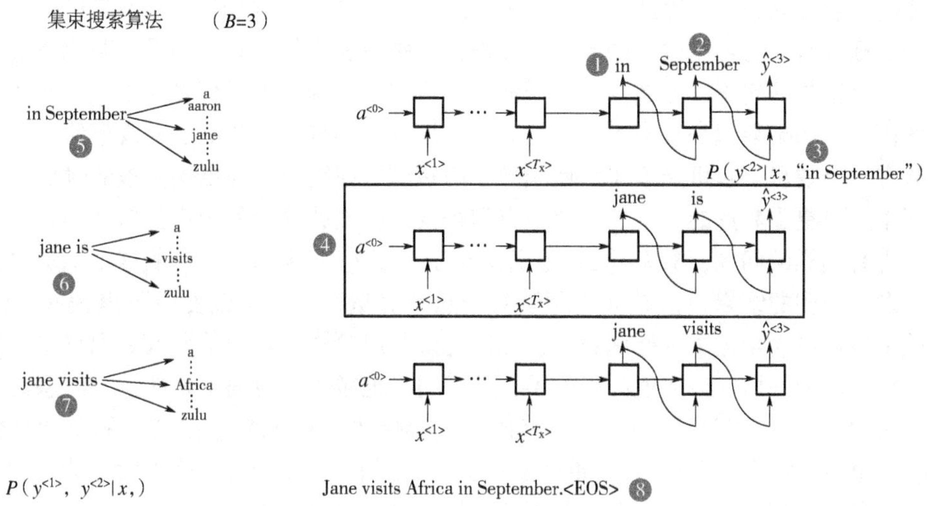

图 13-6　集束搜索算法，$B=3$

果同时考虑多个，则可能的结果比如三个，十个或者其他的个数，集束搜索通常会找到比贪心搜索更好的输出结果。

13.4　改进集束搜索

长度归一化就是对束搜索算法稍作调整的一种方式，以帮助得到更好的结果，如图 13-7 所示，下面进行介绍。

长度归一化

$$\arg\max_{y} \prod_{t=1}^{T_y} P(y^{<t>} \mid x, y^{<1>}, \cdots, y^{<t-1>})$$

$$\arg\max_{y} \sum_{t=1}^{T_y} \log P(y^{<t>} \mid x, y^{<1>}, \cdots, y^{<t-1>})$$

$$\sum_{t=1}^{T_y} \log P(y^{<t>} \mid x, y^{<1>}, \cdots, y^{<t-1>})$$

图 13-7　集束搜索算法长度归一化

集束搜索就是最大化这个概率，乘积是 $P(y^{<1>}\cdots y^{<T_y>} \mid X)$，可以表示成 $P(y^{<1>} \mid X)$ $P(y^{<2>} \mid X,\ y^{<1>})P(y^{<3>} \mid X,\ y^{<1>},\ y^{<2>})\cdots P(y^{<T_y>} \mid X,\ y^{<1>},\ y^{<2>}\cdots y^{<T_{y-1}>})$

这些符号就是之前见到的乘积概率。如果计算这些，则其实这些概率值都是小于 1 的，通常远小于 1（很多小于 1 的数乘起来，会得到很小很小的数字，造成数值下溢）。数值下溢就是数值太小了，导致电脑的浮点表示不能精确地储存，因此在实践中，并不会最大化这个乘积，而是取 log 值。在这加上一个 log，最大化这个 log 求和的概率值，在选择最可能的句子 y 时，会得到同样的结果。所以通过取 log，会得到一个数值上更稳定的算法，不容易出现四舍五入的误差、数值的舍入误差或者数值下溢。因为 log 函数是严格单调递增的函数，所以最大化 $\log P(y \mid x)$ 和最大化 $P(y \mid x)$ 结果一样。如果一个 y 值能够使前者最大，则肯定能使后者也取最大。因此实际工作中，总是记录概率的对数和，而不是概率的乘积。

对于目标函数，还可以做一些改变，使得机器翻译表现得更好。如果参照原来的目标函数，即有一个很长的句子，那么这个句子的概率会很低，因为乘了很多项小于 1 的数字来估计句子的概率。如果乘起来很多小于 1 的数字，那么就会得到一个更小的概率值，所以这个目标函数有一个缺点，它可能不自然地倾向于简短的翻译结果，即更偏向短的输出，因为短句子的概率是由更少数量的小于 1 的数字乘积得到的，因此这个乘积不会那么小。顺便说一下，这里也有同样的问题，概率的 log 值通常小于等于 1，实际上在 log 的这个范围内，加起来的项越多，得到的结果负值越大，所以对于这个算法，另一个改变也可以使它表现得更好，也就是不再最大化这个目标函数了，可以通过除以翻译结果的单词数量把它归一化。这样就是取每个单词的概率对数值的平均了，从而明显地减少了对输出长的结果的惩罚。

在实践中，有一个探索性的方法，相比于直接除 T_y，也就是输出句子的单词总数，在 T_y 上加上指数 a，a 可以等于 0.7。如果 a 等于 1，则相当于完全用长度来归一化，如果 a 等于 0，则 T_y 的 0 次幂就是 1，相当于完全没有归一化，这就是在完全归一化和没有归一化之间。a 就是算法另一个超参数，需要调整大小来得到最好的结果。不得不承认，这样用 a 实际上是试探性的，它并没有理论验证。但是效果很好，在实践中效果不错，所以很多人都会这么做。也可以尝试不同的 a 值，看看哪一个能够得到最好的结果。

总结一下如何运行束搜索算法。当运行束搜索时，会看到很多长度等于 1 的句子，很多长度等于 2 的句子，很多长度等于 3 的句子等。可能运行束搜索 30 步，考虑输出的句子可能达到，比如长度 30。因为束宽为 3，所以会记录所有这些可能的句子长度，长度为 1、2、3、4 等，一直到 30 的三个最可能的选择。然后针对这些所有的可能的输出句子，用这个式子（如图 13-7 中编号 1 所示）给它们打分，取概率最大的几个句子，然后对这些束搜索得到的句子计算目标函数。最后从经过评估的这些句子中挑选出在归一化的 log 概率目标函数上得分最高的一个，有时这个也叫作归一化的对数似然目标函数。这就是最终输出的翻译结果，也就是如何实现束搜索。

最后还有一些实现的细节，如何选择束宽 B。B 越大，考虑的选择越多，找到的句子可能越好，但是 B 越大，算法的计算代价越大，因为要把很多可能的选择保存起来。最后总结一下关于如何选择束宽 B 的一些想法。如果束宽很大，则考虑很多的可能，会得到一个更好的结果，因为考虑了很多的选择，所以算法会运行得慢一些，内存占用也会增大。而如果用小的束宽，那么结果会没那么好，因为在算法运行中，保存的选择更少，不过算法运行得更快，内存占用也小。在前面内容里，例子中用了束宽为 3，所以会保存三个可能选择，在实践中这个值偏小。在产品中，经常可以看到把束宽设到 10，一般来讲束宽为 100 对于产品系统来说有点大了，这也取决于不同应用。但是若想得到全部性能，则经常用束宽为 1000 或者 3000，这也取决于特定的应用和特定的领域。在实现应用时，尝试不同的束宽的值，当 B 很大时，性能提高会越来越小。对于很多应用来说，从束宽 1，也就是贪心算法，到束宽为 3，再到 10，会看到一个很大的改善。但是当束宽从 1000 增加到 3000 时，效果就没那么明显了。如果熟悉计算机科学里的搜索算法，比如广度优先搜索（Breadth First Search algorithms，BFS），或者深度优先搜索（Depth First Search，DFS），则可以这样想束搜索。不同于这些算法，这些都是精确的搜索算法，束搜索运行得更快，但是不能保证一定能找到 argmax 准确的最大值。

这就是束搜索，这个算法广泛应用在多产品系统或者许多商业系统上。事实上在束搜索上做误差分析是最有用的工具之一，比如，有时想知道是否应该增大束宽，束宽是否足够好，可以计算一些简单的东西来指导需要做什么，来改进搜索算法。

13.5　集束搜索的误差分析

了解误差分析是如何集中时间做项目中最有用的工作，束搜索算法是一种近似搜索算法，也被称作启发式搜索算法，它不总是输出可能性最大的句子，它仅记录着 B 为前 3 或 10，或是 100 种可能。那么如果束搜索算法出现错误会怎样呢？

本节将会学习误差分析和束搜索算法是如何相互起作用的，以及怎样去发现是束搜索算法出现了问题，还是 RNN 模型出了问题，要花时间解决。先看看如何对束搜索算法进行误差分析。

用图 13-8 所示例子说明，" Jane visite l'Afrique en septembre"。假如说，在机器翻译的 dev 集中，也就是开发集，人工是这样翻译的：Jane visits Africa in September，将这个标记为 y^*。这是一个十分不错的人工翻译结果，不过假如说，当在已经完成学习的 RNN 模型，也就是已完成学习的翻译模型中运行束搜索算法时，它输出了这个翻译结果：Jane visited Africa last September，将它标记为 $\hat{y}$。这是一个十分糟糕的翻译，它实际上改变了句子的原意，因此这不是一个好翻译。

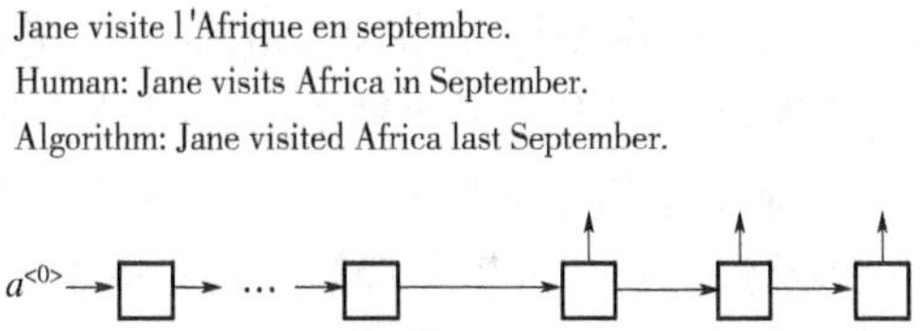
Jane visite l'Afrique en septembre.
Human: Jane visits Africa in September.
Algorithm: Jane visited Africa last September.
$a^{<0>}$
...

图 13-8　RNN 模型和集束搜索算法分析例子

模型有两个主要部分，一个是神经网络模型，或说是序列到序列模型，将这个称为 RNN 模型，它实际上是编码器和解码器。另一部分是束搜索算法，以某个集束宽度 B 运行。如果能够找出造成这个错误，这个不太好的翻译的原因是两个部分中的哪一个，则会很有帮助。RNN 是更可能是出错的原因，还是束搜索算法更可能是出错的原因呢？一般情况下会容易想到去收集更多的训练数据，这没有坏处。所以同样的，一般觉得不行时就增大束宽也是不会错的，或者说是很大可能是没有危害的。但是就像单纯获取更多的训练数据，可能并不能得到预期的表现结果。相同的，单纯增大束宽也可能得不到想要的结果，不过要怎样才能知道是不是值得花时间去改进搜索算法呢？下面来分解这个问题弄清楚什么情况下该用什么解决办法。

RNN 实际上是编码器和解码器，它会计算 $P(y \mid x)$。举个例子，对于这个句子：Jane visits Africa in September，将 Jane visits Africa 填入这里（如图 13-8 中编号 1 所示），同样，现在忽略了字母的大小写，后面也是一样，然后就会计算。$P(y \mid x)$ 结果表明，此时能做的最有效的事就是用这个模型来计算 $P(y^* \mid x)$，同时也用 RNN 模型来计算 $P(\hat{y} \mid x)$，之后比较一下这两个值哪个更大。有可能是左边大于右边，也有可能是 $P(y^*)$ 小于 $P(\hat{y})$，其实应该是小于或等于。这取决于实际情况，从而能够更清楚地将这个特定的错误归咎于 RNN 或是束搜索算法，或者说是哪个负有更大的责任。下面来探究一下其中的逻辑。

记住，要计算 $P(y^* \mid x)$ 和 $P(\hat{y} \mid x)$，然后比较这两个哪个更大，所以就会有以下两种情况。

第一种情况，RNN 模型的输出结果 $P(y^* \mid x)$ 大于 $P(\hat{y} \mid x)$，这意味着什么呢？束搜索算法选择了 $\hat{y}$，得到 $\hat{y}$ 的方式是用一个 RNN 模型来计算 $P(y \mid x)$，然后束搜索算法做的就是尝试寻找使 $P(y \mid x)$ 最大的 y，不过在这种情况下，相比于 $\hat{y}$，y^* 的值更大，因此能够得出束搜索算法实际上不能够给出一个使 $P(y \mid x)$ 最大化的 y 值，因为束搜索算法的任务就是寻找一个 y 的值来使这项更大，但是它却选择了 $\hat{y}$，而 y^* 实际上能得到更大的值。所以这种情况下得出是束搜索算法出错了，那另一种情况是怎样的呢？

第二种情况是 $P(y^* \mid x)$ 小于或等于 $P(\hat{y} \mid x)$，这两者之中总有一个是真的，即情况 1 或是情况 2 总有一个为真。情况 2 能够总结出什么呢？在例子中，y^* 是比 $\hat{y}$ 更好的翻译结果，不过根据 RNN 模型的结果，$P(y^*)$ 是小于 $P(\hat{y})$ 的，也就是说，相比于 $\hat{y}$，y^* 成为输出的可能性更小。因此在这种情况下，看来是 RNN 模型出了问题。同时可能值得在 RNN 模型上花更多时间。这里略过了一些有关长度归一化的细节。如果用了某种长度归一化，那么要做的就不是比较这两种可能性的大小，而是比较长度归一化后的最优化目标函数值。不过现在先忽略这种复杂的情况。第二种情况表明虽然 y^* 是一个更好的翻译结果，RNN 模型却赋予它更低的可能性，是 RNN 模型出现了问题。

所以误差分析过程先遍历开发集，然后在其中找出算法产生的错误。这个例子中，假如说 $P(y^* \mid x)$ 的值为 2×10^{-10}，而 $P(\hat{y} \mid x)$ 的值为 1×10^{-10}，这种情况下可以得知束搜索算法实际上选择了比 y^* 可能性更低的 $\hat{y}$，因此会说束搜索算法出错了，将它缩写为 B。接着继续遍历第二个错误，再来看这些可能性。也许对于第二个例子来说，认为是 RNN 模型出现了问题，使用缩写 R 来代表 RNN。再接着遍历更多的例子，有时是束搜索算法出现了问题，有时是模型出现了问题等。通过这个过程，就能够执行误差分析，得出束搜索算法和 RNN 模型出错的比例是多少。有了这样的误差分析过程，就可以对开发集中每一个错误例子，即算法输出比人工翻译更差的结果的情况，尝试确定这些错误是搜索算法出了问题，还是生成目标函数（束搜索算法使之最大化）的 RNN 模型出了问题。并且通过这个过程，能够发现这两个部分中哪个是产生更多错误的原因，并且只有当发现是束搜索算法造成了大部分错误时，才值得花费努力增大集束宽度。相反地，如果发现是 RNN 模型出现了更多错，那么可以进行更深层次的分析，来决定是需要增加正则化还是获取更多的训练数据，或是尝试一个不同的网络结构，又或是其他方案。

这就是束搜索算法中的误差分析，这个特定的误差分析过程是十分有用的，它可以用于分析近似最佳算法（如束搜索算法），这些算法被用来优化学习算法（例如序列到序列模型/RNN）输出的目标函数。学会了这个方法，能够在应用里更有效地运用好这些类型的模型。

13.6 注意力模型直观理解

使用这个编码解码的构架来完成机器翻译。使用 RNN 读一个句子，于是另一个会输出一个句子。对其做一些改变，称为注意力模型（the Attention Model），并且这会使它工作得更好。注意力模型或者说注意力这种思想已经是深度学习中最重要的思想之一，它是怎么运作的？

给定一个很长的法语句子，如图 13-9 所示在神经网络中，编码器要做的就是读整个句子，然后记忆整个句子，再在感知机中传递。而对于神经网络，即解码网络将生成英文翻译，Jane 去年九月去了非洲，非常享受非洲文化，遇到了很多奇妙的人，她回来就嚷嚷道，她经历了一个多棒的旅行，并邀请我也一起去。人工翻译并不会通过读整个法语句子，再记忆里面的东西，然后从零开始，机械式地翻译成一个英语句子。而人工翻译，首先会做的可能是先翻译出句子的部分，再看下一部分，并翻译这一部分。看一部分，翻译一部分，一直这样下去。会通过句子一点一点地翻译，因为记忆整个的像这样的句子是非常困难的。在编码解码结构中，会看到它对于短句子效果非常好，于是它会有一个相对高的 Bleu 分，但是对于长句子而言，比如说大于 30 或者 40 词的句子，它的表现就会变差。Bleu 评分看起来就会像是这样，随着单词数量变化，短的句子会难以翻译，因为很难得到所有词。对于长的句子，效果也不好，因为在神经网络中，记忆非常长的句子是很困难的。在本节课和下节课中，会见识到注意力模型，如图 13-10 所示，它翻译得很像人类，一次翻译句子的一部分。而且有了注意力模型，机器翻译系统的表现会像这个一样，因为翻译只会翻译句子的一部分，不会看到这个有一个巨大的下倾，这个下倾实际上衡量了神经网络记忆一个长句子的能力，这是不希望神经网络去做的事情。

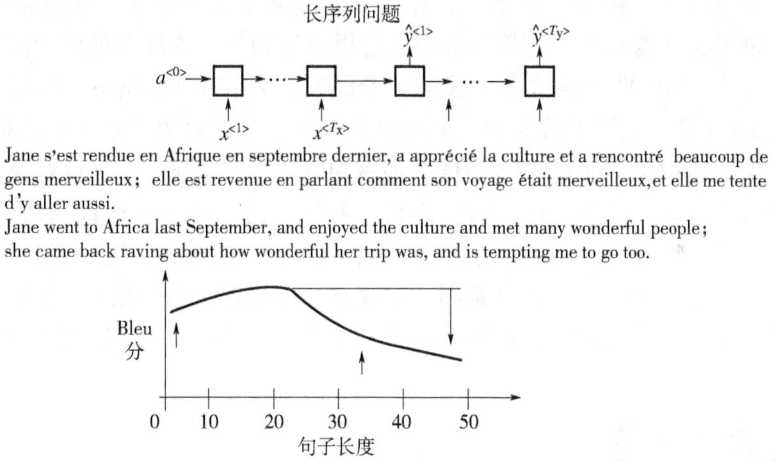

长序列问题
$\hat{y}^{<1>}$
$\hat{y}^{<T_y>}$
$a^{<0>}$
$x^{<1>}$
$x^{<T_x>}$
Jane s'est rendue en Afrique en septembre dernier, a apprécié la culture et a rencontré beaucoup de gens merveilleux; elle est revenue en parlant comment son voyage était merveilleux, et elle me tente d'y aller aussi.
Jane went to Africa last September, and enjoyed the culture and met many wonderful people; she came back raving about how wonderful her trip was, and is tempting me to go too.
Bleu
分
0
10
20
30
40
50
句子长度

图 13-9　长序列问题

注意力模型源于 BAHDANAU D, CHO K, BENGIO Y. Neural Machine Translation by Jointly Learning to Align and Translate [J]. Computer Science, 2014. 虽然这个模型源于机器翻译，但它也推广到了其他应用领域。在深度学习领域，这是一个非常有影响力的，非常具有开创性的论文。

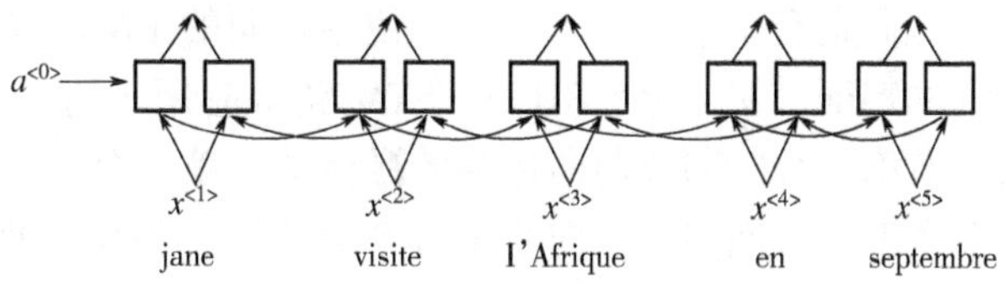

$a^{<0>}$
$x^{<1>}$
$x^{<2>}$
$x^{<3>}$
$x^{<4>}$
$x^{<5>}$
jane
visite
l'Afrique
en
septembre

图 13-10　注意力模型

用短句来举例说明，讲解这些思想会更简单。一个很平常的句子（法语）：Jane visite l'Afrique en Septembre。假定使用 RNN，在这个情况下，使用一个双向的 RNN，为了计算每个输入单词的的特征集，必须要理解输出 $\hat{y}^{<1>}$ 到 $\hat{y}^{<3>}$ 一直到 $\hat{y}^{<5>}$ 的双向 RNN。但是并不是只翻译一个单词，先去掉上面的 Y，就用双向的 RNN。要对单词做的就是，对于句子里的每五个单词，计算一个句子中单词的特征集，也有可能是其他的词，尝试一下生成英文翻译。将使用另一个 RNN 生成英文翻译，平时用的 RNN 记号。不用 A 来表示感知机，这是为了避免和感知机混淆。使用另一个不同的记号，用 S 来表示 RNN 的隐藏状态，不用 $A^{<1>}$，而是用 $S^{<1>}$。希望在这个模型里第一个生成的单词将会是 Jane，为了生成 Jane visits Africa in September。那么应该看输入的法语句子的哪个部分？应该先看第一个单词，或者它附近的词。注意力模型会计算注意力权重，将用 $a^{<1,1>}$ 来表示当生成第一个词时应该放多少注意力在这个第一块信息处。然后算第二个，这个叫注意力权重，$a^{<1,2>}$ 它告诉当尝试去计算第一个词 Jane 时，应该花多少注意力在输入的第二个词上面。同理这里是 $a^{<1,3>}$，接下去也同理。这些将会告知应该花多少注意力在记号为 C 的内容上。对于 RNN 的第二步，将有一个新的隐藏状态 $S^{<2>}$，也会用一个新的注意力权值集，使用 $a^{<2,1>}$ 来告知什么时候生成第二个词，那么 visits 就会是第二个标签了，应该花多少注意力在输入的第一个法语词上。然后同理 $a^{<2,2>}$，接下去也同理，应该花多少注意力在 visite 词上，花多少注意在词 l′Afique 上面。当然第一个生成的词 Jane 也会输入到这里，于是就有了需要花注意力的上下文。第二步，这也是一个输入，然后会一起生成第二个词，来到第三步 $S^{<3>}$，这是输入，再有上下文 C，它取决于在不同的时间集上面的 $a^{<3>}$。这个告知要花注意力在不同的法语的输入词上面。然后同理。在下节课中会讲解一些细节，比如如何准确定义上下文，还有第三个词的上下文，是否真的需要去注意句子中的周围的词。这里要用到的公式以及如何计算这些注意力权重，还有关于 $a^{<3,t>}$ 的，即当尝试去生成第三个词时，应该是 l′Afique，就得到了右边这个输出，这个 RNN 步骤应该要花注意力在 t 时的法语词上，这取决于在 t 时的双向 RNN 的激活值。那么它应该是取决于第四个激活值，即取决于上一步的状态，即取决于 $S^{<2>}$。然后这些一起影响应该花多少注意在输入的法语句子的某个词上面。但是直观来想就是 RNN 向前进一次生成一个词，在每一步直到最终生成可能是 < EOS >。这些是注意力权重，即 $a^{<t,t>}$ 决定的，当尝试生成第 t 个英文词时，它应该花多少注意力在第 t 个法语词上面。当生成一个特定的英文词时，这允许它在每个时间步去看周围词距内的法语词要花多少注意力。

13.7 注意力模型

先假定有一个输入句子，并使用双向的 RNN、双向的 GRU 或者双向的 LSTM 去计算每个词的特征。实际上 GRU 和 LSTM 经常应用于这个，可能 LSTM 更经常一点。对于前向传播，有第一个时间步前向传播的激活值，第一个时间步后向传播的激活值，以此类推。一共向前了五个时间步，也向后了五个时间步，技术上把这里设置为 0。也可以后向传播六次，设一个都是 0 的因子，实际上就是都是 0 的因子。为了简化每个时间步的记号，即使在双向 RNN 已经计算了前向的特征值和后向的特征值，也可以用 $a^{<t>}$ 来一起表示这些联系。所以 $a^{<t>}$ 就是时间步 t 上的特征向量，但是为了保持记号的一致性，用第二个，也就是 t'，实际上将用 t' 来索引法语句子里面的词。接下来只进行前向计算，就是说这是一个单向的 RNN，用状态 S 表示生成翻译。所以第一个时间步应该生成 $y^{<1>}$，当输入上下文 C 时就会这样，如果想用时间来索引它，则可以写为 $C^{<1>}$，但有时候就写没有上标的 C，这个会取决于注意力参数，即 $a^{<1,1>}$，$a^{<1,2>}$，以此类推，决定应该花多少注意力。同样的，这个 a 参数告诉上下文有多少取决于得到的特征，或者从不同时间步中得到的激活值。所以定义上下文的方式实际上来源于被注意力权重加权的不同时间步中的特征值。于是更公式化的注意力权重将会满足非负的条件，这就是 0 或正数，它们加起来等于 1。如何确保这个成立，将会有上下文，或者说在 $t=1$ 时的上下文，省略上标，这就会变成对 t'的求和。这个权重的所有的 t' 值，加上这些激活值，就是注意力权重。于是 $a^{<t,t'>}$ 就是 $y^{<t>}$ 应该在 t'时花在 a 上注意力的数量。换句话来说，当在 t 处生成输出词时，应该花多少注意力在第 t'个输入词上面，这是生成输出的其中一步，然后下一个时间步会生成第二个输出。于是相似的，现在有了一个新的注意力权重集，再找到一个新的方式将它们相加，这就产生了一个新的上下文，这个也是输入，且允许生成第二个词。只有现在才用这种方式相加，它会变成第二个时间步的上下文，即对 t'的 $a^{<2,t'>}$ 进行求和，于是使用这些上下文向量，$C^{<1>}$ 写到这里，$C^{<2>}$ 也同理。这里的神经网络看起来很像相当标准的 RNN 序列，这里有着上下文向量作为输出，可以一次一个词地生成翻译，也定义了如何通过这些注意力权重和输入句子的特征值来计算上下文向量。剩下唯一要做的事情就是定义如何计算这些注意力权重。

回忆一下 $a^{<t,t'>}$，是应该花费在 $a^{<t'>}$ 上的注意力的数量，尝试去生成第 t 个输出的翻译词，它是怎么来的。这个式子可以用来计算 $a^{<t,t'>}$，在此之前要先计算 $e^{<t,t'>}$，关键要用 softmax，来确保这些权重加起来等于 1。如果对 t'求和，比如每一个固定的 t 值，则这些加起来等于 1。如果对 t'求和，然后优先使用 softmax，则确保这些值加起来等于 1。

如何计算这些 e 项，一种可以用的方式是用小的神经网络，如图 13-11 所示。于是 $s^{<t-1>}$ 就是神经网络在上个时间步的状态，这里有一个神经网络，如果想要生成 $y^{<t>}$，那么 $s^{<t-1>}$ 就是上一时间步的隐藏状态，即 $s^{<t>}$。这是给小神经网络的其中一个输入，也就是在神经网络中的一个隐藏层，因为需要经常计算它们，然后 $a^{<t'>}$，即上个时间步的特征是另一个输入。直观来想就是要决定要花多少注意力在 t'的激活值上。于是，似乎它会很大程度上取决于上一个时间步的隐藏状态的激活值。还没有当前状态的激活值，因为上下文会输入到这里，所以还没计算出来，但是看生成上一个翻译的 RNN 的隐藏状态，然后对于每一个位置，每一个词都看向它们的特征值，这看起来很自然，即 $a^{<t,t'>}$ 和 $e^{<t,t'>}$ 应该取决于这两

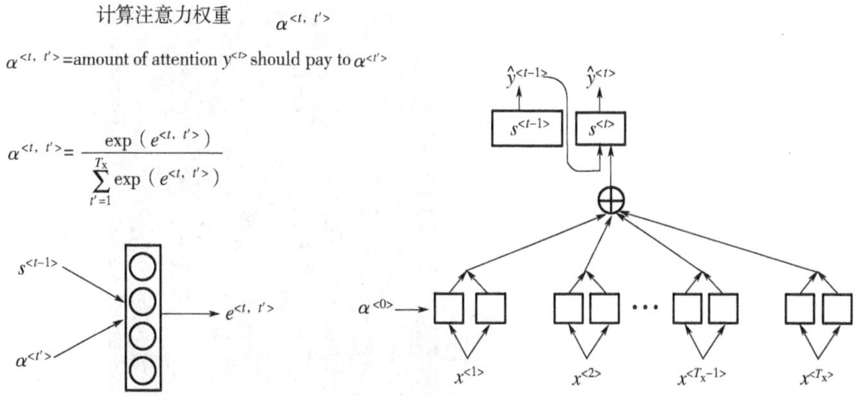

[Bahdanau et. al., 2014. Noural machine transiation by jointly learning to align and transilate]
[Xu et. al.2015.Show,attend and tell: Neural image caption generation with visual attention]

图 13-11　注意力权重计算

个量。但是不知道具体函数是什么，所以可以做的事情就是训练一个很小的神经网络，去学习这个函数到底是什么。相信反向传播算法，梯度下降算法学到一个正确的函数。这表示如果应用整个模型，然后用梯度下降来训练它，这是可行的。这个小型的神经网络做了一件相当棒的事情，决定 $y^{<t>}$ 应该花多少注意力在 $a^{<t>}$ 上面，然后这个式子确保注意力权重加起来等于 1，于是当持续地一次生成一个词时，这个神经网络实际上会花注意力在右边的这个输入句子上，它会完全自动地通过梯度下降来学习。

这个算法的一个缺点就是它要花费三次方的时间，就是说这个算法的复杂是 $O(n^3)$ 的，如果有 T_x 个输入单词和 T_y 个输出单词，则注意力参数的总数就会是 $T_x \times T_y$，所以这个算法有着三次方的消耗。但是在机器翻译的应用上，输入和输出的句子一般不会太长，可能三次方的消耗是可以接受的，但也有很多研究工作，尝试去减少这样的消耗。那么讲解注意力模型在机器翻译中的应用，就到此为止了。虽然没有讲到太多的细节，但这个想法也被应用到了其他的很多问题中，比如图片加标题，图片加标题就是看一张图，写下这张图的标题。一个很相似的结构看图片，然后当在写图片标题时，一次只花注意力在一部分的图片上面。

因为机器翻译是一个非常复杂的问题，所以可以应用注意力在日期标准化的问题上，问题输入了一个如图 13-12 所示日期，这个日期实际上是阿波罗登月的日期，把它标准化成标准的形式。用一个序列的神经网络，即序列模型去标准化到这样的形式，这个日期实际上是威廉·莎士比亚的生日。可以训练一个神经网络，输入任何形式的日期，生成标准化的日期形式。同时注意力可以可视化，在这个机器翻译的例子中，右边方格不同的亮度代表不同注意力权重的大小，这显示了当它生成特定的输出词时通常会花注意力在输入的正确的词上面，包括学习花注意在哪。在注意力模型中，使用反向传播时，什么时候学习完成。

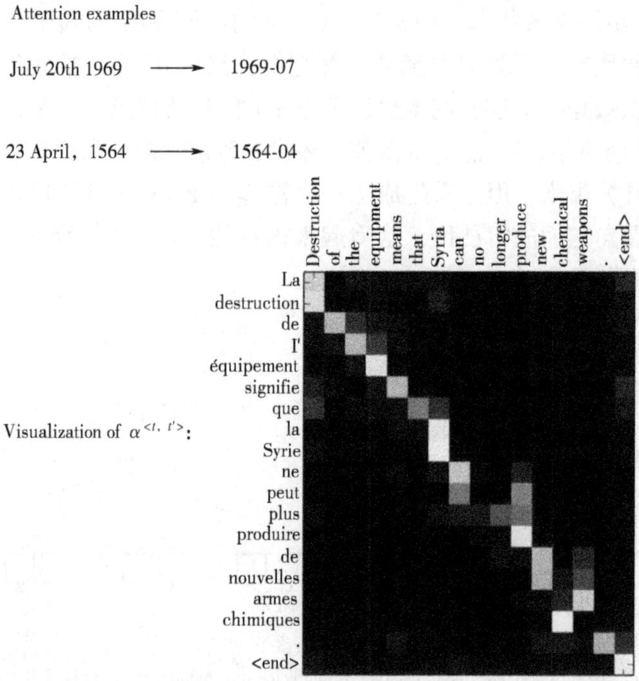

图 13-12　注意力日期模型例子

附　录

附录 A　深度学习符号指南

A.1　数据标记与上下标

1）上标$^{(n)}$代表第 n 个训练样本。

2）上标$^{[n]}$代表第 n 层。

3）$n_h^{[l]]}$ 代表第 l 层的隐藏单元数。

4）在循环中：$n_n = n_n^{[0]}$，$n_h = n_h^{[l+1]}$。

A.2　神经网络模型

1）$X \in \boldsymbol{R}^{n_x \times m}$代表输入的矩阵。

2）$x^{(i)} \in \boldsymbol{R}^{n_x}$代表第 i 个样本的列向量。

3）$Y \in \boldsymbol{R}^{n_y \times m}$代表标记矩阵。

4）$y^{(i)} \in \boldsymbol{R}^{n_y}$代表第 i 样本的输出标签。

5）$W^{[l]} \in \boldsymbol{R}^{l \times (l-1)}$代表第［$l$］层的权重矩阵。

6）$b^{[l]} \in \boldsymbol{R}^{l}$代表第［$l$］层的偏差矩阵。

7）$\hat{y} \in \boldsymbol{R}^{n_y}$代表预测输出向量，也可以用 $a^{[L]}$ 表示。

A.3　正向传播方程示例

$$a = g^{[l]}(W_x x_+^{(i)} b_1) = g^{[l]}(z_1)$$

其中，$g^{[l]}$代表第 l 层的激活函数。

$$\hat{y} = \mathrm{softmax}(W_h h + b_2)$$

A.4　通用激活公式

$$a_j^{[l]} = g^{[l]}(z_j^{[l]}) = g^{[l]}(\sum_k w_{jk}^{[l]} a_k^{[l-1]} + b_j^{[l]})$$

其中，j 为当前的层的维度，k 为上一层的维度。

A.5　损失函数

1）$J(x, W, b, y)$或者 $J(\hat{y}, y)$。

2）常见损失函数示例：$J_{CE}(\hat{y}, y) = -\sum_{i=0}^{m} y^{(i)}$，$J_1(\hat{y}, y) = -\sum_{i=0}^{m} |y^{(i)} - \hat{y}^{(i)}|$。

A.6 深度学习图示

1）节点：代表输入、激活或者输出。

2）边：代表权重或者误差。

下面提供两种等效的示意图，图 A-1 所示为一般标准的深度学习的图例：两幅图是等效的。

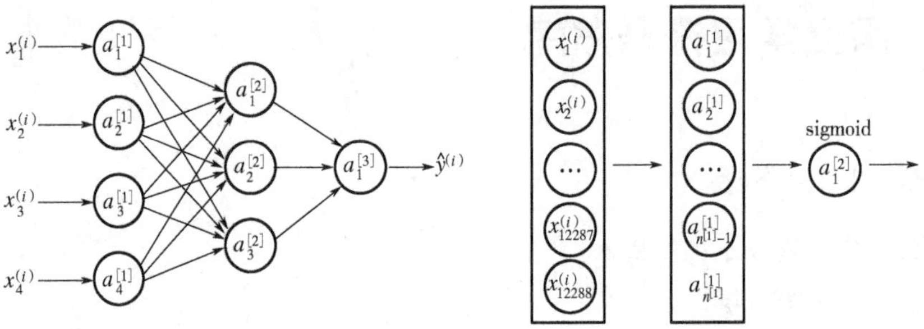

a）详细的网络：常用于神经网络的表示，为了更加美观，省略了一些在边上的参数的细节（如 $w_{ij}^{[l]}$ 和 $b_j^{[l]}$ 等）

b）简化网络：两层神经网络的更简单的表示

图 A-1　标准的深度学习图例

附录 B　线性代数

B.1 基础概念和符号

线性代数提供了一种紧凑地表示和操作线性方程组的方法。例如，以下方程组：

$$4x_1 - 5x_2 = -13$$
$$-2x_1 + 3x_2 = 9$$

这是两个方程和两个变量，正如高中代数中所学，可以找到 x_1 和 x_2 的唯一解（除非方程以某种方式退化，例如，第二个方程只是第一个的倍数，但在上面的情况下，实际上只有一个唯一解）。在矩阵表示法中，可以更紧凑地表达

$$\boldsymbol{Ax} = \boldsymbol{b}$$

$$\boldsymbol{A} = \begin{bmatrix} 4 & -5 \\ -2 & 3 \end{bmatrix}, \quad \boldsymbol{b} = \begin{bmatrix} -13 \\ 9 \end{bmatrix}$$

基本符号

1）$\boldsymbol{A} \in \boldsymbol{R}^{m \times n}$，表示 $\boldsymbol{A}$ 为由实数组成具有 m 行和 n 列的矩阵。

2）$\boldsymbol{b} \in \boldsymbol{R}^{m}$，表示 $\boldsymbol{b}$ 为具有 m 个元素的向量。通常，向量 $\boldsymbol{b}$ 将表示列向量，即具有 m 行和 1 列的矩阵。

3）x_i 表示向量 $\boldsymbol{x}$ 的第 i 个元素

$$\boldsymbol{x}=\begin{bmatrix}x_1\\x_2\\\vdots\\x_n\end{bmatrix}$$

4）使用符号 a_{mn}来表示第 m 行和第 n 列中的 $\boldsymbol{A}$ 的元素：

$$\boldsymbol{A}=\begin{bmatrix}a_{11}&a_{12}&\cdots&a_{1n}\\a_{21}&a_{22}&\cdots&a_{2n}\\\vdots&\vdots&\ddots&\vdots\\a_{m1}&a_{m2}&\cdots&a_{mn}\end{bmatrix}$$

5）用 a^i 表示矩阵 $\boldsymbol{A}$ 的第 i 列：

$$\boldsymbol{A}=\begin{bmatrix}|&|&&|\\\boldsymbol{a}^1&\boldsymbol{a}^2&\cdots&\boldsymbol{a}^n\\|&|&&|\end{bmatrix}$$

6）用 a_i^{T} 表示矩阵 $\boldsymbol{A}$ 的第 i 行：

$$\boldsymbol{A}=\begin{bmatrix}-a_1^{\mathrm{T}}-\\-a_2^{\mathrm{T}}-\\\vdots\\-a_i^{\mathrm{T}}-\end{bmatrix}$$

在许多情况下，将矩阵视为列向量或行向量的集合非常重要且方便。通常，在向量而不是标量上操作在数学上（和概念上）更清晰。只要明确定义了符号，用于矩阵的列或行的表示方式并没有通用约定。

B.2　矩阵乘法

两个矩阵相乘，其中 $\boldsymbol{A}\in\boldsymbol{R}^{m\times n}$且 $\boldsymbol{B}\in\boldsymbol{R}^{n\times p}$，则

$$\boldsymbol{C}=\boldsymbol{AB}\in\boldsymbol{R}^{m\times p}$$

其中

$$\boldsymbol{C}_{ij}=\sum_{k=1}^{n}\boldsymbol{A}_{ik}\boldsymbol{B}_{kj}$$

注意：为了使矩阵乘积存在，$\boldsymbol{A}$ 中的列数必须等于 $\boldsymbol{B}$ 中的行数。

1. 向量-向量乘法

给定两个向量 $\boldsymbol{x}$，$\boldsymbol{y}\in\boldsymbol{R}^n$，$\boldsymbol{x}^{\mathrm{T}}\boldsymbol{y}$ 通常称为向量内积或者点积，结果是一个实数。

$$\boldsymbol{x}^{\mathrm{T}}\boldsymbol{y}\in\boldsymbol{R}=[\boldsymbol{x}_1\boldsymbol{x}_2\cdots\boldsymbol{x}_n]\begin{bmatrix}\boldsymbol{y}_1\\\boldsymbol{y}_2\\\vdots\\\boldsymbol{y}_n\end{bmatrix}=\sum_{i=1}^{n}x_iy_i$$

注意：$\boldsymbol{x}^{\mathrm{T}}\boldsymbol{y}=\boldsymbol{y}^{\mathrm{T}}\boldsymbol{x}$ 始终成立。

给定向量 $\boldsymbol{x} \in \boldsymbol{R}^m$，$\boldsymbol{y} \in \boldsymbol{R}^n$（他们的维度是否相同都没关系），$\boldsymbol{x}\boldsymbol{y}^{\mathrm{T}} \in \boldsymbol{R}^{m \times n}$叫作向量外积，当 $(\boldsymbol{x}\boldsymbol{y}^{\mathrm{T}})_{ij} = \boldsymbol{x}_i \boldsymbol{y}_j$ 的时候，它是一个矩阵。

$$\boldsymbol{x}\boldsymbol{y}^{\mathrm{T}} \in \boldsymbol{R}^{m \times n} = \begin{bmatrix} x_1 \\ x_2 \\ \vdots \\ x_m \end{bmatrix} \begin{bmatrix} y_1 y_2 \cdots y_n \end{bmatrix} = \begin{bmatrix} x_1 y_1 & x_1 y_2 & \cdots & x_1 y_n \\ x_2 y_1 & x_2 y_2 & \cdots & x_2 y_n \\ \vdots & \vdots & \ddots & \vdots \\ x_m y_1 & x_m y_2 & \cdots & x_m y_n \end{bmatrix}$$

举一个使用外积的一个例子：让 $1 \in \boldsymbol{R}^n$ 表示一个 n 维向量，其元素都等于1，此外，考虑矩阵 $\boldsymbol{A} \in \boldsymbol{R}^{m \times n}$，其列全部等于某个向量 $\boldsymbol{x} \in \boldsymbol{R}^m$。可以使用外积紧凑地表示矩阵 $\boldsymbol{A}$

$$\boldsymbol{A} = \begin{bmatrix} | & | & & | \\ \boldsymbol{x} & \boldsymbol{x} & \cdots & \boldsymbol{x} \\ | & | & & | \end{bmatrix} = \begin{bmatrix} x_1 & x_1 & \cdots & x_1 \\ x_2 & x_2 & \cdots & x_2 \\ \vdots & \vdots & \ddots & \vdots \\ x_m & x_m & \cdots & x_m \end{bmatrix} = \begin{bmatrix} x_1 \\ x_2 \\ \vdots \\ x_m \end{bmatrix} \begin{bmatrix} 11 \cdots 1 \end{bmatrix} = \boldsymbol{x}_1^{\mathrm{T}}$$

2. 矩阵-向量乘法

给定矩阵 $\boldsymbol{A} \in \boldsymbol{R}^{m \times n}$，向量 $\boldsymbol{x} \in \boldsymbol{R}^n$，它们的积是一个向量 $\boldsymbol{y} = \boldsymbol{A}\boldsymbol{x} \in \boldsymbol{R}^m$。有几种方法可以查看矩阵向量乘法，下面将依次查看它们中的每一种。

如果按行写 $\boldsymbol{A}$，那么可以将 $\boldsymbol{A}\boldsymbol{x}$ 表示为

$$\boldsymbol{y} = \boldsymbol{A}\boldsymbol{x} = \begin{bmatrix} - \boldsymbol{a}_1^{\mathrm{T}} - \\ - \boldsymbol{a}_2^{\mathrm{T}} - \\ \vdots \\ - \boldsymbol{a}_m^{\mathrm{T}} - \end{bmatrix} \boldsymbol{x} = \begin{bmatrix} \boldsymbol{a}_1^{\mathrm{T}}\boldsymbol{x} \\ \boldsymbol{a}_2^{\mathrm{T}}\boldsymbol{x} \\ \vdots \\ \boldsymbol{a}_m^{\mathrm{T}}\boldsymbol{x} \end{bmatrix}$$

换句话说，第 i 个 $\boldsymbol{y}$ 是 $\boldsymbol{A}$ 的第 i 行和 $\boldsymbol{x}$ 的内积，即 $y_i = \boldsymbol{a}_i^{\mathrm{T}}\boldsymbol{x}$。

同样的，可以把 $\boldsymbol{A}$ 写成列的方式，则公式如下：

$$\boldsymbol{y} = \boldsymbol{A}\boldsymbol{x} = \begin{bmatrix} | & | & & | \\ \boldsymbol{a}^1 & \boldsymbol{a}^2 & \cdots & \boldsymbol{a}^n \\ | & | & & | \end{bmatrix} \begin{bmatrix} x_1 \\ x_2 \\ \vdots \\ x_n \end{bmatrix} = \begin{bmatrix} \\ \boldsymbol{a}_1 \\ \\ \end{bmatrix} x_1 + \begin{bmatrix} \\ \boldsymbol{a}_2 \\ \\ \end{bmatrix} x_2 + \cdots + \begin{bmatrix} \\ \boldsymbol{a}_n \\ \\ \end{bmatrix} x_n$$

换句话说，$\boldsymbol{y}$ 是 $\boldsymbol{A}$ 的列的线性组合，其中线性组合的系数由 $\boldsymbol{x}$ 的元素给出。

到目前为止，一直在右侧乘以列向量，但也可以在左侧乘以行向量。$\boldsymbol{y}^{\mathrm{T}} = \boldsymbol{x}^{\mathrm{T}}\boldsymbol{A}$ 表示 $\boldsymbol{A} \in \boldsymbol{R}^{m \times n}$，$\boldsymbol{x} \in \boldsymbol{R}^m$，$\boldsymbol{y} \in \boldsymbol{R}^n$。和以前一样，可以用两种可行的方式表达 $\boldsymbol{y}^{\mathrm{T}}$，这取决于是否根据行或列表达 $\boldsymbol{A}$。

第一种情况，把 $\boldsymbol{A}$ 用列表示

$$\boldsymbol{y}^{\mathrm{T}} = \boldsymbol{x}^{\mathrm{T}}\boldsymbol{A} = \boldsymbol{x}^{\mathrm{T}} \begin{bmatrix} | & | & & | \\ \boldsymbol{a}^1 & \boldsymbol{a}^2 & \cdots & \boldsymbol{a}^n \\ | & | & & | \end{bmatrix} = \begin{bmatrix} \boldsymbol{x}^{\mathrm{T}}\boldsymbol{a}^1 & \boldsymbol{x}^{\mathrm{T}}\boldsymbol{a}^2 & \cdots & \boldsymbol{x}^{\mathrm{T}}\boldsymbol{a}^n \end{bmatrix}$$

这表明 $\boldsymbol{y}^{\mathrm{T}}$ 的第 i 个元素等于 $\boldsymbol{x}$ 和 $\boldsymbol{A}$ 的第 i 列的内积。

最后，根据行表示 $\boldsymbol{A}$，得到了向量-矩阵乘积的最终表示

$$y^{\mathrm{T}}=x^{\mathrm{T}}A=[x_1x_2\cdots x_n]\begin{bmatrix}-a_1^{\mathrm{T}}-\\-a_2^{\mathrm{T}}-\\\vdots\\-a_m^{\mathrm{T}}-\end{bmatrix}=x_1\ [-a_1^{\mathrm{T}}-]\ +x_2\ [-a_2^{\mathrm{T}}-]\ +\cdots+x_n\ [-a_n^{\mathrm{T}}-]$$

所以 $\boldsymbol{y}^{\mathrm{T}}$ 是 $\boldsymbol{A}$ 的行的线性组合，其中线性组合的系数由 $\boldsymbol{x}$ 的元素给出。

3. 矩阵-矩阵乘法

首先，可以将矩阵-矩阵乘法视为一组向量-向量乘积。从定义中可以得出，最明显的观点是 $\boldsymbol{C}$ 的（i，j）元素等于 $\boldsymbol{A}$ 的第 i 行和 $\boldsymbol{B}$ 的 j 列的内积。如以下公式所示：

$$C=AB=\begin{bmatrix}-a_1^{\mathrm{T}}-\\-a_2^{\mathrm{T}}-\\\vdots\\-a_m^{\mathrm{T}}-\end{bmatrix}\begin{bmatrix}|&|&&|\\b_1&b_2&\cdots&b_p\\|&|&&|\end{bmatrix}=\begin{bmatrix}a_1^{\mathrm{T}}b_1&a_1^{\mathrm{T}}b_2&\cdots&a_1^{\mathrm{T}}b_p\\a_2^{\mathrm{T}}b_1&a_2^{\mathrm{T}}b_2&\cdots&a_2^{\mathrm{T}}b_p\\\vdots&\vdots&\ddots&\vdots\\a_n^{\mathrm{T}}b_1&a_n^{\mathrm{T}}b_2&\cdots&a_n^{\mathrm{T}}b_p\end{bmatrix}$$

这里的 $\boldsymbol{A}\in\boldsymbol{R}^{m\times n}$，$\boldsymbol{B}\in\boldsymbol{R}^{n\times p}$，$\boldsymbol{a}_i\in\boldsymbol{R}^n$，$\boldsymbol{b}^j\in\boldsymbol{R}^{n\times p}$，这里的 $\boldsymbol{A}\in\boldsymbol{R}^{m\times n}$，$\boldsymbol{B}\in\boldsymbol{R}^{n\times p}$，$\boldsymbol{a}_i\in\boldsymbol{R}^n$，$\boldsymbol{b}^j\in\boldsymbol{R}^{n\times p}$，所以它们可以计算内积。通常用行表示 $\boldsymbol{A}$ 而用列表示 $\boldsymbol{B}$。或者，可以用列表示 $\boldsymbol{A}$，用行表示 $\boldsymbol{B}$，这时 $\boldsymbol{AB}$ 是求外积的和。公式如下：

$$C=AB=\begin{bmatrix}|&|&&|\\a_1&a_2&\cdots&a_n\\|&|&&|\end{bmatrix}\begin{bmatrix}-b_1^{\mathrm{T}}-\\-b_2^{\mathrm{T}}-\\\vdots\\-b_n^{\mathrm{T}}-\end{bmatrix}=\sum_{i=1}^{n}a_ib_i^{\mathrm{T}}$$

换句话说，$\boldsymbol{AB}$ 等于所有的 $\boldsymbol{A}$ 的第 i 列和 $\boldsymbol{B}$ 第 i 行的外积的和。因此，在这种情况下，$\boldsymbol{a}_i\in\boldsymbol{R}^m$ 和 $\boldsymbol{b}_i\in\boldsymbol{R}^p$，外积 $\boldsymbol{a}^i\boldsymbol{b}_i^{\mathrm{T}}$ 的维度是 $m\times p$，与 $\boldsymbol{C}$ 的维度一致。

其次，还可以将矩阵-矩阵乘法视为一组矩阵向量积。如果我们把 $\boldsymbol{B}$ 用列表示，则可以将 $\boldsymbol{C}$ 的列视为 $\boldsymbol{A}$ 和 $\boldsymbol{B}$ 的列的矩阵向量积。公式如下：

$$C=AB=A\begin{bmatrix}|&|&&|\\b_1&b_2&\cdots&b_p\\|&|&&|\end{bmatrix}=\begin{bmatrix}|&|&&|\\Ab_1&Ab_2&\cdots&Ab_p\\|&|&&|\end{bmatrix}$$

这里 $\boldsymbol{C}$ 的第 i 列由矩阵向量乘积给出，右边的向量为 $\boldsymbol{c}_i=\boldsymbol{Ab}_i$。这些矩阵向量乘积可以使用前一小节中给出的两个观点来解释。最后，有类似的观点，用行表示 $\boldsymbol{A}$，$\boldsymbol{C}$ 的行作为 $\boldsymbol{A}$ 和 $\boldsymbol{C}$ 行之间的矩阵向量积。公式如下：

$$C=AB=\begin{bmatrix}-a_1^{\mathrm{T}}-\\-a_2^{\mathrm{T}}-\\\vdots\\-a_m^{\mathrm{T}}-\end{bmatrix}B=\begin{bmatrix}-a_1^{\mathrm{T}}B-\\-a_2^{\mathrm{T}}B-\\\vdots\\-a_m^{\mathrm{T}}B-\end{bmatrix}$$

这里第 i 行的 $\boldsymbol{C}$ 由左边的向量的矩阵向量乘积给出：$\boldsymbol{c}_i^{\mathrm{T}}=\boldsymbol{a}_i^{\mathrm{T}}\boldsymbol{B}$。